高等职业教育新形态系列教材·数控技术专业

机床电气控制技术

（第4版）

杨林建　主编

北京理工大学出版社
BEIJING INSTITUTE OF TECHNOLOGY PRESS

内 容 简 介

本书主要根据机床电气控制技术工程控制实际知识需要编写，主要介绍机床常用电器的结构、原理和符号及电器元件的基本性能参数和选用、机床电气控制的基本环节、典型机床电气控制线路原理、电气线路分析、电气控制线路设计、电气故障诊断的基本方法。可编程序控制器部分本书主要介绍了 FX2N 系列的 PLC，简要介绍了 SIMATIC S7-200 系列的可编程序控制器。

本书可作为高职高专机电类、电气电子类、计算机类、智能楼宇类等专业的教材，也可供从事机床设备电气控制的工程技术人员参考。

图书在版编目（CIP）数据

机床电气控制技术/杨林建主编. —4 版. —北京：北京理工大学出版社，2019.9（2021.1 重印）

ISBN 978-7-5682-7667-2

Ⅰ. ①机… Ⅱ. ①杨… Ⅲ. ①机床-电气控制-高等学校-教材 Ⅳ. ①TG502.35

中国版本图书馆 CIP 数据核字（2019）第 217136 号

出版发行 / 北京理工大学出版社有限责任公司
社　　址 / 北京市海淀区中关村南大街 5 号
邮　　编 / 100081
电　　话 / (010)68914775(总编室)
(010)82562903(教材售后服务热线)
(010)68948351(其他图书服务热线)
网　　址 / http://www.bitpress.com.cn
经　　销 / 全国各地新华书店
印　　刷 / 涿州市新华印刷有限公司
开　　本 / 787 毫米×1092 毫米 1/16
印　　张 / 15
字　　数 / 352 千字
版　　次 / 2019 年 9 月第 4 版 2021 年 1 月第 3 次印刷
定　　价 / 39.80 元

责任编辑 / 张旭莉
文案编辑 / 张旭莉
责任校对 / 周瑞红
责任印制 / 李志强

图书出现印装质量问题，请拨打售后服务热线，本社负责调换

前　　言

本书主要根据电气工程技术人员的工作实际需要，考虑机床设备自动控制的基本要求，按照“必需够用”的需要进行教材编写，教材修改过程中注重学生职业能力培养、注重学生解决实际问题的能力及自学能力培养，结合工程实际，介绍机床设备电气控制过程的设计、安装、调试中常用的电工工具和机床电气控制中常见的故障现象、检测方法及故障排除。

针对高职教育的特点，高职类教材在实用性、通用性和新颖性方面有其特殊的要求，即教材的内容要基于学生在毕业后的工作需要，注重与工作过程相结合，教材内容要实用，容易理解，能反映当前机床设备电气控制现状和行业发展趋势，要有利于学生技能培养，本书主要基于这种思路编写。

全书包括交直流电动机基础、机床常用电器及选择、机床电气控制的基本环节、普通机床电气控制线路、可编程控制器、数控机床电气控制电路分析等内容，共6章。

本书特点：

① 教材内容选取由简单到复杂，全书配有工业应用图例和现在大量使用的机床电气控制线路，学生易学，教师容易教会学生。同时删除了应用较少的低压电器常见故障分析章节的内容。

② 考虑工业应用实际，在PLC部分主要介绍三菱公司的PLC，同时简要介绍了西门子公司S7-200的PLC，并增加了应用实例，便于工厂技术人员和学生触类旁通和灵活应用。删除了原教材的OMRON可编程序控制器的内容。

③ 综合性强，为适应企业对机电一体化技术人才的需要，根据机床自动化技术的发展现状，本书以继电器、接触器和可编程序控制器为主，同时介绍了液压系统的电气控制系统的设计和分析、电液控制技术等。在电路设计部分，以企业应用设备控制柜为例，介绍了机床电路元件位置布置图、安装接线图，并对电器元件的选型进行了详细分析和介绍。

书中参考了部分专业资料和书籍，在此对其作者表示感谢。

由于编者水平有限，加之编写时间仓促，书中不足和错误之处在所难免，恳请广大工程技术人员和读者批评指正。如有意见和建议请发到邮箱：810372283@qq.com以便再版时改进。

编　者

目　　录

第 1 章

交直流电动机基础

1.1 机床电气控制概述

1.1.1 本课程的性质和基本要求

机床电气控制是机械专业的一门专业基础课程。本课程的主要内容是介绍机床电气控制系统中电器元件的基本结构和工作原理、机床电气线路图分析、电气线路设计和应用的基础理论和基本知识。本课程内容涉及面较广，不仅适用于金属切削机床，也适用于其他机械设备。

机床是机械制造中的主要加工设备，它的质量、自动化程度以及应用先进技术的状况直接反映了机械工业的发展水平，机床加工自动化对提高生产效率、保证产品质量和减轻体力劳动起着重要的作用。现代科学技术的发展进步为生产过程自动化的进一步发展创造了有利的条件。控制技术、微电子技术和计算机技术等领域中的一些最新研究成果在机床控制系统中得到了广泛的应用。从采用的电气控制系统的先进性、复杂性来看，机床是机械制造行业的各种机械设备中最典型的代表。作为一个机械工程技术人员，必须要掌握与机床电气控制有关的基本理论。

通过学习本门课程，学生应达到下列各项基本要求：

（1）熟悉机床电气控制的基础理论及控制方法；

（2）熟悉机床常用的电器元件及其选用；

（3）熟悉机床控制电路的基本环节、控制逻辑及其基本的设计方法；

（4）熟悉常用的机床电路，并具备一定的机床电路故障分析及处理能力；

（5）初步掌握可编程序控制器的工作原理、指令系统、编程特点和方法，能合理选择控制设置，能根据用户生产工艺过程控制的要求编制控制程序，经调试后可应用于生产过程。

1.1.2 机床电气控制的发展

随着科学技术的发展，对生产工艺过程不断提出新的要求，机床电气控制装置也不断更新。在控制方法上，主要是从手动控制到自动控制；在控制功能上，从简单到复杂；在操作上，由笨重到轻巧；从控制原理上，由单一的有触点硬接点的继电控制系统转为以微处理器为中心的软控制系统。新的控制理论和新的电器及电子器件的出现，不断地推动着机床电气控制技术的发展。

在 20 世纪 20 年代至 30 年代，主要采用继电器-接触器的控制方式。这种控制方式的优点是结构简单、价格低廉、维护方便、抗干扰能力强，因此被广泛地应用于各类机床和机械设备，采用这种控制方式不仅可以方便地实现生产工艺过程自动化，而且还可以实现集中控制和远程控制。目前，继电器-接触器控制仍然是我国机床和其他机械设备最基本的电气控制方式之一。继电器-接触器控制系统的缺点是：由于采用固定接线方式，所以在进行程序控制时，不易改变控制逻辑程序，灵活性差；由于继电控制采用有触点开关方式，所以动作频率不允许过高，触点寿命短、易损坏。

20 世纪 40 年代至 50 年代，出现了磁放大器-电动机控制系统，这是一种闭环反馈控制系统，通过反馈作用可以自动进行调整，对偏差进行纠正，系统的控制精度、控制速度等性能指标都有提高。20 世纪 60 年代出现了晶体管-晶闸管控制，发展到 20 世纪 70 年代形成了集成电路放大器-晶闸管控制。由晶闸管供电的直流调速系统和交流调速系统不仅使调速性能得到较大改善，而且减少了机电设备和占地面积，减少了损耗，提高了经济性。

在 20 世纪 70 年代后期，随着大规模集成电路和微处理器技术的发展和运用，出现了采用软件手段来实现各种程序控制的功能，以微处理器为核心的新型工业控制器——可编程序控制器利用微处理器的基本逻辑运算功能来进行控制编程，这种器件完全能适应恶劣的工业环境。由于它兼备了计算机控制系统和继电控制系统两方面的优点，目前在工业控制中展现出了强劲的发展势头，已被世界各国作为一种标准化通用装置普遍用于工业控制。

为了解决占机械加工总量 80% 左右的单件和小批量生产自动化，以提高生产效率、提高产品质量和降低劳动强度，在 20 世纪 50 年代出现了数控机床，它是一种具有广泛通用性的高效率自动化机床。如今它综合应用了电子技术、检测技术、计算机技术、自动控制和机床结构设计等技术领域内的最新技术成果，在一般数控机床的基础上，发展成为附带自动换刀和自适应等功能的复杂数控系列产品。它能对多道工序的工件进行连续加工，节省了夹具，缩短了定位、对刀等辅助时间，提高了工作效率和产品质量，成功地取代了以往靠模板、凸轮、专用夹具、刀具等来实现顺序加工的自动机床、组合机床和专用机床。

随着计算机应用技术的迅速发展，数控机床的应用日益广泛，进一步推动了数控系统的发展，因此产生了自动编程系统、计算机控制系统（CNC）、计算机群控系统（DNC）和柔性制造系统（FMS）。FMS 是把一组数控机床与工件、刀具、夹具等用自动传递连接起来，并在计算机的统一控制下形成一整套管理和制造相结合的生产体系。这就组成了计算机群控自动线，或称柔性制造系统。当今的计算机集成制造系统（CIMS）和设计制造一体化（CAD/CAM）代表了机械制造自动化的一个新的发展阶段，实现了从产品设计到制造的全部自动化。

1.2　直流电动机基础

直流电动机是一种能将直流电能与机械能进行相互转换的电气装置，包括直流电动机与直流发电机两大类。

能将直流电能转换成机械能的称直流电动机；能将机械能转换成直流电能的则称直流发电机。

直流电动机的主要优点是调速范围广，平滑性、经济性及启动性能好，抗过载能力较强，广泛用于对调速性能要求较高的生产机械。因此在冶金、船舶、纺织、高精度机床加工等大中型工业企业中都大量地采用直流电动机拖动。

直流电动机的主要缺点是存在换向问题。因此其制造工艺复杂、价格昂贵、维护技术要求较高。

本节主要分析直流电动机的结构及其原理、启动、制动和调速。

1.2.1　直流电动机结构及其原理

直流电动机是一种旋转电器，主要完成直流电能与机械能的转换。能将直流电能转换成机械能的旋转电器称直流电动机或称其工作于直流电动状态；而将机械能转换成电能的旋转电器，则称为直流发电机或称其工作于直流发电状态。

直流电动机和直流发电机在结构上没有根本区别，只是由于工作原理不同，从而得到相反的能量转换过程。

1. 直流电动机的结构

1）直流电动机的基本结构

直流电动机在结构上可概括地分为静止和转动两大部分。其静止的部分称为定子；转动的部分称为转子（电枢），这两部分由空气隙分开，其结构如图 1-1 所示。

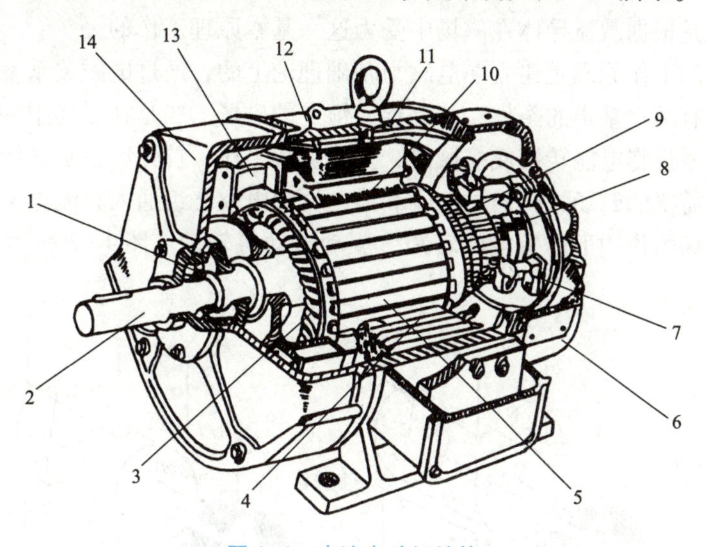

图 1-1　直流电动机结构

1—轴承；2—轴；3—电枢绕组；4—换相磁极绕组；5—电枢铁芯；6—后端盖；7—电刷杆座；8—换向器；9—电刷；10—主磁极；11—机座；12—励磁绕组；13—风扇；14—前端盖

（1）定子部分。定子由主磁极、机座、换向极、端盖及电刷等装置组成。

主磁极：其作用是产生恒定的主磁场，由主磁极铁芯和套在铁芯上的励磁绕组组成。铁芯的上部叫极身，下部叫极靴。极靴的作用是减小气隙磁阻，使气隙磁通沿气隙均匀分布。铁芯通常用低碳钢片冲压叠成。其目的是为了减小励磁涡流损耗。

机座：其作用有两个，一是作为各磁极间的磁路，这部分称为定子的磁轭；二是作为电动机的机械支承。

换向极：换向极的作用是改善直流电动机的换向性能，消除直流电动机带负载时换向器产生的有害火花。换向极的数目一般与主磁极数目相同，只有小功率的直流电动机不装换向极或装设只有主磁极数一半的换向极。

电刷装置：其作用有两个，一是使转子绕组与电动机外部电路接通；二是与换向器配合，完成直流电动机外部直流电与内部交流电的互换。

（2）转子部分。转子是直流电动机的重要部件。由于感生电动势和电磁转矩都是在转子绕组中产生的，是机械能和电磁能转换的枢纽，因此直流电动机的转子也称为电枢。电枢主要由电枢铁芯、电枢绕组、换向器、转轴等组成。

电枢铁芯：其作用有两个，一是作为磁路的一部分；二是将电枢绕组安放在铁芯的槽内。为了减小由于电动机磁通变化产生的涡流损耗，电枢铁芯通常采用 0.35~0.5 mm 硅钢片冲压叠成。

电枢绕组：电枢绕组的作用是产生感应电动势和电磁转矩。从而实现电能和机械能的相互转换。它是由许多形状相同的线圈按一定的排列规律连接而成。每个线圈的两个边分别嵌在电枢铁芯的槽里，在槽内的这两个边，称为有效边。

换向器：换向器是直流电动机的关键部件，它与电刷配合，在直流电动机中能将电枢绕组中的交流电动势或交流电流转变成电刷两端的直流电动势或直流电流。

2. 直流电动机工作原理

直流电动机是根据载流导体在磁场中受力这一基本原理工作的。

直流电动机的工作原理是建立在电磁力基础理论上的，通过电磁关系，将电能转换成机械能。这一理论有两个基本的条件，一是要有恒定的磁场，二是在磁场中的导体要有电流。

直流电动机要想将电能转换成机械能，拖动负载工作，首先要在励磁绕组上通入直流励磁电流，产生所需要的磁场，再通过电刷和换向器向电枢绕组通入直流电流，提供电能，于是电枢电流在磁场的作用下产生电磁转矩，驱动电动机转动。图 1-2 所示为直流电动机工作原理模型。

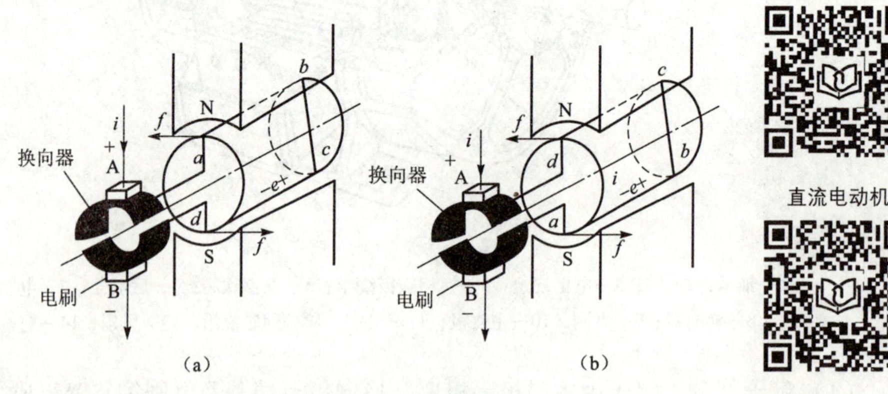

图 1-2　直流电动机工作原理

直流电动机

直流电动机的结构

把电刷 A、B 接到一直流电源上，电刷 A 接电源的正极，电刷 B 接电源的负极，此时在电枢线圈中将有电流流过。

根据毕-萨电磁力定律可知导体每边所受电磁力的大小为

$$f=B_x lI \tag{1-1}$$

式中，I 为导体中流过的电流，单位为 A；f 为电磁力，单位为 N。

导体受力方向由左手定则确定。在图 1-2（a）所示情况下，位于 N 极下的导体 ab 的受力方向为从右向左，而位于 S 极下的导体 cd 的受力方向为从左向右。该电磁力与转子半径之积即为电磁转矩，该转矩的方向为逆时针。当电磁转矩大于阻力矩时，线圈按逆时针方向旋转。当电枢旋转到图 1-2（b）所示位置时，原来位于 S 极下的导体 cd 转到 N 极下，其受力方向变为从右向左；而原来位于 N 极下的导体 ab 转到 S 极下，导体 ab 受力方向变为从左向右，该转矩的方向仍为逆时针方向，线圈在此转矩作用下继续按逆时针方向旋转。这样虽然导体中流通的电流为交变的，但 N 极下的导体受力方向和 S 极下导体所受力的方向并未发生变化，电动机在此方向不变的转矩作用下转动。

实际直流电动机的电枢并非单一线圈，磁极也并非一对。

电动机的启动是指电动机接通电源后，由静止状态加速到稳定运行状态的过程。电动机启动瞬间（$n=0$）的电磁转矩称为启动转矩，此时所对应的电流称为启动电流，分别用 T_{st}、I_{st}表示。启动转矩为

$$T_{st}=C_T \Phi I_{st} \tag{1-2}$$

如果他励直流电动机在额定电压下直接启动，由于启动瞬间 $n=0$，电枢电动势 $E_a=0$，故启动电流为

$$I_{st}=\frac{U_N}{R_a} \tag{1-3}$$

因为电枢电阻 R_a 很小，所以直接启动时启动电流很大，通常可达额定电流的 10～20 倍。过大的启动电流会使电网电压下降过多，影响本电网上其他用户的正常用电；使电动机的换向恶化，甚至烧坏电动机；同时过大的冲击转矩会损坏电枢绕组和传动机构。因此，除容量很小的电动机以外，一般不允许直接启动。对直流电动机的启动，一般有如下要求：

（1）要有足够大的启动转矩；

（2）启动电流要限制在一定的范围内；

（3）启动设备要简单、可靠。

为了限制启动电流，他励直流电动机通常采用电枢回路串入电阻启动或降低电枢电压的启动方式。无论采用哪种启动方式，启动时都应保证磁通 Φ 达到最大值。因为，在同样的电流下，Φ 变大则 T_{st}变大；在同样的转矩下，Φ 变大则 I_{st}变小。

1.2.2 电枢回路串电阻启动

1. 启动过程

启动前应使励磁回路的调节电阻 $R_{sf}=0$，这样励磁电流 I_f 和磁通 Φ 最大，电枢回路串入启动电阻 R_{st}，在额定电压下的启动电流为

$$I_{st}=\frac{U_N}{R_a+R_{st}} \tag{1-4}$$

启动电阻 R_{st}的值应保证 I_{st}不大于允许值，对于普通直流电动机，一般要求 $I_{st}\leqslant(1.5\sim2)I_N$。

在 T_{st} 的作用下，电动机开始转动并逐渐加速，随着转速的逐渐升高，电枢电动势（反电动势）E_a 逐渐增大，电枢电流逐渐减小，电磁转矩也随之减小，转速上升的加速度逐渐变缓。为了缩短启动时间，随着电动机转速的提高，应逐级切除启动电阻，最后使电动机的转速达到额定值。

一般串入的启动电阻为 2~5 级，在启动过程中逐级切除。启动电阻的级数越多，启动过程就越平稳。但级数越多，所需的设备投资越大，设备维护的工作量越大。图 1-3 是采用三级电阻启动时电动机的电路原理及其机械特性。

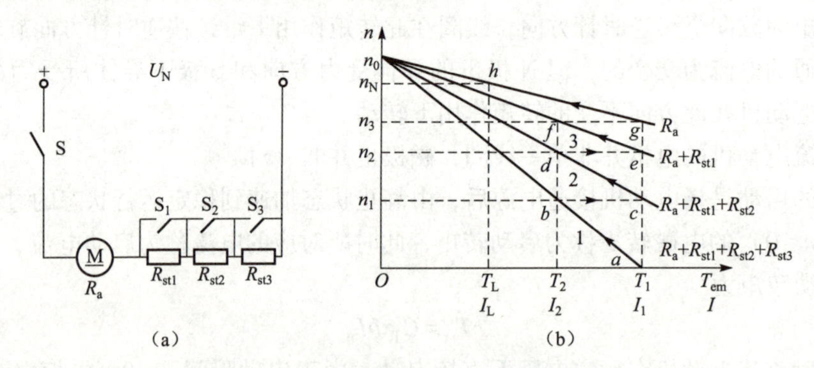

图 1-3　他励直流电动机三级电阻启动

（a）启动电路；（b）机械特性

启动开始时，接触器的触点 S 闭合，而 S_1、S_2、S_3 断开，如图 1-3（a）所示，额定电压加在电枢回路总电阻 R_3（$R_3=R_a+R_{st1}+R_{st2}+R_{st3}$）上，启动电流为 $I_1=\frac{U_N}{R_3}$，此时启动电流 I_1 和启动转矩 T_1 均达到最大值（通常取额定值的两倍左右）。接入全部启动电阻时的机械特性如图1-3（b）中的曲线 1 所示。启动瞬间对应于 a 点，因为启动转矩 T_1 大于负载转矩 T_L，所以电动机开始加速，电动势 E_a 逐渐增大，电枢电流和电磁转矩逐渐减小，工作点沿曲线 1 箭头方向移动。

当转速升到 n_1、电流降至 I_2、转矩减至 T_2（图中 b 点）时，触点 S_3 闭合，切除电阻 R_{st3}。此时所对应的电流 I_2 称为切换电流，一般取 $I_2=(1.1\sim1.2)\ I_N$ 或 $T_2=(1.1\sim1.2)\ T_N$。切除 R_{st3} 后，电枢回路电阻减小为 R_2（$R_2=R_a+R_{st1}+R_{st2}$），与之对应的机械特性如图 1-3（b）中的曲线 2。在切除电阻瞬间，由于机械惯性，转速不会突变，所以电动机的工作点由 b 点沿水平方向跃变到曲线 2 上的 c 点。选择适当的各级启动电阻，可使 c 点的电流仍为 I_1，这样电动机又处在最大转矩 T_1 下进行加速，工作点沿曲线 2 箭头方向移动。

当到达 d 点时，转速升至 n_2，电流又降至 I_2，转矩也降至 T_2，此时触点 S_2 闭合，将 R_{st2} 切除，电枢回路电阻变为 $R_1+R_a+R_{st1}$，工作点由 d 点平移到人为特性曲线 3 上的 e 点。e 点的电流和转矩仍为最大值，电动机又处在最大转矩 T_1 下加速，工作点在曲线 3 上移动。当转速升至 n_3 时，即在 f 点切除最后一级电阻 R_{st1} 后，电动机将过渡到固有特性上，并加速到 h 点处于稳定运行，启动过程结束。

分级启动电阻的计算。现以图 1-3 为例，推导各级启动电阻的计算公式。设图中对应于转速为 n_1、n_2、n_3 时的电枢电动势分别为 E_{a1}、E_{a2}、E_{a3}，则图 1-3 中 b、c、d、e、f、g 各点的电压平衡方程式如式（1-5）所示。

$$\left.\begin{aligned}b\text{ 点}:R_3I_2=U_N-E_{a1}\\c\text{ 点}:R_2I_1=U_N-E_{a1}\\d\text{ 点}:R_2I_2=U_N-E_{a2}\\e\text{ 点}:R_1I_1=U_N-E_{a2}\\f\text{ 点}:R_1I_2=U_N-E_{a3}\\g\text{ 点}:R_aI_2=U_N-E_{a3}\end{aligned}\right\}\tag{1-5}$$

比较式（1-5）中的六式可得

$$\frac{R_3}{R_2}=\frac{R_2}{R_1}=\frac{R_1}{R_a}=\frac{I_1}{I_2}=\beta\tag{1-6}$$

将启动过程中的最大电流 I_1 与切换电流 I_2 之比定义为启动电流比（也称启动转矩比）β，则在已知 β 和电枢电阻 R_a 的前提下，各级串联电阻值可按式（1-7）中各式计算。

$$\left.\begin{aligned}&R_{st1}=(\beta-1)R_a\\&R_{st2}=\beta R_{st1}\\&R_{st3}=\beta R_{st2}\\&\vdots\\&R_{stm}=\beta R_{st(m-1)}\end{aligned}\right\}\tag{1-7}$$

若已知启动电阻的级数 m，启动电流比 β 可按式（1-8）计算。

$$\beta=\sqrt[m]{\frac{U_N}{I_1R_a}}\tag{1-8}$$

若已知启动电流比 β，也可利用式（1-8）求出启动电阻的级数 m，必要时应修改 β 值使 m 为整数。

计算各级启动电阻的步骤如下：

（1）估算或查出电枢电阻 R_a；

（2）根据过载倍数选取最大转矩 T_1 对应的最大电流 I_1；

（3）选取启动级数 m；

（4）计算启动电流比 β；

（5）计算转矩 $T_2=T_1/\beta$，检验 $T_2\geqslant(1.1\sim1.3)T_L$ 是否成立，如果不满足，应另选 T_1 或 m 值，并重新计算，直至满足该条件为止。

电枢电阻 R_a，可用实测的方法求得，也可用式（1-9）进行估算。

$$R_a=\left(\frac{1}{2}\sim\frac{2}{3}\right)\frac{U_NI_N-P_N}{I_N^2}\tag{1-9}$$

过载倍数 λ_T 用于描述电动机的过载能力，对于直流电动机过载倍数 λ_T 为最大电流与额定电流之比。

$$\lambda_T=\frac{I_1}{I_N}\tag{1-10}$$

2. 降压启动

当直流电源电压可调时，可以采用降压方法启动。启动时，以较低的电源电压启动电动机，启动电流便随电压的降低而减小。随着电动机转速的上升，反电动势逐渐增大，再逐渐提高电源电压，使启动电流和启动转矩保持在一定的数值上，从而保证电动机按需要的加速度升速。

可调压的直流电源，在过去多采用直流的发电机-电动机组，现正被晶闸管整流电源取代。

降压启动虽然需要专用电源，设备投资较大，但启动平稳，启动过程中能量损耗小，因而得到了广泛应用。

1.2.3 直流电动机的制动

根据电磁转矩 T_{em} 和转速 n 方向之间的关系，可以把电动机分为两种运行状态。当 T_{em} 与 n 同方向时，称为电动运行状态，简称电动状态；当 T_{em} 与 n 反方向时，称为制动运行状态，简称制动状态。电动状态时，电磁转矩为驱动转矩；制动状态时，电磁转矩为制动转矩。

在电力拖动系统中，电动机经常需要工作在制动状态。例如，许多生产机械工作中，往往需要快速停车或者由高速运行迅速转为低速运行，这就要求电动机进入制动运行状态；对于像起重机等位能性负载的工作机构，为了获得稳定的下放速度，电动机也必须运行在制动状态。因此，电动机的制动运行也是十分重要的。

他励直流电动机的制动有能耗制动、反接制动和回馈制动三种方式。

1. 能耗制动

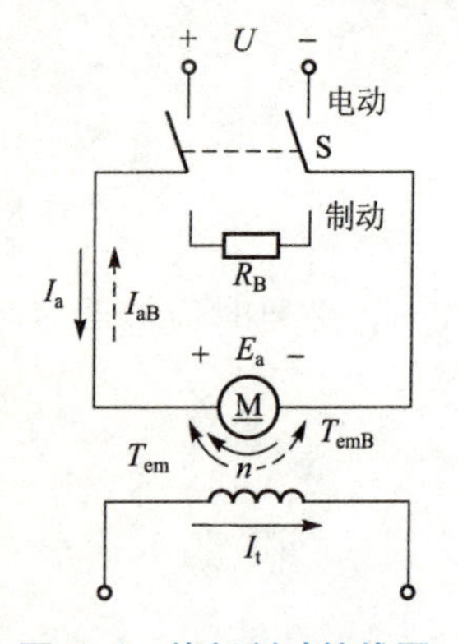

图1-4 能耗制动接线图

图1-4是能耗制动的接线图。开关S接电源侧为电动状态运行，此时电枢电流 I_a、电枢电动势 E_a、转速 n 及驱动性质的电磁转矩 T_{em} 的方向如图1-4所示。当需要制动时，将开关S投向制动电阻 R_B 上，电动机便进入能耗制动状态。

初始制动时，因为磁通保持不变、电枢存在惯性，其转速 n 不能马上降为零，而是保持原来的方向旋转，于是 n 和 E_a 的方向均不改变。但是，由 E_a 在闭合的回路内产生的电枢电流 I_{aB} 却与电动状态 I_a 的方向相反，由此而产生的电磁转矩 T_{emB} 也与电动状态时 T_{em} 的方向相反，变为制动转矩，于是电动机处于制动运行。

制动运行时动能转换成电能，并消耗在电阻（R_a+R_B）上，直到电动机停止转动为止，所以这种制动方式称为能耗制动。

能耗制动时的机械特性，就是在 $U=0$、$\Phi=\Phi_N$、$R=R_a+R_B$ 条件下的一条人为机械特性，即

$$n=-\frac{R_a+R_B}{C_e C_T \Phi_N^2}T_{em} \tag{1-11}$$

可见，能耗制动时的机械特性是一条通过坐标原点的直线，其理想空载转速为零，其斜率与电动状态下电枢串电阻 R_B 时人为特性的斜率相同，如图1-5中直线 BC 所示。

能耗制动时，电动机工作点的变化情况可用机械特性曲线说明。设制动前工作点在固有特性曲线 A 点处，其 $n>0$，$T_{em}>0$，T_{em} 为驱动转矩。开始制动时，因 n 不突变，工作点将沿水平方向跃变到能耗制动特性曲线上的 B 点。在 B 点，$n>0$，$T_{em}<0$ 电磁转矩为制动转矩，于是电动机开始减速，工作点沿 BO 方向移动。

1）反抗性负载

若负载性质为反抗性负载，到达 O 点转速为零，制动过程结束。

2）位能性负载

若负载性质为位能性负载，过 O 点后电动机进入反转，并且反向转速逐渐升高，到 C 点达到稳定运行。

改变制动电阻 R_B 的大小，即可改变能耗制动特性曲线的斜率，从而可以改变起始制动转矩（B 点所对应的电磁力矩）的大小以及下放位能负载时的稳定速度（C 点所对应的转速）。R_B 越小，特性曲线的斜率越小，起始制动转矩越大，而下放位能负载的速度越小。

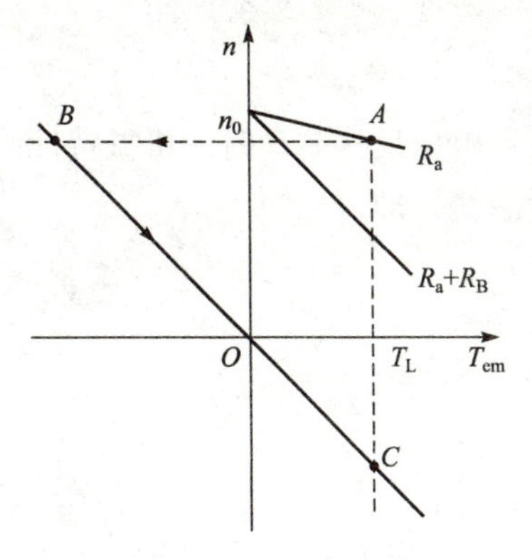

图 1-5　能耗制动机械特性

减小制动电阻，可以增大制动转矩，缩短制动时间，提高工作效率。但制动电阻太小，将会造成制动电流过大，通常限制最大制动电流不超过 2～2.5 倍的额定电流。选择制动电阻的原则是

$$I_{aB}=\frac{E_a}{R_a+R_B}\leqslant (2\sim 2.5)\ I_N$$

即

$$R_B\geqslant \frac{E_a}{(2\sim 2.5)I_N}-R_a \qquad (1-12)$$

式中，E_a 为制动瞬间（制动前电动状态时）的电枢电动势。如果制动前电动机处于额定运行，则 $E_a=U_N-R_aI_N\approx U_N$。

能耗制动操作简单，但随着转速的下降，电动势减小，制动电流和制动转矩也随之减小，制动效果变差。若为了使电动机能更快地停转，可以在转速降到一定程度时，切除一部分制动电阻，使制动转矩增大，从而加强制动作用。

2. 反接制动

反接制动分为电压反接制动和倒拉反转反接制动两种方式。

1）电压反接制动

电压反接制动时的接线图如图 1-6 所示。开关 S 投向“电动”侧时，电枢接正极性的电源电压，此时电动机处于电动状态运行。进行制动时，开关 S 投向“制动”侧，此时电枢回路串入制动电阻 R_B 后，接上极性相反的电源电压，即电枢电压由原来的正值变为负值。此时，在电枢回路内 U 与 E_a 顺向串联，共同产生很大的反向电枢电流 I_{aB}。

$$I_{aB}=\frac{-U-E_a}{R_a+R_B}=-\frac{U+E_a}{R_a+R_B} \qquad (1-13)$$

反向电枢电流 I_{aB} 产生很大的反向电磁转矩 T_{emB}，从而产生很强的制动作用。

电动状态时，电枢电流的大小由 U 与 E_a 之差决定，而反接制动时，电枢电流的大小由 U 与 E_a 之和决定，因此反接制动时电枢的电流是非常大的。为了限制过大的电枢电流，反接制动时必须在电枢回路中串接制动电阻 R_B，R_B 的大小应使反接制动时电枢电流不超过电动机的最大允许电流 I_{max}，$I_{max}=(2\sim 2.5)\ I_N$，因此应串入的制动电阻值为

$$R_B \geqslant \frac{U+E_a}{(2\sim2.5)I_N}-R_a \tag{1-14}$$

电压反接制动时的机械特性曲线是在 $U=-U_N$，$\Phi=\Phi_N$，$R=R_a+R_B$ 条件下的一条人为特性曲线，即

$$n=-\frac{U_N}{C_e\Phi_N}-\frac{R_a+R_B}{C_eC_T\Phi_N^2}T_{em} \tag{1-15}$$

或

$$n=-\frac{U_N}{C_e\Phi_N}-\frac{R_a+R_B}{C_e\Phi_N}I_a \tag{1-16}$$

可见，其特性曲线是一条通过 $-n_0$ 点，斜率为 $\frac{R_a+R_B}{C_eC_T\Phi_N^2}$ 的直线，如图 1-7 中线段 BC 所示。

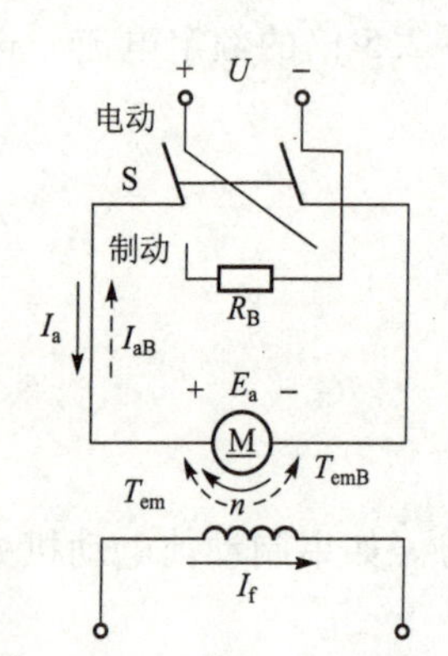

图 1-6　电压反接制动接线图

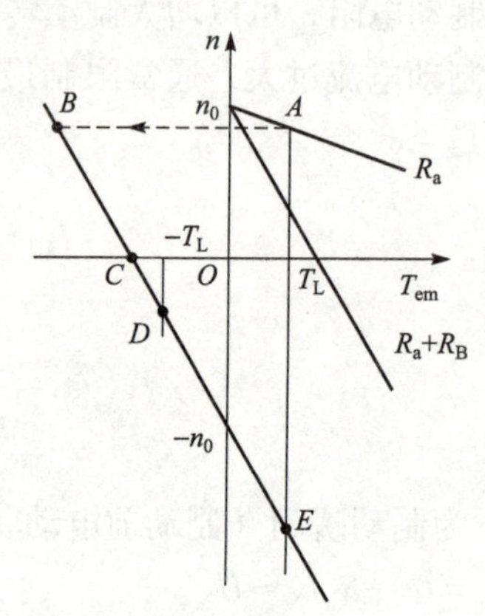

图 1-7　电压反接制动时的机械特性曲线

电压反接制动时电动机工作点的变化情况可用图 1-7 说明如下：

设电动机原来工作在固有特性上的 A 点，反接制动时，由于转速不能突变，工作点沿水平方向跃变到反接制动特性上的 B 点，之后在制动转矩作用下，转速开始下降，工作点沿 BC 方向移动，当到达 C 点时，制动过程结束。在 C 点，$n=0$，但制动的电磁转矩 $T_{em}\neq0$。根据负载性质的不同，此后工作点的变化可分为两种情况。

（1）电动机拖动反抗性负载。若电动机拖动反抗性负载，C 点处的电磁转矩便成为电动机的反向启动转矩。当此启动转矩大于负载转矩时，电动机便反向启动，并一直加速到 D 点，进入反向电动状态下稳定运行。若制动的目的是为了停车，那么在电动机转速接近于零时，应立即断开电源，同时启动机械制动装置。

（2）电动机拖动位能性负载。若电动机拖动位能性负载，则过 C 点以后电动机将反向加速，一直到达 E 点，即电动机最终进入回馈制动状态下稳定运行。若制动的目的是为了停车，那么在电动机转速接近零时，应立即切断电源，同时启动机械制动装置。

反接制动时，从电源输入的电功率和从轴上输入的机械功率全部转变成电枢回路上的电功率，一起消耗在电枢回路串接的电阻（R_a+R_B）上，其能量损耗是很大的。

2）倒拉反转反接制动

倒拉反转反接制动只适用于位能性恒转矩负载。

以起重机下放重物为例，图1-8（a）标出了正向电动状态（提升重物）时电动机的各物理量方向，此时电动机工作在图1-8（c）固有特性上的A点。如果在电枢回路中串入一个较大的电阻R_B，将得到一条斜率较大的人为特性，便可实现倒拉反转反接制动，如图1-8（c）中的直线n_0D所示。制动过程如下：

串电阻瞬间，因转速不能突变，所以工作点由固有特性上的A点沿水平方向跳跃到人为特性上的B点，此时电磁转矩T_{em}（$T_{em}=T_B$）小于负载转矩T_L，于是电动机开始减速，工作点沿人为特性由B点向C点变化，到达C点时，$n=0$，电磁转矩为堵转转矩T_K，因T_K仍小于负载转矩T_L，所以在重物的重力作用下电动机将反向旋转，即下放重物。因为励磁不变，所以E_a随n的反向而改变方向。由图1-8（b）可以看出，I_a的方向不变，故T_{em}的方向也不变。这样，电动机反转后，电磁转矩为制动转矩，电动机处于制动状态，如图1-8（c）中的CD段。随着电动机反向转速的增加，E_a增大，电枢电流I_a和制动的电磁转矩T_{em}也相应增大，当到达D点时，电磁转矩与负载转矩平衡，电动机便以稳定的转速匀速下放重物。

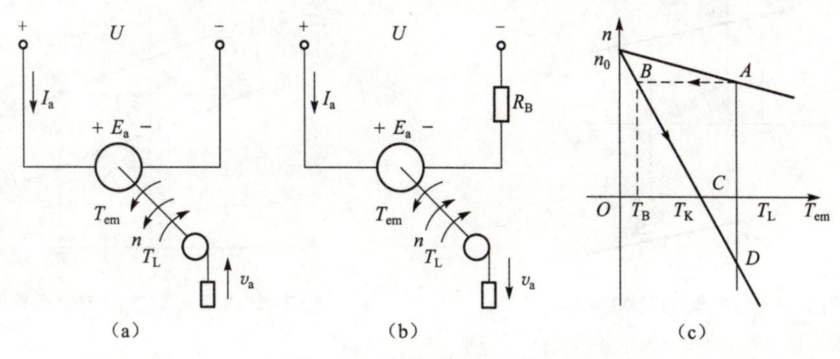

图1-8 倒拉反转反接制动

（a）正向电动；（b）倒拉反转；（c）机械特性

电动机串入的电阻R_B越大，最后稳定的转速越高，下放重物的速度也越快。电枢回路串入较大的电阻后，电动机能出现反转制动运行，主要是位能负载的倒拉作用，又因为此时的E_a与U也是顺向串联，共同产生电枢电流，这一点与电压反接制动相似，因此把这种制动称为倒拉反转反接制动。

3. 回馈制动

电动状态下运行的电动机，在某种条件下（如电动机拖动机车下坡时）会出现运行转速n高于理想空载转速n_0的情况，此时$E_a>U$，电枢电流反向，电磁转矩的方向也随之改变，由驱动转矩变成制动转矩。从能量传递方向看，此时电动机处于发电状态，将机械能变换成电能回馈给电网，因此称这种状态为回馈制动状态。

回馈制动时的机械特性方程式与电动状态时相同，只是运行在特性曲线上不同的区段而已。正向回馈制动时的机械特性曲线位于第二象限，反向回馈制动时位于第四象限，如图1-9中的n_0A段和$-n_0B$段。

电力拖动系统出现回馈制动状态有以下几种情况：

1）电压反接制动时的回馈制动

如图1-7所示，当电压反接制动时，若电动机拖动位能性负载，则电动机经过制动减速、反向电动加速，最后在重物的重力作用下，工作点将通过$-n_0$点进入第四象限，出现运行转速超过理想空载转速的反向回馈制动状态（$-n_0E$ 段）。当到达 E 点时，制动的电磁转矩与重物作用力相平衡，电力拖动系统便在回馈制动状态下稳定运行，即重物匀速下降。

2）电车下坡时的回馈制动

当电车下坡时，运行转速也可能超过理想空载转速而进入第二象限运行，如图 1-9 中的 A 点，这时电动机处于正向回馈制动状态下稳定运行。

3）降低电枢电压调速时的回馈制动

在图 1-10 中，A 点是电动状态运行工作点，对应电压为 U_1 转速为 n_A。当进行降压（U_1 降为 U_2）调速时，因转速不能突变，工作点由 A 点平移到 B 点，此后工作点在降压人为特性曲线的 Bn_{02}段上的变化过程即为回馈制动过程，它起到了加快电动机减速的作用。当转速降到 n_{02}时，回馈制动过程结束。从 n_{02}降到 C 点转速 n_c 为电动状态减速过程。

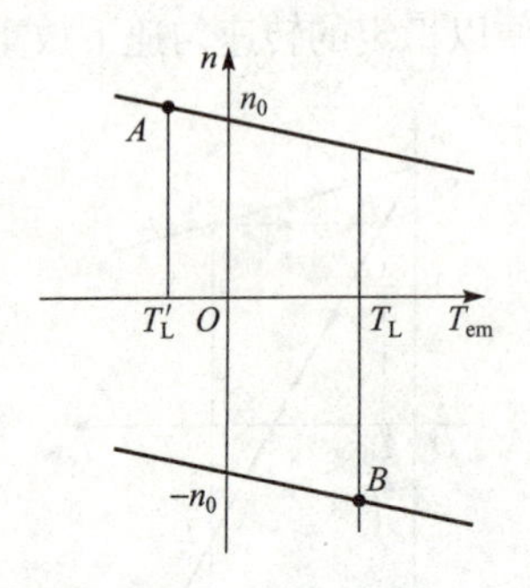

图 1-9　回馈制动机械特性

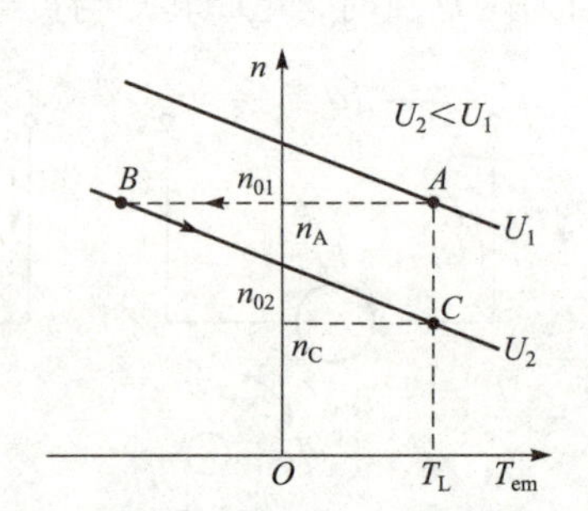

图 1-10　降压调速时产生回馈制动

4）调磁调速过程中出现的回馈制动

在直流电动机进行调磁调速的过程中，主磁通 Φ 在小于额定磁通 Φ_N 范围内变化。当磁通由一个较小的磁通 Φ_1 增大到 Φ_2 时，其工作点在 Bn_{02}段上变化时为回馈制动过程，如图 1-11 所示。

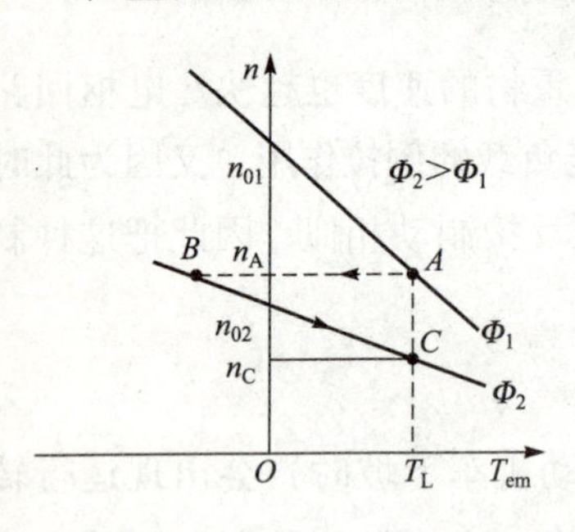

图 1-11　调磁调速时产生回馈制动

回馈制动时，由于有功率回馈到电网，因此与能耗制动和反接制动相比，回馈制动是比较经济的。

4. 直流电动机的反转

直流电动机的转向是由电枢电流方向和主磁场方向确定的，要改变其转向，一是改变电枢电流的方向，二是改变励磁电流的方向（即改变主磁场的方向）。如果同时改变电枢电流和励磁电流的方向，则电动机的转向不会改变。

改变直流电动机的转向，通常采用改变电枢电流方向的方法，具体就是改变电枢两端的电压极性，或者说把电枢绕组两端换接，而很少采用改变励磁电流方向的方法。

1.2.4　直流电动机调速

为了提高生产效率或满足生产工艺的要求，许多生产机械在工作过程中都需要调速。例如车床切削工件时，精加工用高转速，粗加工用低转速；轧钢机在轧制不同品种和不同厚度

的钢材时，也必须有不同的工作速度。

电力拖动系统的调速可以采用机械调速、电气调速或二者配合起来调速。通过改变传动机构速比进行调速的方法称为机械调速；通过改变电动机参数进行调速的方法称为电气调速。本节只介绍他励直流电动机的电气调速。

根据他励直流电动机的转速公式

$$n=\frac{U-I_a(R_a+R_s)}{C_e\Phi} \tag{1-17}$$

可知当电枢电流 I_a 不变时（即在一定的负载下），只要改变电枢电压 U、电枢回路串联电阻 R_s 及励磁磁通 Φ 中三者之中的任意一个量，就可改变转速 n。因此，他励直流电动机具有三种调速方法：调压调速、电枢串联电阻调速和调磁调速。

为了评价各种调速方法的优缺点，对调速方法提出了一定的技术经济指标，称为调速指标。下面先对调速指标作一介绍，然后再讨论他励电动机的三种调速方法及其与负载类型的配合问题。

1. 调速指标的评价

评价调速性能好坏的指标有以下四个方面。

1）调速范围

调速范围是指电动机在额定负载下可能运行的最高转速 n_{max} 与最低转速 n_{min} 之比，通常用 D 表示，即

$$D=\frac{n_{max}}{n_{min}} \tag{1-18}$$

不同的生产机械对电动机的调速范围有不同的要求。要扩大调速范围，必须尽可能地提高电动机的最高转速和降低电动机的最低转速。电动机的最高转速受到电动机的机械强度、换向条件、电压等级方面的限制，而最低转速则受到低速运行时转速的相对稳定性的限制。

2）静差率（相对稳定性）

转速的相对稳定性是指负载变化时，转速变化的程度。转速变化小，其相对稳定性好。转速的相对稳定性用静差率 δ 表示。当电动机在某一机械特性上运行时，由理想空载增加到额定负载，电动机的转速降落 $\Delta n_N=n_0-n_N$ 与理想空载转速 n_0 之比，就称为静差率。

$$\delta=\frac{n_0-n_N}{n_0}\times100\%=\frac{\Delta n_N}{n_0}\times100\% \tag{1-19}$$

显然，电动机的机械特性越硬，其静差率越小，转速的相对稳定性就越高。

静差率与调速范围两个指标是相互制约的。若对静差率这一指标要求过高，即 δ 值越小，则调速范围 D 就越小；反之，若要求调速范围 D 越大，则静差率 δ 也越大，转速的相对稳定性也就越差。

不同的生产机械，对静差率的要求不同，普通车床要求 $\delta<30\%$，而高精度的造纸机则要求 $\delta<0.1\%$。在保证一定静差率指标的前提下，要扩大调速范围，就必须减小转速降落 Δn_N，即必须提高机械特性的硬度。

3）调速的平滑性

在一定的调速范围内，调速的级数越多，就认为调速越平滑，相邻两级转速之比称为平

滑系数，用 φ 表示：

$$\varphi=\frac{n_i}{n_i-1} \tag{1-20}$$

φ 值越接近1，则平滑性越好，当 $\varphi=1$ 时，称为无级调速。当调速不连续，级数有限时，称为有级调速。

4）调速的经济性

调速的经济性主要指调速设备的投资、运行效率及维修费用等。

2. 调速方法

1）电枢回路串接电阻调速

电枢回路串接电阻调速的原理及调速过程可用图1-12说明。设电动机拖动恒转矩负载 T_L 在固有特性曲线上的 A 点运行，其转速为 n_N。若电枢回路串入电阻 R_{s1}，则达到新的稳态后，工作点变为人为特性曲线上的 B 点，转速下降到 n_1。从图中可以看出，串入的电阻值越大，稳态转速就越低。

调速过程中转速 n 和电流 i_a 随时间的变化规律如图1-13所示。电枢串接电阻调速的优点是设备简单，操作方便。缺点如下：

（1）电阻只能分段调节，所以调速的平滑性差；

（2）低速时特性曲线斜率大，静差率大，所以转速的相对稳定性差；

（3）轻载时调速范围小，额定负载时调速范围一般为 $D<2$；

（4）损耗较大，效率较低。所串接电阻越大，损耗越大，效率越低，所以这种调速方法是不太经济的。因此，电枢回路串接电阻调速的方式多用于对调速性能要求不高的生产机械上，如起重机、电车等。

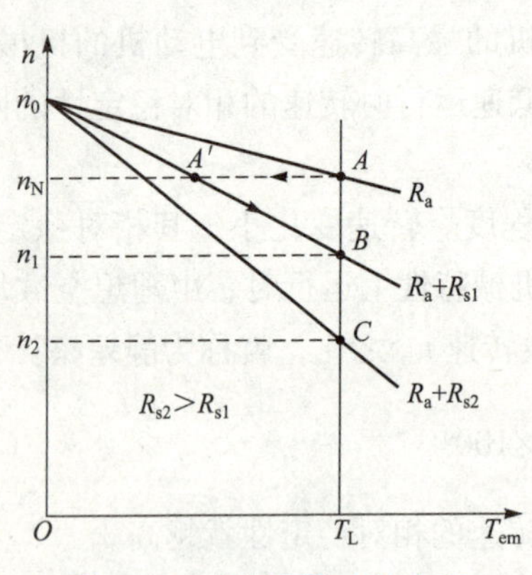

图1-12 电枢回路串接电阻调速机械特性曲线

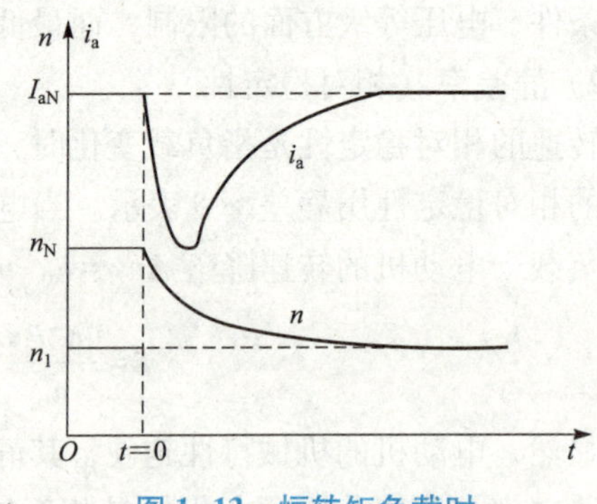

图1-13 恒转矩负载时电枢串电阻调速

2）降低电源电压调速

电动机的工作电压不允许超过额定电压，因此电枢电压只能在额定电压以下进行调节。降低电源电压调速的原理及调速过程如图1-14所示。

设电动机拖动恒转矩负载 T_L 在固有特性曲线上的 A 点运行，其转速为 n_N。若电源电压由 U_N 下降至 U_1，则达到新的稳态后，工作点将移到对应人为特性曲线上的 B 点，其转速

下降为 n_1。从图中可以看出，电压越低，稳态转速越低。

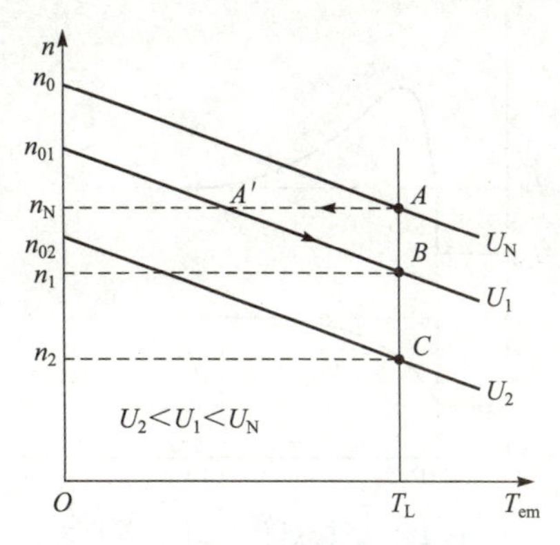

图 1-14　降低电源电压调速

调速过程分析：在电动机转速由 n_N 下降至 n_1 的调速过程中，电动机原来在 A 点稳定运行时 $T_{em}=T_L$，$n=n_N$。当电压降至 U_1 后，电动机的机械特性曲线变为直线 $n_{01}B$。

在降压瞬间，转速 n 不能突变，故 E_a 也不能突变，所以 I_a 和 T_{em} 突然减小，工作点由 A 点平移到 A' 点。在 A' 点 $T_{em}<T_L$；电动机开始减速。随着 n 减小，E_a 也减小，I_a 和 T_{em} 增大，工作点沿 $A'B$ 方向移动，到达 B 点时，达到了新的平衡 $T_{em}=T_L$，此时电动机便在较低转速 n_1 下稳定运行。

降压调速的特点为：

（1）电源电压能够平滑调节，可以实现无级调速；

（2）调速前后机械特性曲线的斜率不变，硬度较高，负载变化时，速度稳定性好；

（3）无论轻载还是额定负载，调速范围相同，一般可达 $D=2.512$；

（4）电能损耗较小；

（5）需要一套电压可连续调节的直流电源，设备投资较大。

电压可连续调节的直流电源，早期常采用发电机-电动机系统，简称 G-M 系统。目前，这种系统已被晶闸管-电动机系统（简称 SCR-M 系统）所取代。

3）减弱磁通调速

额定运行的电动机，其磁路已基本饱和，即使励磁电流增加很多，磁通也增加很少，从电动机的性能考虑也不允许磁路过饱和。因此，改变磁通只能从额定值往下调，调节磁通调速即是弱磁调速。其调速原理及调速过程如图 1-15 所示。

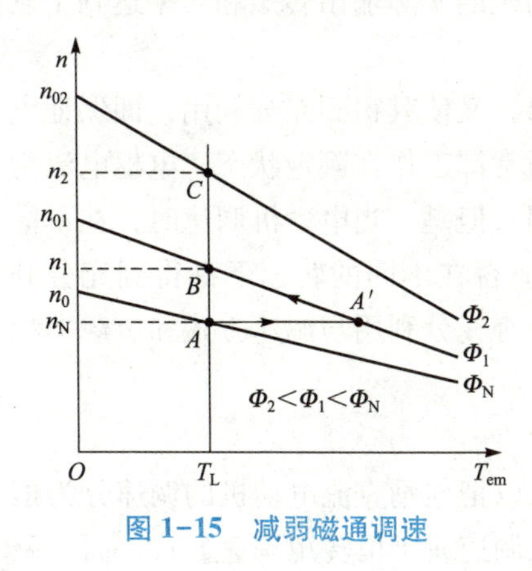

图 1-15　减弱磁通调速

设电动机拖动恒转矩负载 T_L 在固有特性曲线上 A 点运行，其转速为 n_N。若磁通由 Φ_N 减小至 Φ_1，则达到新的稳态后，工作点将移到对应的人为特性曲线上的 B 点，其转速上升为 n_1。从图中可见，磁通越小，稳态转速将越高。

调速过程分析：在电动机的转速由 n_N 上升到 n_1 的调速过程中，电动机原来在 A 点稳定运行时，$T_{em}=T_L$，$n=n_N$。当磁通减弱到 Φ_1 后，电动机的机械特性变为直线 $n_{01}B$。在磁通减弱的瞬间，转速 n 不能突变，电动势 E_a 随 Φ 而减小，于是电枢电流 I_a 增大。尽管 Φ 减小，但 I_a 增大很多，所以电磁转矩 T_{em} 还是增大的，因此工作点移到 A' 点。在 A' 点，$T_{em}>T_L$，电动机开始加速，随着 n 上升，E_a 增大，I_a 和 T_{em} 减小，工作点沿 $A'B$ 方向移动，到达 B 点时，$T_{em}=T_L$，出现了新的平衡，此时电动机便在较高的转速 n_1 下稳定运行。调速过程中电枢电流和转速随时间的变化规律如图 1-16 所示。

对于恒转矩负载，调速前后电动机的电磁转矩不变，因磁通减小，所以调速后的稳态电

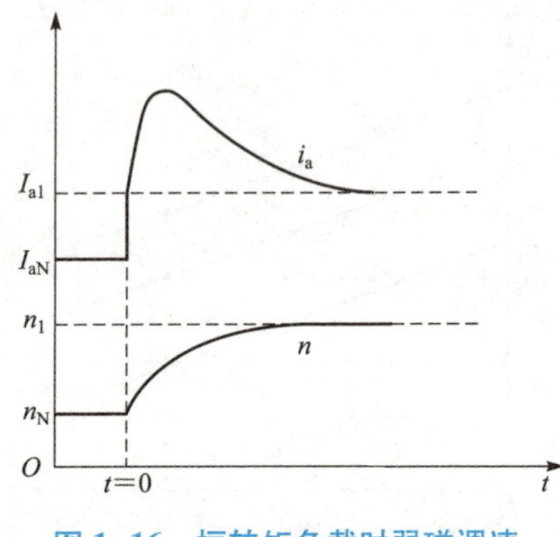

图 1-16　恒转矩负载时弱磁调速

枢电流大于调速前的电枢电流，这一点与前两种调速方法是不同的。当忽略电枢反应影响和较小的电阻压降 R_aI_a 时，可近似认为转速与磁通成反比变化。

减弱磁通调速的特点：

（1）控制方便，能量损耗小，设备简单，且调速平滑性好；

（2）虽然弱磁升速后电枢电流增大，电动机的输入功率增大，但由于转速升高，输出功率也增大，电动机的效率基本不变，因此弱磁调速的经济性比较好；

（3）机械特性的斜率变大，特性变软；

（4）因为升速范围不可能很大，一般 $D<2$。

为了扩大调速范围，常常把降压和弱磁两种调速方法结合起来。在额定转速以下采用降压调速，在额定转速以上采用弱磁调速。

3. 调速方式与负载类型的配合

1）电动机的容许输出与充分利用

电动机的容许输出是指电动机在某一转速下长期可靠工作时所能输出的最大转矩和功率。容许输出的大小主要取决于电动机的发热，而电动机的发热又主要取决于电枢电流。因此，在一定的转速下，额定电流所对应的输出转矩和功率便是电动机的容许输出转矩和功率。

所谓电动机的充分利用，是指在一定的转速下，电动机的实际输出转矩和功率达到了它的容许输出值，即电枢电流达到了额定值。

正确地使用电动机，应当使电动机既满足负载的要求，又使其得到充分利用，即保证电动机总是处于额定电流下工作。对于不调速的电动机，通常都工作在额定状态，电枢电流为额定值，所以恒转速运行的电动机一般都能得到充分利用。但是，当电动机调速时，在不同的转速下，电枢电流能否总是保持为额定值，即电动机能否在不同的转速下都得到充分利用，这需要进一步研究。事实上，在调速状态下电动机能否充分利用与调速方式和负载类型的配合有关。

2）恒转矩与恒功率调速方式

以电动机在不同转速下都能得到充分利用为条件，可以把他励直流电动机的调速分为恒转矩调速和恒功率调速两种方式。电枢串电阻调速和降压调速属于恒转矩调速方式，而弱磁调速属于恒功率调速方式。

（1）恒转矩调速。电枢串电阻调速和降压调速时，磁通 $\Phi=\Phi_N$ 保持不变，如果在不同转速下保持电流 $I_a=I_N$ 不变，即电动机得到充分利用，则电动机的容许输出转矩和功率分别为：

$$\left.\begin{aligned} &T\approx T_{em}=C_T\Phi I_N=\text{常数} \\ &P=T\Omega=T\frac{2\pi n}{60}=C_1 n \end{aligned}\right\} \quad (1\text{-}21)$$

式中，C_1 为常数。

由此可见，电枢串接电阻和降压调速时，电动机的容许输出功率与转速成正比，而容许输出转矩为恒值，故称为恒转矩调速方式。

（2）恒功率调速。恒功率调速时，磁通 Φ 是变化的，在不同转速下，若保持 $I_a=I_N$ 不变，则电动机的容许输出转矩和功率分别为：

$$\left.\begin{aligned} T &\approx T_{em}=C_T\Phi I_N=C_T\frac{U_N-I_NR_a}{C_en}I_N=\frac{C_2}{n} \\ P &= T\Omega=\frac{C_2}{n}\times\frac{2\pi n}{60}=\text{常数} \end{aligned}\right\} \tag{1-22}$$

式中，C_2 为常数。

由此可见，恒功率调速时，电动机的容许输出转矩与转速成反比，而且容许输出功率为恒值，故称之为恒功率调速方式。

3）调速方式与负载类型的配合

作为一种理想情况，调速运行的电动机其实际输出的转矩和功率应按图 1-17 所示的规律变化，在整个调速范围内的不同转速时，电动机都能得到充分利用。然而，电动机实际输出转矩和功率随转速如何变化，要由负载的性质来决定，即由负载的转矩特性 $T_L=f(n)$ 和功率特性 $P_L=f(n)$ 来决定。如果负载的转矩和功率的特性曲线能与电动机的容许输出转矩和功率的特性曲线重合，那么电动机就会在不同转速时都能得到充分利用。

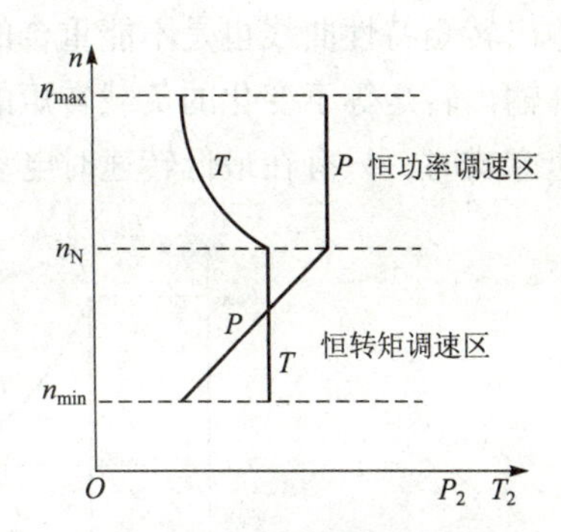

图 1-17　他励电动机调速时的允许输出转矩和允许输出功率曲线

（1）恒转矩负载配恒转矩调速方式。此时负载转矩 T_L 和电动机的容许输出转矩 T 均为常数，负载功率 P_L 和电动机的容许输出功率 P 均与转速 n 成正比。因此，只要选择电动机的容许输出转矩 T_N 与负载转矩 T_L 相等，则负载转矩特性与电动机的容许输出转矩特性就完全重合。此时，电动机既满足了负载的要求，又得到了充分利用。因此恒转矩负载配恒转矩调速方式是一种理想的配合。需要指出的是，此时电动机的额定转速为系统的最高转速，如图 1-18（a）所示。

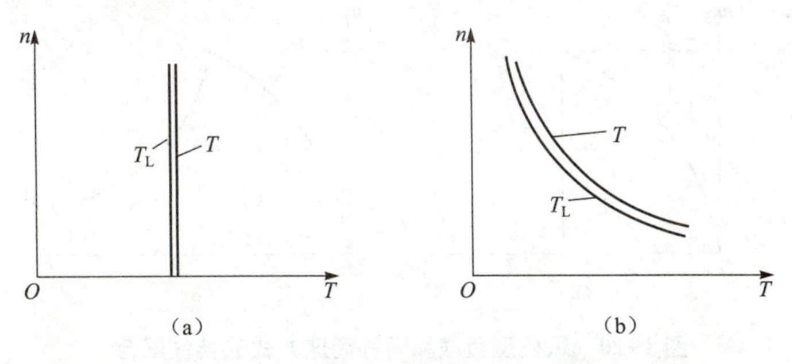

图 1-18　调速方式与负载类型的理想配合

(a) 恒转矩负载配恒转矩调速；(b) 恒功率负载配恒功率调速

（2）恒功率负载配恒功率调速方式。此时负载功率 P_L 和电动机的容许输出功率 P 均为常数，负载转矩 T_L 和电动机的容许输出转矩 T 均与转速 n 成反比。因此，只要选择电动机的容许输出功率（额定功率）与负载功率 P_L 相等，则负载功率特性曲线也与电动机的容许输出功率特性曲线完全重合，这也是一种理想的配合。恒功率调速时，转速是从额定转速往上调的，故电动机的额定转速为系统的最低转速，如图 1-18（b）所示。

（3）恒转矩负载配恒功率调速方式。恒转矩负载配恒功率调速方式，显然此时的负载转矩特性曲线与电动机的容许输出转矩特性曲线不可能重合。

为了满足负载转矩的需要，二者的特性配合只能如图 1-19（a）所示，即使电动机容许输出转矩的最小值（此时转速最高）等于恒定的负载转矩。可见，恒转矩负载配恒功率调速方式时，只有在最高转速这一点上电动机才被充分利用。而在低于最高转速时，电动机的实际输出小于容许输出，电动机没有充分利用。

（4）恒功率负载配恒转矩调速方式。恒功率负载，其转矩与转速成反比变化；恒转矩调速方式时，电动机的容许输出转矩为常数。显然，此时的负载转矩特性曲线与电动机的容许输出转矩特性曲线也是不能重合的。为了满足负载的需要，二者的特性配合只能使恒定的容许输出转矩等于变化的负载转矩的最大值（此时转速最低）。可见，恒功率负载在恒转矩调速方式时，只有在最低转速时电动机才被充分利用，如图 1-19（b）所示。

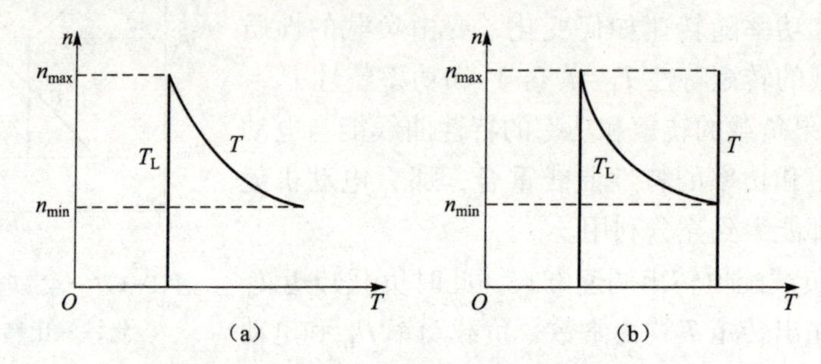

图 1-19 调速方式与负载类型的不适当配合

（a）恒转矩负载恒功率调速；（b）恒功率负载配恒转矩调速图

（5）风机型负载与两种调速方式的配合。风机型负载和两种调速方式的特性配合如图 1-20 所示。

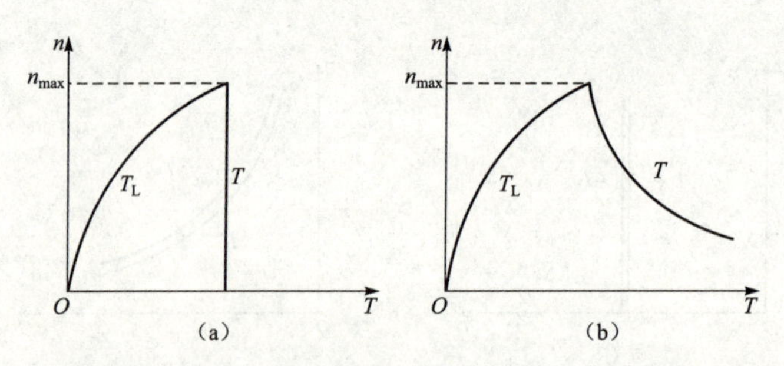

图 1-20 风机型负载和两种调速方式的特性配合

（a）与恒转矩调速配合；（b）与恒功率调速配合

因为负载转矩随转速 n 的升高而增大，为了使电动机在最高转速时（所需要的转矩最大）仍能满足负载的需要，应使

$$T_{(n=n_{max})}=T_{L(n=n_{max})} \tag{1-23}$$

只有在最高转速这一点上电动机才被充分利用，而在其他转速下均是 $T_L<T$，$P_L<P$，$I_a<I_N$，电动机得不到充分利用。风机型负载配恒转矩调速方式所造成的电动机容量浪费要比配恒功率调速方式小一些。

1.3　交流电动机基础

交流电动机主要分为同步电动机和感应电动机两大类，它们在工作原理和运行性能上有很大差别。同步电动机的转速与电源频率之间有着严格的关系，感应电动机的转速虽然也与电源频率有关，但不像同步电动机那样严格。同步电动机主要用作发电机，目前交流发电机几乎都是采用同步发电机。感应电动机则主要用作电动机，大部分生产机械用感应电动机作为原动机。

本节主要分析讨论三相感应电动机并结合其讨论交流电动机中的一般问题。

电动机 3

交流电动机

1.3.1　三相感应电动机的工作原理及结构

1. 三相感应电动机的工作原理

在图 1-21 中，N 极与 S 极是一对磁极，在两个磁极相对的空间里装有一个能够转动的圆柱形铁芯，在铁芯外圆槽内嵌放有导体，导体两端各用一圆环把它们连接成一整体。

交流异步电动机结构

如图 1-21 所示，如在某种因素的作用下，使磁极以 n_1 的速度逆时针方向旋转，形成一个旋转磁场，转子导体就会切割磁力线而产生感应电动势 e。用右手定则可以判定，在转子上半部分的导体中，感应电动势的方向为⊕，下半部分导体的感应电动势方向为⊙。在感应电动势的作用下导体中就有电流 i，若不计电动势与电流的相位差，则电流 i 与电动势 e 同方向。载流导体在磁场中将受到电磁力的作用，由左手定则可以判定电磁力 f 的方向。电磁力 f 所形成的电磁转矩 T 使转子以 n 的速度旋转，旋转方向与磁场的旋转方向相同，这就是感应电动机的基本工作原理。

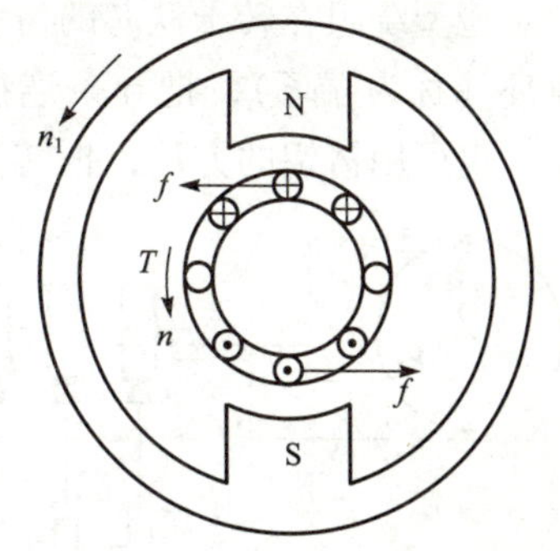

图 1-21　三相交流电动机工作原理

旋转磁场的旋转速度 n_1 称为同步转速。由于转子转动的方向与磁场的旋转方向是一致的，所以如果 $n=n_1$，则磁场与转子之间就没有相对运动，它们之间就不存在电磁感应关系，也就不能在转子导体中产生感应电动势和产生电流，也就不能产生电磁转矩。感应电动机的转子速度不可能等于磁场旋转的速度，因此，这种电动机一般称之为异步电动机。

转子转速 n 与旋转磁场转速 n_1 之差称为转差 Δn，转差与磁场转速 n_1 之比，称为转差率 s。

$$s=\frac{n_1-n}{n_1}\times 100\% \tag{1-24}$$

转差率 s 是决定感应电动机运行情况的一个基本数据，也是感应电动机一个很重要的参数。

实际上感应电动机的旋转磁场是由装在定子铁芯上的三相绕组通入对称的三相电流而产生的。

2. 三相感应电动机的结构

和其他旋转电动机一样，感应电动机也是由定子和转子两大部分组成。定子与转子之间为气隙，感应电动机的气隙比其他类型的电动机要小得多，一般为 0.25～2.0 mm，气隙的大小对感应电动机的性能影响很大。下面简要介绍感应电动机的主要零部件的构造、作用和材料。

1）定子部分

（1）机座。感应电动机的机座起固定和支撑定子铁芯的作用，一般用铸铁铸造而成。根据电动机防护方式、冷却方式和安装方式的不同，机座的形式也不同。

（2）定子铁芯。由厚 0.5 mm 的硅钢片冲片叠压而成，铁芯内圆有均匀分布的槽，用以嵌放定子绕组，冲片上涂有绝缘漆（小型电动机也有不涂漆的）作为片间绝缘，以减少涡流损耗，感应电动机的定子铁芯是电动机磁路的一部分。

（3）定子绕组。三相感应电动机的定子绕组是一个三相对称绕组，它由三个完全相同的绕组所组成，每个绕组即为一相，三个绕组在空间相差 120°电角度，每相绕组的两端分别用 u1-u2、v1-v2、w1-w2 表示，可以根据需要接成星形或三角形。

2）转子部分

（1）转子铁芯。作用与定子铁芯相同，一方面作为电动机磁路的一部分，一方面用来放置转子绕组。转子铁芯也是用厚 0.5 mm 的硅钢片叠压而成，套在电动机轴上。

（2）转子绕组。感应电动机的转子绕组分为绕线型与笼型两种型式，根据转子绕组的不同，分为绕线型感应电动机和笼型感应电动机。

绕线型转子绕组是一个三相绕组，一般接成星形，三根引出线分别接到电动机轴上的三个与其绝缘的集电环上，通过电刷装置与外电路相连接。可以在转子电路中串接电阻以改善电动机的运行性能，如图 1-22 所示。

笼型绕组在转子铁芯的每一个槽中插入一根铜条，在铜条两端各用一铜环（称为端环），把导条连接起来，称为铜排转子，如图 1-23（a）所示。也可用铸铝的方法，把转子导条和端环、风扇叶片用铝液一次浇铸而

电动机内部结构

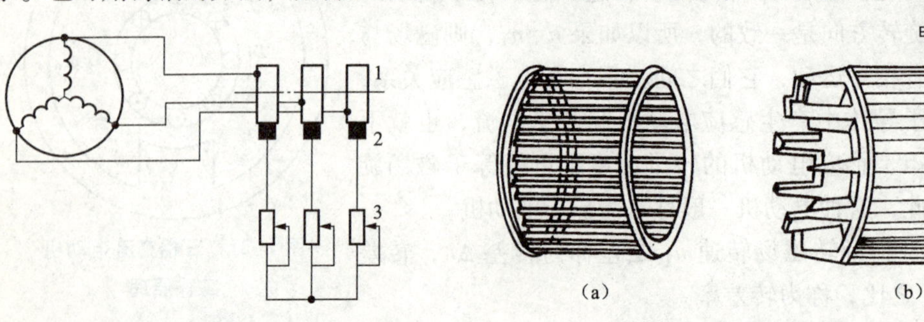

图 1-22 绕线型转子绕组与外加变阻器的连接

1—集电环；2—电刷；3—变阻器

图 1-23 笼型转子绕组

（a）铜排转子绕组；（b）铸铝转子绕组

成，称为铸铝转子，如图 1-23（b）所示。100 kW 以下的感应电动机一般采用铸铝转子。

笼型绕组因其结构简单、制造方便、运行可靠，得到广泛应用。包括端盖、风扇等。端盖除了起防护作用外，在端盖上还装有轴承，用以支撑电动机轴。风扇则用来通风冷却。

图 1-24 和图 1-25 分别表示笼型感应电动机和绕线型感应电动机的结构图。

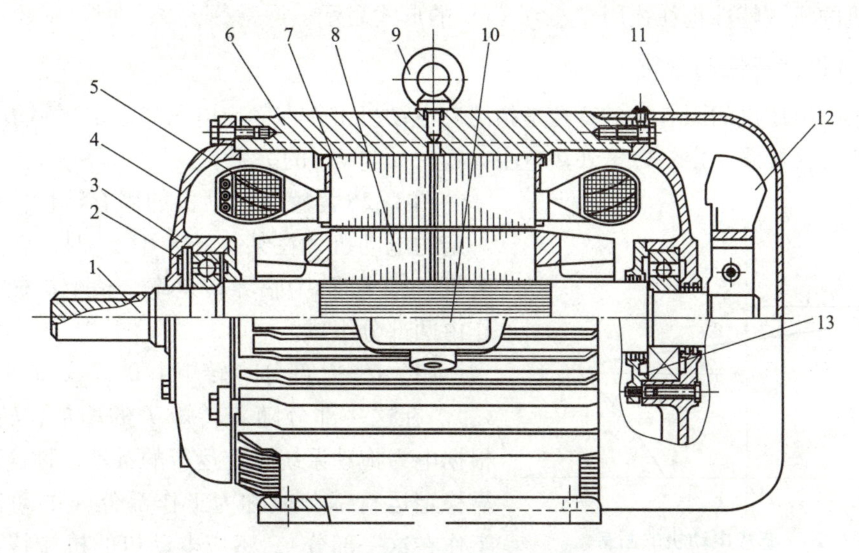

图 1-24　笼型感应电动机的结构图

1—轴；2—弹簧片；3—轴承；4—端盖；5—定子绕组；6—机座；7—定子铁芯；
8—转子铁芯；9—吊环；10—出线盒；11—风罩；12—风扇；13—轴承内盖

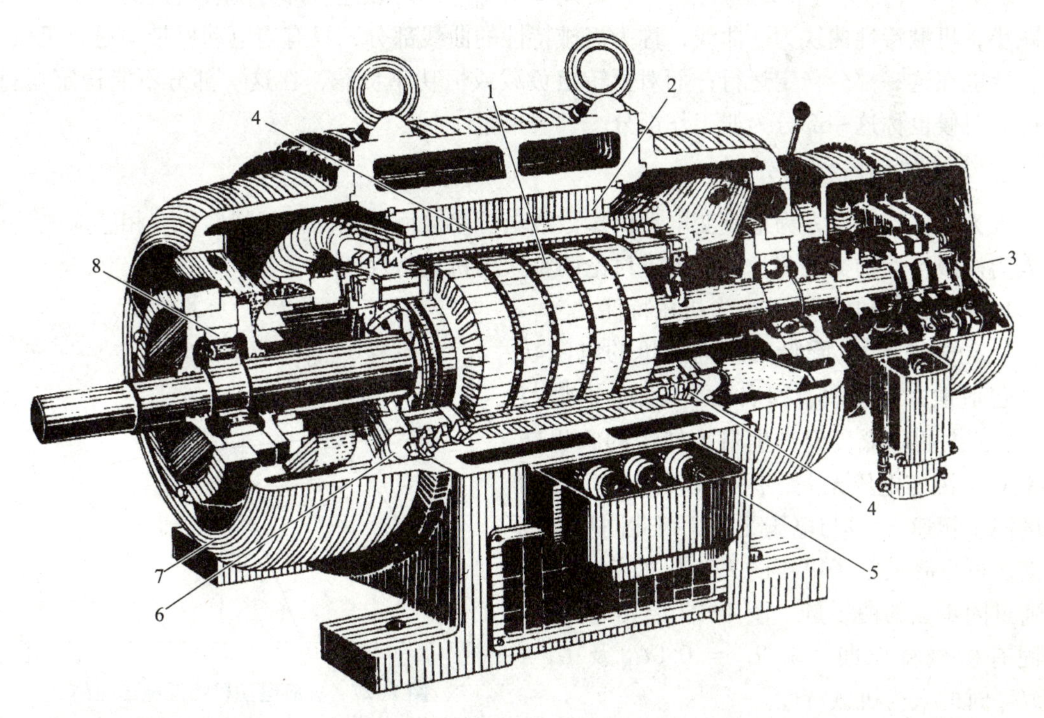

图 1-25　绕线型感应电动机的结构图

1—转子；2—定子；3—集电环；4—定子绕组；5—出线盒；6—转子绕组；7—端盖；8—轴承

1.3.2 三相感应电动机的机械特性

与直流电动机相同，三相感应电动机的机械特性也是指在一定条件下，电动机的转速 n 与转矩 T_{em}之间的关系 $n=f(T_{em})$。因为感应电动机的转速与转差率存在一定的关系，所以感应电动机的机械特性也往往用 $T_{em}=f(s)$ 的形式表示，通常称为 T-s 曲线。

1. 固有机械特性的分析

三相感应电动机的固有机械特性是指感应电动机工作在额定电压和额定频率条件下，按规定的接线方式接线，定、转子外接电阻为零时 n 与 T_{em}的关系。

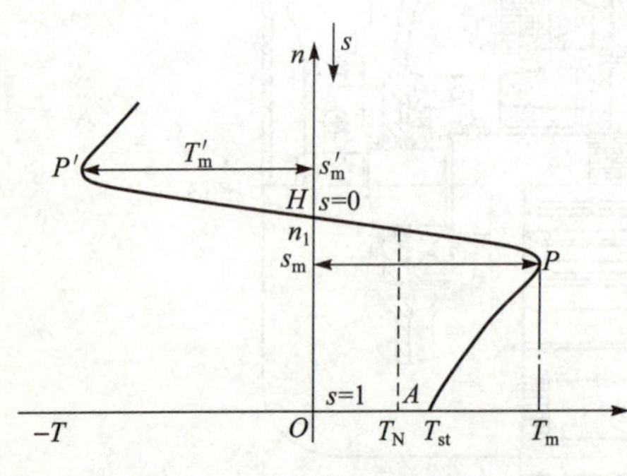

图 1-26　感应电动机的固有机械特性曲线

图 1-26 为感应电动机的固有特性曲线，对于一定的电动机，在某一转差率 s_m 时，转矩有一最大值 T_m，s_m 称为临界转差率，整个机械特性可看作由两部分组成。

（1）H—P 部分（转矩由 $0\sim T_m$，转差率由 $0\sim s_m$）。在这一部分随着转矩 T 的增加，转速降低，根据电力拖动系统稳定运行的条件，称这部分为可靠稳定运行部分或称为工作部分（电动机基本上工作在这一部分）。感应电动机的机械特性的工作部分接近于一条直线，只是在转矩接近于最大值时弯曲较大，故一般在额定转矩以内，可看作直线。

（2）P—A 部分（转矩由 $T_m\sim T_{st}$，转差率由 $s_m\sim 1$）。在这一部分随着转矩的减小，转速也减小，机械特性曲线为一曲线，称为机械特性的曲线部分，只有当电动机带动通风机负载时，才能在这一部分稳定运行；而对恒转矩负载或恒功率负载，在这一部分不能稳定运行，因此有时候也称这一部分为非工作部分。

2. 人为机械特性的分析

人为机械特性是人为地改变电动机参数或电源参数而得到的机械特性，三相感应电动机的人为机械特性种类很多，本节着重讨论两种人为机械特性。

1）降低定子电压时的人为机械特性

当定子电压 U_1 降低时，电动机的电磁转矩（包括最大转矩 T_m 和启动转矩 T_{st}）将与 U_1^2 成正比的降低，但产生最大转矩的临界转差率 s_m，因与电压无关，保持不变；由于电动机的同步转速 n_1 也与电压无关，因此同步点也不变。可见降低定子电压的人为机械特性为一组通过同步点的曲线族。图 1-27 绘出 $U_1=U_N$ 的固有机械特性曲线和 $U_1=0.8U_N$ 及 $U_1=0.5U_N$ 时的人为机械特性。

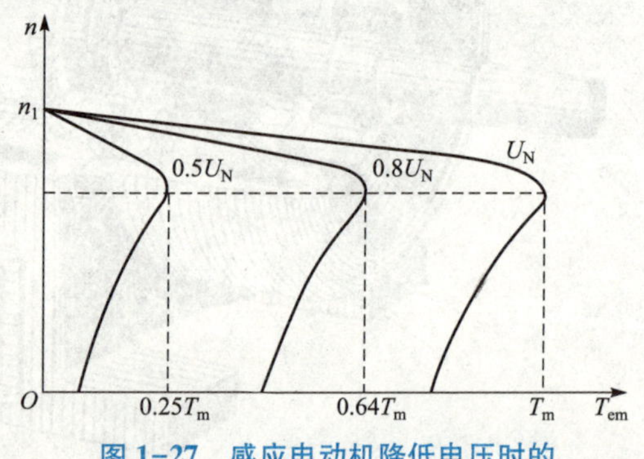

图 1-27　感应电动机降低电压时的人为机械特性曲线

由图可见，当电动机在某一负载下运行

时，若降低电压，将使电动机转速降低，转差率增大，转子电流将因此增大，从而引起定子电流的增大。若电动机电流超过额定值，则电动机最终温升将超过容许值，导致电动机寿命缩短，甚至使电动机烧坏。如果电压降低过多，致使最大转矩 T_m 小于总的负载转矩时，则会发生电动机停转事故。

2）转子电路中串接对称电阻时的人为机械特性

在绕线转子感应电动机转子电路内，三相分别串接阻值大小相等的电阻 R_{pa}，由以上分析可知，此时电动机的同步转速 n_1 不变，最大转矩 T_m 不变，而临界转差率 s_m 则随 R_{pa} 的增大而增大，人为机械特性为一组通过同步点的曲线族，如图 1-28 所示。

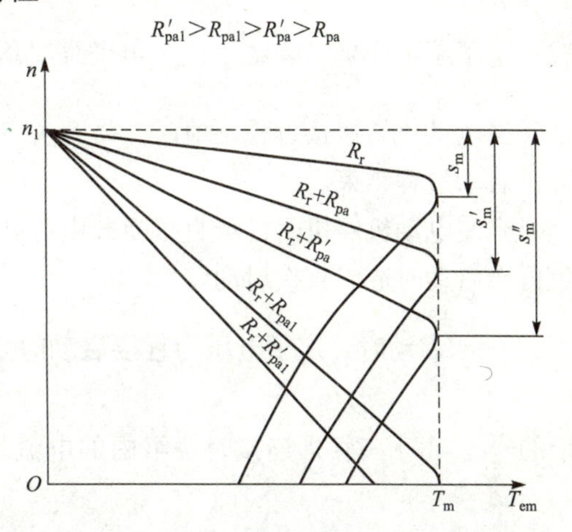

图 1-28　转子电路中串接对称电阻时的人为机械特性

显然在一定范围内增加转子电阻，可以增大电动机的启动转矩 T_{st}，如果串接某一数值的电阻后使 $T_{st}=T_m$，这时若再增大转子附加电阻，启动转矩将开始减小。

转子电路串接附加电阻，适用于绕线型感应电动机的启动和调速。

三相感应电动机的人为机械特性的种类很多，除了上述两种外，还有改变定子极对数、改变电源频率的人为特性等，这部分内容将在后面讨论感应电动机的各种运行状态时再进行分析。

1.3.3　三相感应电动机的启动

1. 三相笼型感应电动机的启动

三相笼型感应电动机有直接启动和降压启动两种方式。

1）直接启动

直接启动也称为全压启动。启动时，电动机定子绕组直接承受额定电压。这种启动方法最简单，也不需要复杂的启动装置，但是，这时启动的电流较大，一般可达额定电流的 4~7 倍。过大的启动电流对电动机本身和电网电压的波动均会带来不利影响，一般直接启动只允许在小功率电动机中使用（$P_N\leqslant 7.5$ kW）。

2）降压启动

降压启动的目的是限制启动电流，通过启动装置使定子绕组承受的电压小于额定电压，待电动机转速达到某一数值时，再使定子绕组承受额定电压，使电动机在额定电压下稳定工作。

（1）电阻降压或电抗降压启动。图 1-29 为电阻降压启动的原理图，电动机启动时在定子电路中串接电阻，这样就降低了加在定子绕组上的电压，从而也就减小了启动电流。若启动瞬时加在定子绕组上的电压为$\frac{1}{\sqrt{3}}U_N$，则启动电流 I'_{st} 将为全压启动时启动电流 I_{st} 的$\frac{1}{\sqrt{3}}$，$I'_{st}=\frac{1}{\sqrt{3}}I_{st}$。因为转矩与电压的平方成正比，所以启动转矩 T'_{st} 仅为全压启动时启动转矩 T_{st} 的

$\frac{1}{3}$，$T'_{st}=\frac{1}{3}T_{st}$。这种启动方法由于启动时能量损耗较多，故目前已被其他方法所代替。

（2）星形-三角形（Y-△）启动。用这种启动方法的感应电动机，必须是定子绕组正常接法为“△”的电动机。在启动时，先将三相定子绕组接成星形，待转速接近稳定时，再改接成三角形，图1-30为星形-三角形启动线路的原理图。启动时，开关 S_2 投向“Y”位置，定子绕组作星形联结，这时定子绕组承受的电压只为三角形联结时的$\frac{1}{\sqrt{3}}$，电动机降压启动，当电动机转速接近稳定值时，将开关 S_2 迅速投向“△”位置，定子绕组接成三角形运行，启动过程结束。

当使电动机停机时，可直接断开电源开关 S_1，但必须同时把开关 S_2 放在中间位置，以免再次启动时造成直接启动。

Y-△启动时，定子电压为直接启动时定子电压的$\frac{1}{\sqrt{3}}$，启动转矩则为直接启动时启动转矩的$\frac{1}{3}$。由于三角形连接时绕组内的电流是线路电流的$\frac{1}{\sqrt{3}}$，而星形联结时，线路电流等于绕组内的电流，因此，接成星形启动时的线路电流为接成三角形直接启动时线路电流的$\frac{1}{3}$。

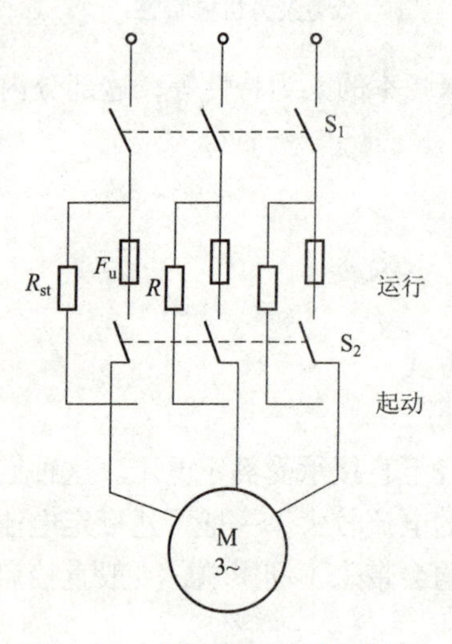

图1-29　电阻降压启动接线图

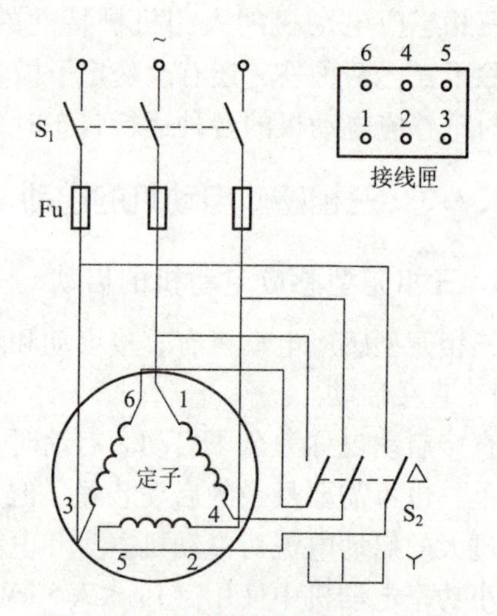

图1-30　电动机的星形-三角形（Y-△）启动接线图

Y-△启动操作方便，启动设备简单，应用较广泛，但它仅适用于正常运转时定子绕组接成三角形的电动机。为此，对于一般用途的小型感应电动机，当容量大于4 kW时，定子绕组的正常接法都采用三角形。

2. 三相绕线型感应电动机的启动

1）转子串联电阻启动

在1.3.2节中分析转子串电阻的人为机械特性时，已经说明适当增加转子电路电阻，可以提高电动机的启动转矩，绕线型感应电动机正是利用了这一特性。当启动时，在转子电路

中接入启动电阻器，借以提高启动转矩，同时转子电阻增加也限制了启动电流。为了在整个启动过程中得到比较大的加速转矩，并使启动过程平滑，与直流他励电动机的启动一样，将启动电阻分成几级，在启动过程中逐步切除，以减小转子电路附加电阻。

图 1-31 为绕线型感应电动机启动时的接线图和特性曲线。其中曲线 1 对应于转子电阻为 $R_3=R_r+R_{st3}+R_{st2}+R_{st1}$ 的人为特性。相应的曲线 2 对应于转子电阻为 $R_2=R_r+R_{st2}+R_{st1}$ 的人为特性，曲线 3 对应于转子电阻为 $R_1=R_r+R_{st1}$ 的人为特性，曲线 4 则为固有机械特性。

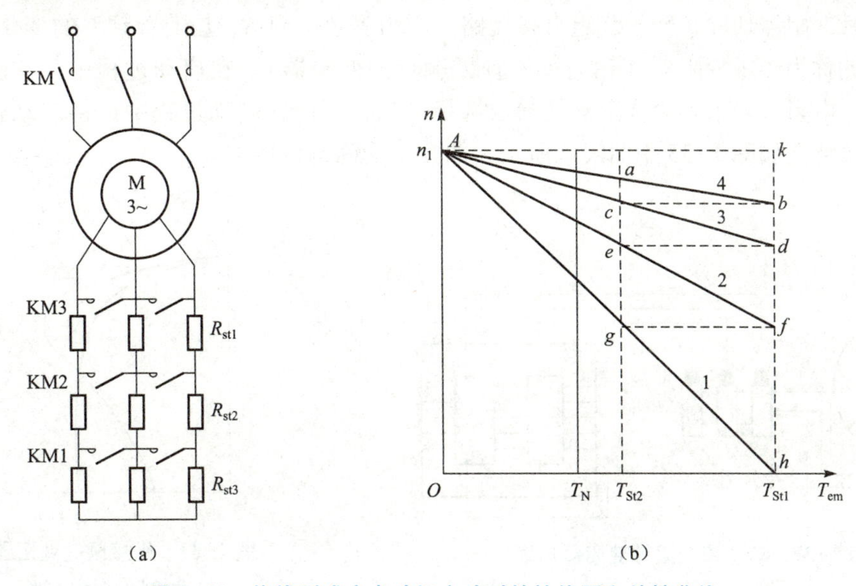

图 1-31　绕线型感应电动机启动时的接线图和特性曲线

（a）绕线型感应电动机启动时的接线图；（b）绕线型感应电动机启动时特性曲线

开始启动时，$n=0$，全部电阻接入，这时启动转矩为 T_{st1}；随着转速上升，转矩沿曲线 1 变化，逐渐减小，当减小到 T_{st2} 时，接触器触头 KM1 闭合，R_{st3} 被切除，电动机的运行点由曲线 1（g 点）移到曲线 2（f 点）上，转矩跃升为 T_{st1}；电动机的转速和转矩沿曲线 2 变化，待转矩又减小到 T_{st2} 时，接触器触头 KM2 闭合，电阻 R_{st2} 被切除，电动机的运行点由曲线 2（e 点）移到曲线 3（d 点）上；电动机的转速和转矩沿曲线 3 变化，最后接触器触头 KM3 闭合，启动电阻全部切除，转子绕组直接短路，电动机运行点沿固有特性变化，直到电磁转矩与负载转矩平衡，电动机稳定工作。

在启动过程中，一般取启动转矩的最大值 T_{st1} 为（0.7～0.85）T_m，最小值 T_{st2} 为（1.1～1.2）T_N。

启动电阻通常用高电阻系数合金或铸铁电阻片制成，在大容量电动机中，也有用水电阻的。

2）转子串接频敏变阻器启动

绕线型感应电动机用转子串接启动电阻的启动方法可以增大启动转矩，减小启动电流，但是若要在启动过程中始终保持有较大的启动转矩，使启动平稳，就必须增加启动级数，这就会使启动设备复杂化。为此可以采用在转子电路中串入频敏变阻器的启动方法。所谓频敏变阻器，实质上就是一个铁耗很大的三相电抗器，从结构上看，它像一个没有二次绕组的三相芯式变压器，只是它的铁芯不是用硅钢片而是用厚 30～50 mm 的钢板叠成，以增大铁芯损耗，三个绕组分别绕在三个铁芯柱上，并且接成星形，然后接到转子滑环上。如图 1-32 所示。

当电动机启动时，转子频率较高，$f_2=f_1$，频敏变阻器的铁耗就大，因此，等效电阻 R_m 也较大。在启动过程中，随着转子转速的上升，转子频率逐步降低，频敏变阻器的铁耗和相应的等效电阻 R_m 也就随之而减小，这就相当于在启动过程中逐渐切除转子电路串入的电阻，启动结束后，转子频率很低（$f_2=1\sim3$ Hz），频敏变阻器的等效电阻和电抗都很小，于是可将频敏变阻器切除，转子绕组直接短路。因为等效电阻 R_m 是随着频率的变化而自动变化的，因此称为频敏变阻器（相当于一种无触点的变阻器）。在启动过程中，它能够自动、无级地减小电阻，如果频敏变阻器的参数选择恰当，可以在启动过程中保持启动转矩不变，这时的机械特性如图 1-33 中曲线 2 所示，曲线 1 为固有特性。

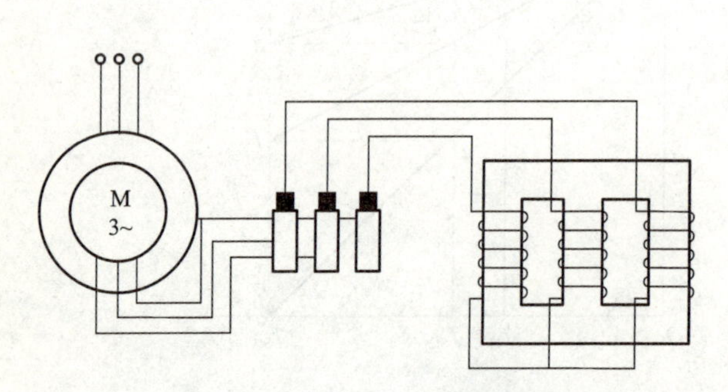

图 1-32　转子串接频敏变阻器启动

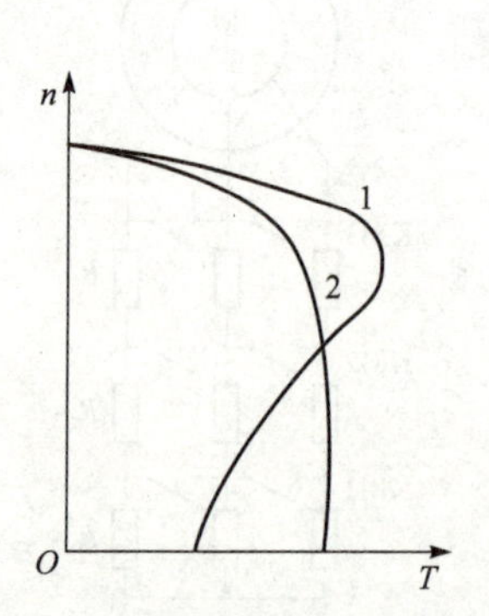

图 1-33　串接频敏变阻器启动机械特性曲线

频敏变阻器结构简单，运行可靠，使用维护方便，因此应用日益广泛，但与转子串电阻的启动方法相比，由于频敏变阻器还具有一定的电抗，在同样的启动电流下，启动转矩要小些。

1.3.4　三相异步电动机的制动

三相异步电动机的制动是指在运行过程中其产生的电磁转矩与转速的方向相反的运行状态。根据能量传送关系可分为能耗制动、反接制动和回馈制动三种。根据机床电气控制系统应用情况，本书仅介绍能耗制动和反接制动。

1. 能耗制动

将运行的三相异步电动机定子绕组断开，接入直流电源，串入适当转子电阻，这时的电动机处于能耗制动运行状态，如图 1-34 所示。

断开定子三相交流电源，定子旋转磁场消失。当定子输入直流电时，在电动机中产生恒磁场，由于转子在动能作用下转动，切割恒定磁场，产生转子感应电动势，从而产生感应电流（可由右手定则判断）；转子电流与磁场的作用产生电磁转矩与转速方向相反（可由左手定则判断）。其特性曲线如图 1-35 所示。

三相异步电动机在能耗制动过程中，利用转子的动能进行发电，并在转子的阻抗中以热的形式消耗掉。

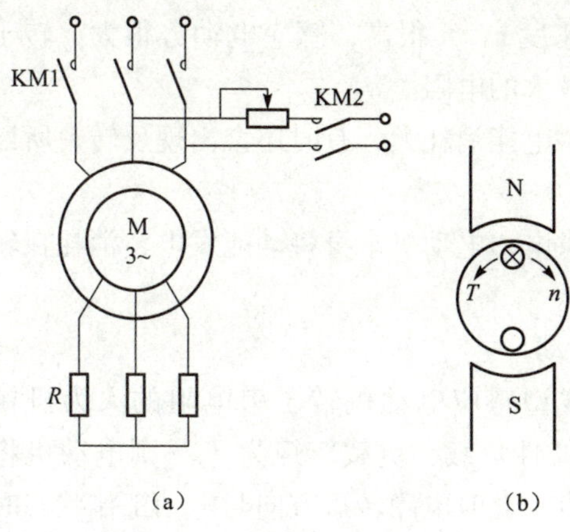

图 1-34　三相异步电动机能耗制动

(a) 三相异步电动机能耗制动接线图；

(b) 三相异步电动机能耗制动原理图

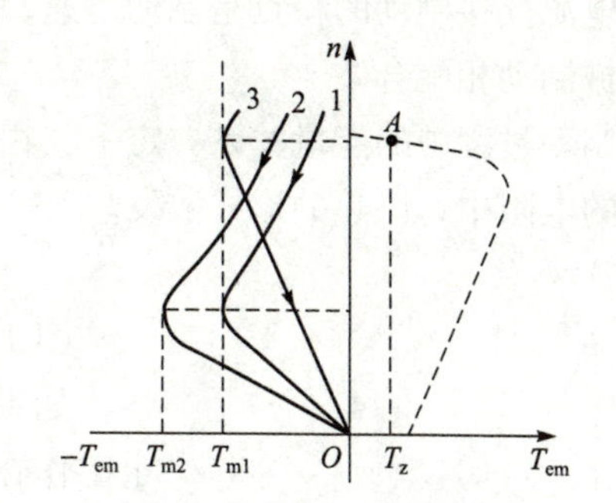

图 1-35　能耗制动特性

能耗过程中，由于定子磁场固定，转子转速为 n，所以转差 $\Delta n=n$，转差率 $s=\dfrac{\Delta n}{n_1}=\dfrac{n}{n_1}$。

定子直流励磁电流越大，磁场越强，感应电势越大，转子电流越大，制动电磁转矩越大，制动效果越好。但电流过大会使绕组过热。根据经验，对于笼型异步电动机直流励磁电流取（4~5）I_0，对绕线型异步电动机直流励磁电流取（2~3）I_0。能耗制动的优点是制动力矩较大，制动平稳，主要用于快速平稳停车。

2. 反接制动

反接制动分为电源反接制动和倒拉反接制动两种。

1）电源反接制动

电源反接制动是通过改变运行中的电动机的相序来实现的，即将定子绕组的任意两相对调。如图 1-36 所示，设三相异步电动机正向运转，将正向开关 KM1 断开，接通 KM2，由于改变了相序，磁场旋转的方向与转子旋转方向相反，所以电动机进入反接制动运行状态。

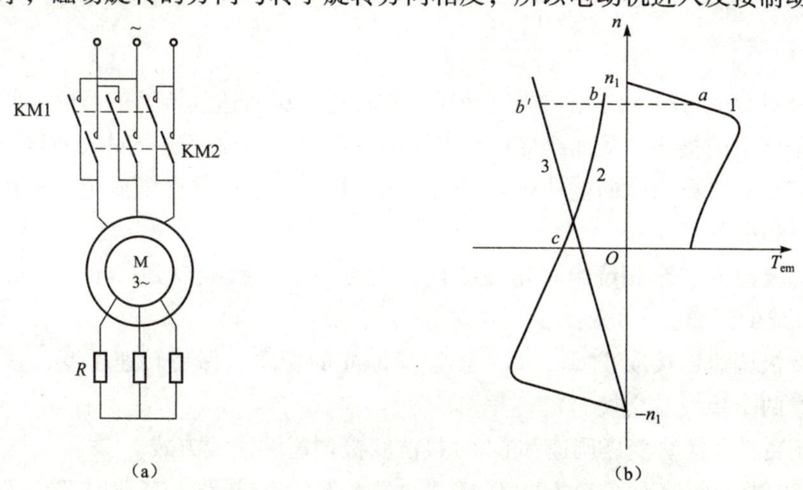

图 1-36　三相异步电动机电源反接制动

(a) 三相异步电动机电源反接制动接线图；(b) 三相异步电动机电源反接机械特性曲线

由于在反接制动中，旋转磁场与转子的相对速度 n_1+n 很高，感应电动势很大，转子电流也很大。为了限制电流，常在转子回路串接比较大的电阻。

电源反接制动的特点是制动迅速，但不经济，电能消耗大，有时还会出现反转，所以要与机械制动相配合。

制动过程中的能量关系：定子三相交流电源供电，电动机本身将动能发电，消耗在转子回路的电阻中，以热的形式散发。

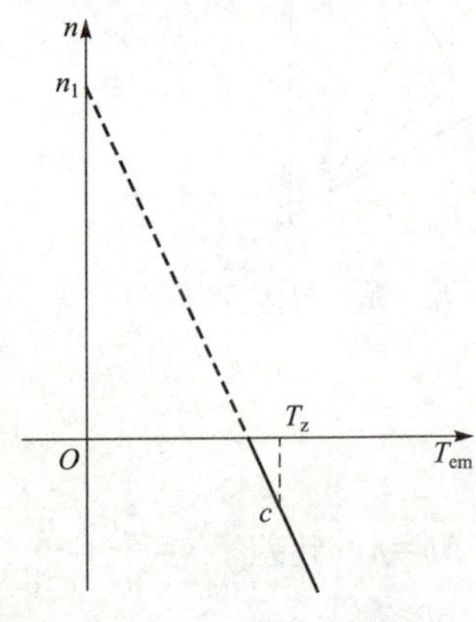

图 1-37　绕线型感应电动机转子串电阻的人为机械特性

2）倒拉反接制动

图 1-37 为绕线型感应电动机转子串电阻的人为机械特性，如果负载为位能性负载，负载转矩为 T_z，则电动机将稳定工作在特性的 c 点。此时电磁转矩方向与电动工作状态时相同，而转向与电动工作状态时相反，电动机处于制动工作状态，这时转差率 $s=\frac{n_1-(-n)}{n_1}=\frac{n_1+n}{n_1}>1$，所以也属于反接制动。

倒拉反接制动时的机械特性就是电动机工作状态时的机械特性曲线在第四象限的延长部分。

不论是两相反接制动还是倒拉反接制动，电动机仍继续向电网输送功率，同时还输入机械功率（倒拉反接制动是位能负载作功，两相反接时则是转子的动能作功），这两部分功率都消耗在转子电阻上，所以，反接制动时，能量损耗是很大的。

1.3.5　交流电动机调速

从式（1-25）三相异步电动机的转速关系可知异步电动机调速有三种基本方法，即改变磁极对数 p 调速；改变电源频率 f_1 调速；改变转差率 s 调速。简称变极调速、变频调速和变转差调速。

$$n=n_1(1-s)=\frac{60f_1}{p}(1-s) \tag{1-25}$$

1. 变极调速

改变磁极对数就可改变三相异步电动机同步转速，从而达到调速的目的。常用的方法是通过改变定子绕组的接法，从而改变绕组电流的方向，达到改变磁极对数的目的。

采用改变磁极对数调速的电动机多为笼型电动机，转子极数会随着定子极数的改变而改变，如图 1-38 所示。

结论：只要改变“半相绕组”电流方向，就可使极对数减少到一半，即可使 2 对减少到 1 对；4 对减少到 2 对；8 对减少到 4 对等。

注意：变极调速连接成YY形，为了不改变原先的相序，保持转速不变，就必须交换相序，即将任意两个接线端交换。

下面介绍△/YY接法变极调速和Y/YY接法变极调速的接线方式。

在图 1-39 中，低速时 T_1、T_2、T_3 输入，T_4、T_5、T_6 开路；高速时 T_4、T_5、T_6 输入，T_1、T_2、T_3 连接在一起。

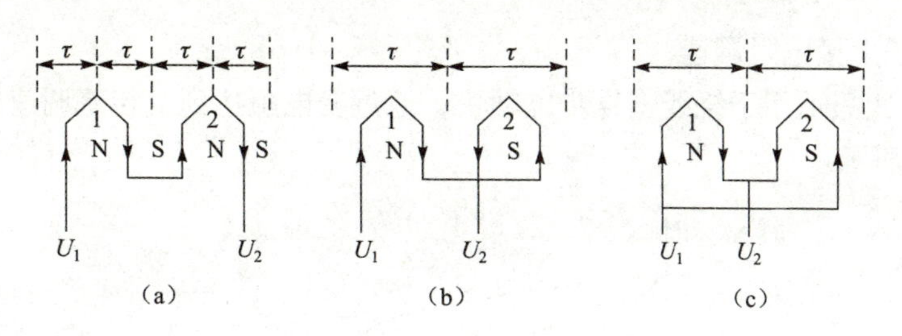

图 1-38　改变定子绕组的接法以改变定子极数

(a) $2p=4$；(b) $2p=2$；(c) $2p=2$

在图 1-40 中，低速时 T_1、T_2、T_3 输入，T_4、T_5、T_6 开路；高速时 T_4、T_5、T_6 输入，T_1、T_2、T_3 连接在一起。

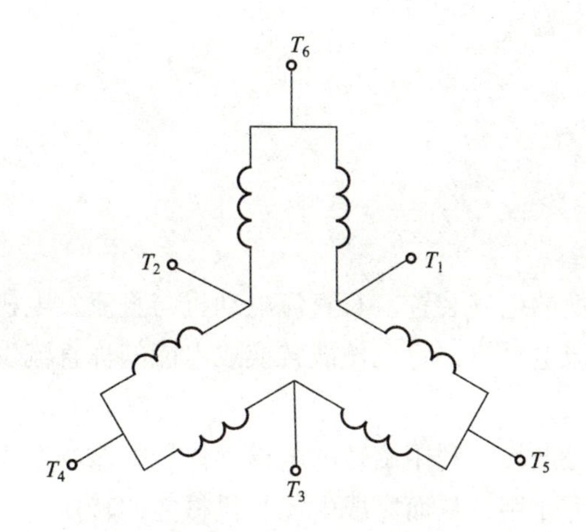

图 1-39　△/Y 接法变极调速

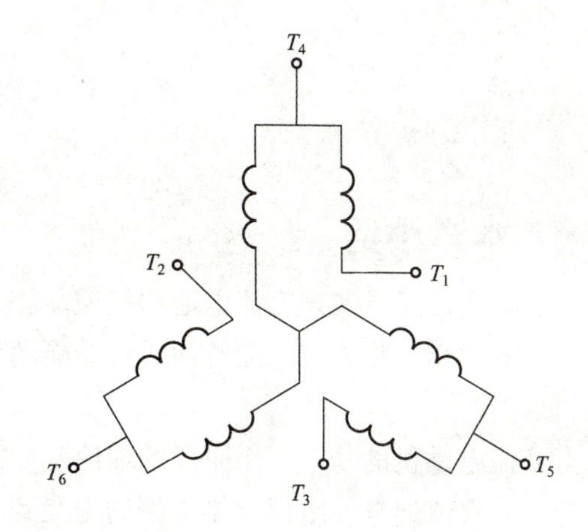

图 1-40　Y/YY 接法变极调速

2. 变频调速

随着电子技术、控制技术的发展，使得异步电动机变频调速发展迅速。在实践应用中，往往要求在调速范围内，具有恒转矩能力。根据

$$U_1 = 4.44 f_1 N_1 K_{d1} \Phi \tag{1-26}$$

$$\Phi = k \frac{U_1}{f_1} \tag{1-27}$$

只要保持磁通恒定，就可以保证恒转矩调速，所以在变频调速时，常要同步调节电源电压的大小。

3. 变转差调速

凡是可以改变三相异步电动机转差率的调速方法，都可称为变转差调速。常见的在绕线型电动机改变定子电源电压、改变转子串接电阻调速，串级调速等都是变转差调速。

1）改变定子电源电压调速

主要用于笼型异步电动机，由于最大转矩和启动转矩与电压的平方成正比，例如当电压降到 50% 时，而最大转矩和启动转矩降到了 25%，所以这种调速方式的启动力与带负载能力都是较低的。

2）改变转子串接电阻调速

这种调速方式只适用于绕线型异步电动机，通过变电阻达到变转差调速的目的。其调速特性如图 1-41 所示。

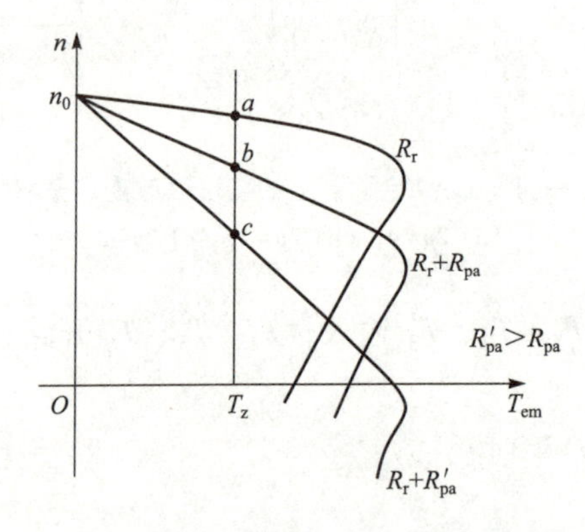

图 1-41　改变转子串接电阻调速

本章小结

直流电动机是实现直流电能与机械能相互转换的电气装置。有直流电动机与直流发电机两种基本类型，将直流电能转换成机械能的称直流电动机，将机械能转换成电能的称直流发电机。

直流电动机的基本工作原理的理论基础是电磁定律，利用旋转的电枢导体切割磁场产生感应电动势或通电的电枢导体在磁场中受到电磁力作用，从而完成电能与机械能的转换。

直流电动机的工作特性、机械特性是直流电动机拖动运行的基础。他励直流电动机固有特性较硬，改变特性的人为方法有三种，即电枢串接电阻的人为特性，为一组特性曲线族；改变电枢电压的人为特性，为一组与固有特性平行的曲线族；改变磁通的人为特性，其曲线特性较软。

直流电动机的启动要限制启动电流在其允许值之内，常用的启动方法有电枢串接电阻启动与减压启动两种。

直流电动机的调速有三种，电枢串接电阻调速、改变电枢端压调速和弱磁调速。变电枢电阻调速与调电枢端压调速属于恒转矩调速性质，在额定转速以下调速；弱磁调速属于恒功率调速性质，在额定转速以上调速。

直流电动机的电气制动方法有三种。能耗制动将动能转变成电能，大部分消耗在电枢回路电阻上，能实现快速制动；反接制动包含了电源反接制和倒拉反接制动，其能量关系为，电动机将机械能发电，电网仍在供电，大部分能量消耗在电枢回路电阻中；回馈制动则是电动机的转速超过理想空载转速，电动机将机械能发电并送回电网。

三相异步电动机是一种完成交流电能与机械能进行转换的电气装置。基本工作原理理论基础是电磁定律。转子绕组电流是通过其绕组切割旋转磁场感应产生的，所以又称感应电动机。

旋转磁场是三相异步电动机的核心。产生旋转磁场的基本条件有两个，一个是三相定子绕组分布对称，另一个是必须通入三相对称电流。旋转磁场的旋转速度称同步速度 n_1，其与电源频率成正比，与磁极对数成反比。

三相异步电动机的启动方式可分为三种，直接启动、降压启动和绕线型电动机的转子串接电阻启动。一般小容量电动机多采用直接启动；笼型电动机多采用降压启动，这种启动方式简单、方便；绕线型电动机多采用转子串接电阻启动，这种启动具有良好的启动特性，只要转子串接电阻适当，不但可以有效限制启动电流，还可以增大启动转矩。

三相异步电动机调速，对于笼型电动机多采用改变磁极对数调速与调压调速；对于绕线型电动机多采用转子串接电阻调速和串级调速；变频调速三相异步电动机是很有发展潜力的一种方法，数字式智能型变频器以其优良特性而成为大中型工业企业改造的首选替代产品。

三相异步电动机的制动有三种方式：能耗制动、反接制动、回馈制动。

要实现三相异步电动机的反转，采用方式是对调定子绕组任意两相的接线，从而改变了绕组相序，改变旋转磁场的方向，实现电动机的反转。

三相异步电动机运行特性曲线如图 1-42 所示。

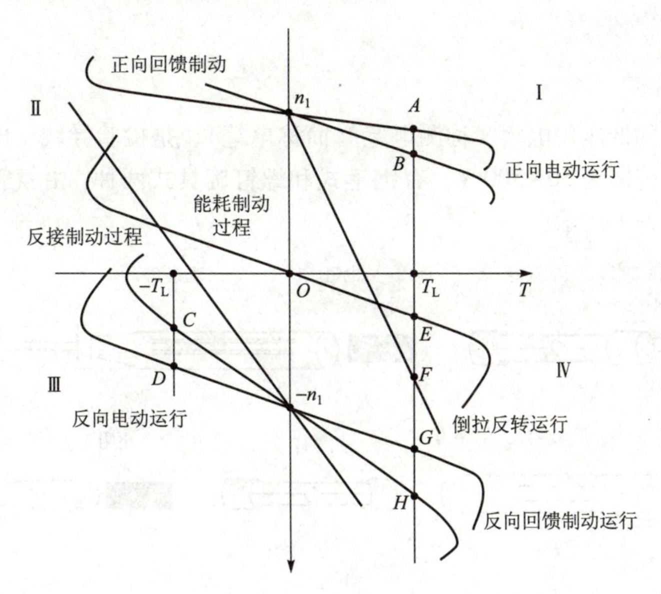

图 1-42　三相异步电动机运行特性曲线

思考与练习

1.1　简述直流电动机的基本结构及主要部件的作用。

1.2　如何判断一台直流电动机是运行于发电工作状态还是电动工作状态？

1.3　直流电动机有几种调速方式，它们各具有什么样的特点？

1.4　试述旋转磁场的产生条件，三相异步电动机的基本工作原理。

1.5　三相交流电动机同步转速与频率、磁极对数、额定转速有什么关系？

1.6　三相异步电动机通入三相电源，但转子绕组开路，电动机能否转动？为什么？

第 2 章

机床常用电器及选择

2.1 常用电工工具介绍

常用电工工具是指一般专业电工经常使用的工具。对电气操作人员而言，掌握电工工具的结构、性能、使用方法和正确熟练操作，将直接影响工作效率和工作质量以及人身安全。

2.1.1 验电笔

1. 验电笔的结构

维修电工使用的低压验电笔又称测电笔（简称电笔），是检验导线、电器是否带电的一种常用工具。检测范围为 50~500 V，有钢笔式和螺钉旋具式两种，由氖管、电阻、弹簧和笔身等组成，如图 2-1 所示。

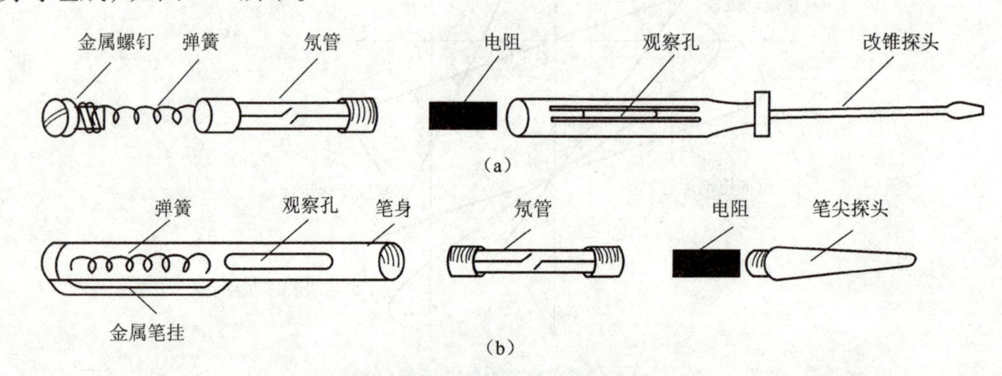

图 2-1 验电笔结构图

(a) 螺钉旋具式低压测电笔；(b) 钢笔式低压测电笔

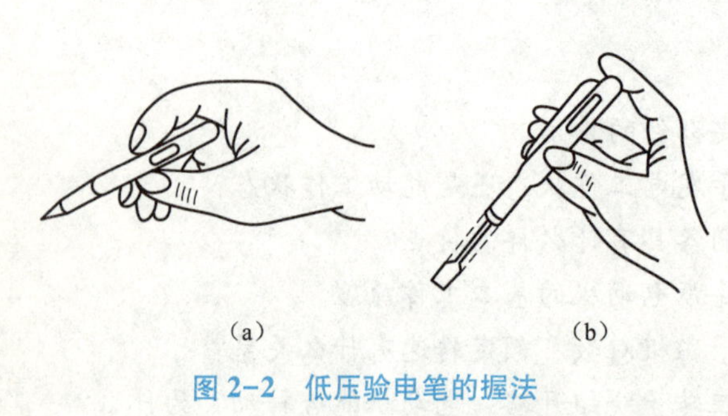

图 2-2 低压验电笔的握法

(a) 钢笔式握法；(b) 螺钉旋具式握法

使用低压验电笔时，必须按照图 2-2 所示的握法操作。

2. 功能及使用

低压验电笔还有如下几个用途。

(1) 判断电气接触是否良好。如氖光源闪烁，则表明某线头松动，接触不良或电压不稳定。如使用验电笔估计电压。自己经常使用的验电笔，可根据经验判断氖管发光亮的强弱程度进行估计，电压越高，氖管越亮。

(2) 区别交流电和直流电。交流电通过试电时，氖管中两极会同时发亮；而直流电通过时，氖管里只有一个极发亮。

(3) 用以检查装置外壳漏电。当电气装置的外壳（如电动机、变压器）有漏电现象时，则验电笔氖灯发亮；如果外壳原是接地的，氖灯发亮则表明接地保护断线或有其他故障（接地良好时氖灯不亮）。

(4) 判别直流电的正负极。把试电笔跨接在直流电的正、负极之间，氖管发亮的一头是负极，不发亮的一头是正极。

(5) 用试电笔测知直流电是否接地并判断是正极还是负极接地。

在要求对地绝缘的直流装置中，人站在地上用试电笔接触直流电，如果氖管发亮，说明直流电存在接地现象；若氖管不发亮，则不存在直流电接地，当试电笔尖端的一极发亮，是说明正极接地，若手握笔端的一极发亮，则是负极接地。

3. 使用注意事项

在使用中要防止金属体笔尖触及皮肤，以避免触电，同时也要防止金属体笔尖处引起短路事故。验电笔只能用于 380 V/220 V 系统。验电笔使用前需在带电体上验证其是否良好。

2.1.2　钢丝钳

钢丝钳又称老虎钳，这是电工应用最频繁的工具。

1. 钢丝钳的结构

钢丝钳包括钳头和钳柄及钳柄绝缘柄套，绝缘柄套的耐压为 500 V。钳头包括钳口、齿口、刀口、铡口四部分，其结构如图 2-3（a）所示。

2. 钢丝钳的功能

钳口用来弯绞或钳夹导线线头，齿口用来代替扳手用来紧固或松起螺母，刀口用来剪切导线、掀起铁钉或剖切导线绝缘层，铡口用来剪切电线芯线和钢丝等较硬金属线，如图 2-3（b）、图 2-3（c）、图 2-3（d）、图 2-3（e）所示。

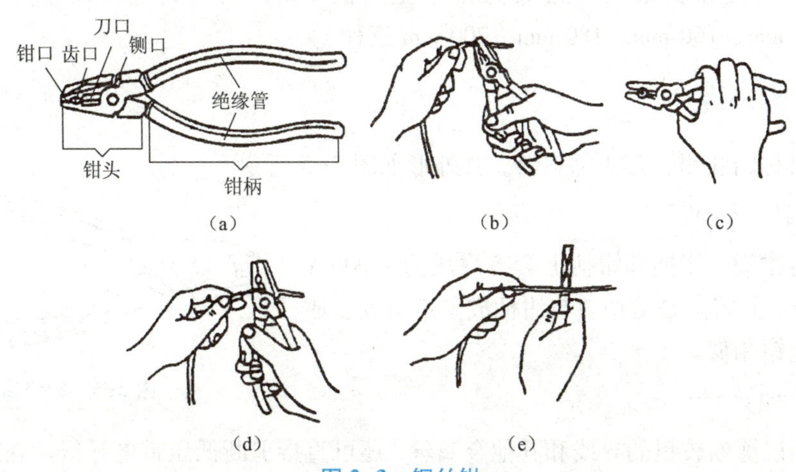

图 2-3　钢丝钳

(a) 结构；(b) 弯绞导线；(c) 扳旋螺母；(d) 剪切导线；(e) 铡切钢丝

3. 钢丝钳的规格

以钳身长度计有160 mm、180 mm、200 mm三种规格。

钢丝钳质量检验：绝缘柄套外观良好；无破损，整体外观良好；目测钳口密合不透光；钳柄在张开范围内转动灵活，不能沿垂直钳身方向运动者为佳。

4. 使用注意事项

（1）钢丝钳使用前应检查绝缘柄套外观是否完好，耐压是否可靠，绝缘柄套破损的钢丝钳不能使用。

（2）用以切断导线时，必须单根进行，不能将相线和中性线或不同相的相线同时在一个钳口处切断，以免发生事故；不能将钢丝钳当榔头和撬杠使用；爱护绝缘柄套。

（3）使用钢丝钳剪切时要刀口朝向内侧，便于控制剪切部位。

（4）不能用钳头代替手锤作为敲打工具，以免变形。钳头的轴销应经常加机油润滑，保证其开闭灵活。

2.1.3 尖嘴钳

1. 尖嘴钳的结构

尖嘴钳有钳头和钳柄及钳柄上套有耐压为500 V的绝缘套等部分。其外形如图2-4所示。

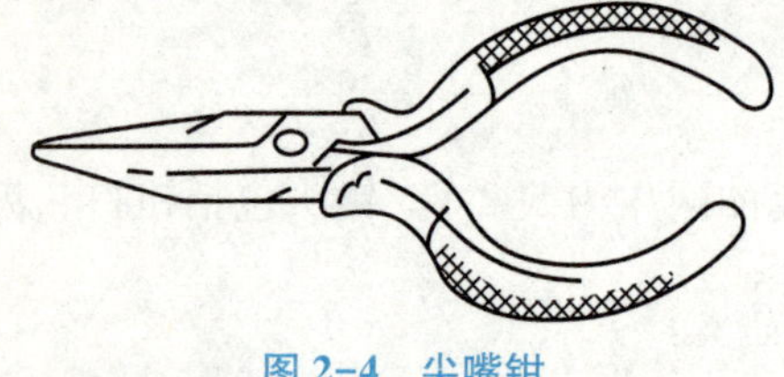

图2-4 尖嘴钳

2. 尖嘴钳的功能

尖嘴头部细长呈圆锥形，接近端部的钳口上有一段菱形齿纹，由于它的头部尖而长，因而适应在较窄小的工作环境中夹持轻而小巧的工件或线材，或剪切、弯曲细导线。

3. 尖嘴钳的规格

根据钳头的长度尖嘴钳可分为短钳头（钳头为钳子全长的1/5）和长钳头（钳头为钳子全长的2/5）两种。规格以钳身长度计，有125 mm、140 mm、160 mm、180 mm、200 mm五种。

2.1.4 斜口钳

斜口钳又称断线钳，其头部扁斜。其外形如图2-5所示。

1. 斜口钳的结构

斜口钳有钳头、钳柄和钳柄上套有耐压为1 000 V绝缘套等部分，其特点是剪切口与钳柄成一定角度。质量检验与钢丝钳相似。

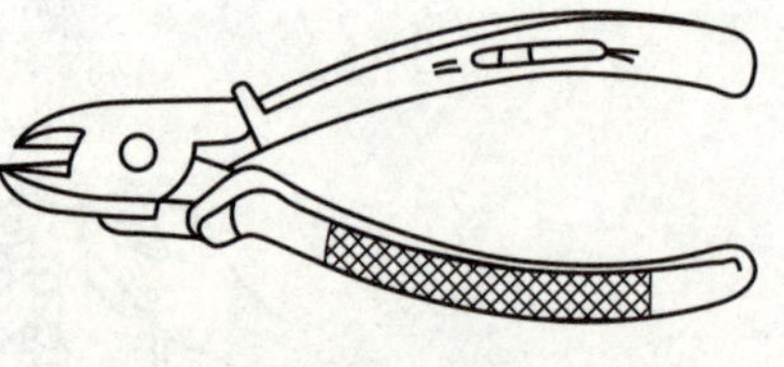

图2-5 斜口钳

2. 斜口钳的功能

斜口钳用以剪断较粗的导线和其他金属丝，还可直接剪断低压带电导线。在工作场所比较狭窄的地方和设备内部，用以剪切薄金属片、细金属丝；或剖切导线绝缘层。

3. 斜口钳的规格

斜口钳常用规格有 125 mm、140 mm、160 mm、180 mm、200 mm 五种。

2.1.5　螺钉旋具

螺钉旋具又称螺丝刀或起子，是用来紧固或拆卸带槽螺钉的常用工具。

1. 螺钉旋具的结构

螺钉旋具由金属杆头和绝缘柄组成。按金属杆头部分的形状（又称刀品形状），可分为“十”字形、“一”字形和多用型螺钉旋具。其外形如图 2-6 所示。

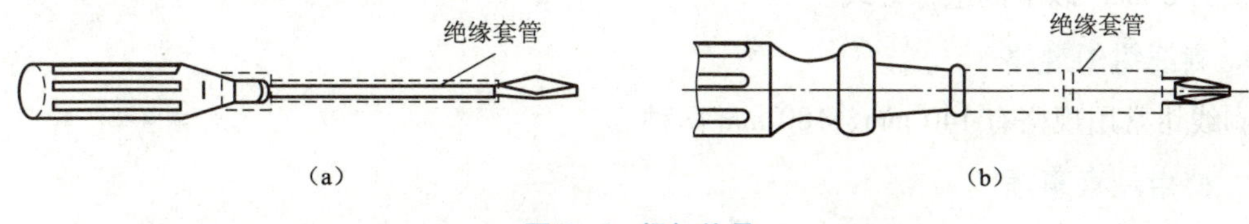

图 2-6　螺钉旋具

(a)“一”字口螺钉旋具；(b)“十”字口螺钉旋具

2. 螺钉旋具的功能

螺钉旋具是用来旋动头部带“一”字形或“十”字形槽口的螺钉的手用工具。使用时，应按螺钉的规格选用合适的旋具刀口。任何“以大代小，以小代大”使用，均会损坏螺钉或电气元器件。电工不可使用金属杆直通柄根的旋具，必须使用带有绝缘套管的旋具。为了避免金属杆触及皮肤及邻近带电体，宜在金属杆上套装绝缘套管。

3. 螺钉旋具的规格

以其在绝缘柄外金属杆的长度和刀口尺寸计有：50×3（5）、65×3（5）、75×4（5）、100×4、100×6、100×7、125×7、125×8、125×9、150×7（8）几种规格，尺寸单位为 mm。

另外，还有一种组合式螺钉旋具，它配有多种规格的“一”字头和“十”字头，以方便更换，具有较强的灵活性。

4. 使用注意事项

（1）使用时应选择带绝缘手柄的螺钉旋具；

（2）严禁用小螺钉旋具去拧大螺钉；

（3）不得将其当凿子或撬杠使用。

螺钉旋具的使用方法如图 2-7 所示。

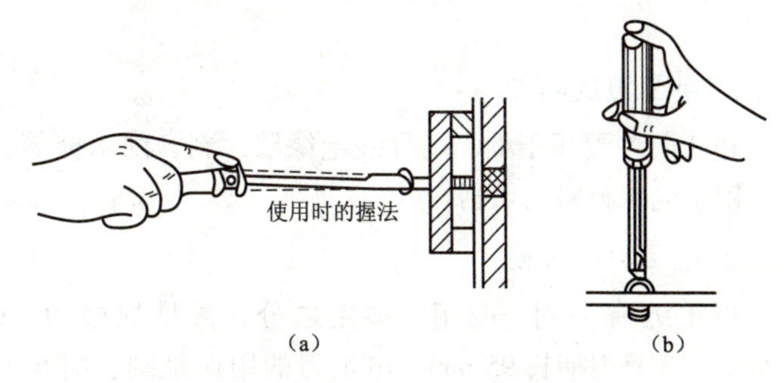

图 2-7　螺钉旋具的使用

(a) 大螺钉旋具用法；(b) 小螺钉旋具用法

2.1.6 剥线钳

1. 剥线钳的结构

剥线钳由钳头和手柄两部分组成，钳头由压线口和切口组成，分有直径为0.5~3 mm的多个切口，以适应不同规格芯线的剥、削。其外形如图2-8所示。

2. 剥线钳的功能

剥线钳是电工专用的剥离导线头部的一段表面绝缘层的工具。使用时切口大小应略大于导线芯线直径，否则会切断芯线。它的特点是使用方便，剥离绝缘层不伤线芯，适用芯线横截面积为6 mm^2 以下的绝缘导线。

3. 剥线钳的规格

剥线钳常用规格有140 mm、180 mm两种。

4. 使用注意事项

不允许带电剥线。

2.1.7 电工刀

1. 电工刀的结构

电工刀也是电工常用的工具之一，是一种切削工具，其外形如图2-9所示，由刀身和刀柄两部分组成。

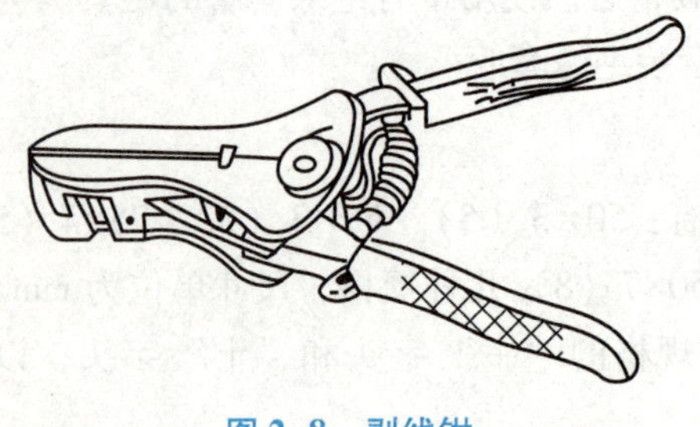

图2-8 剥线钳

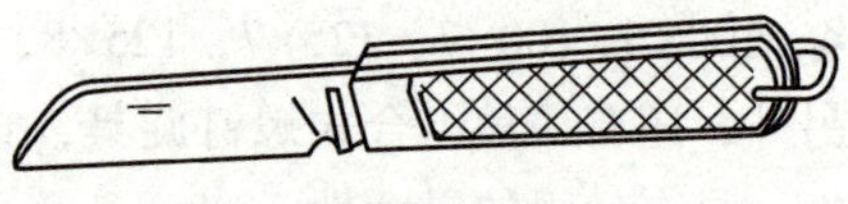

图2-9 电工刀

2. 电工刀的功能

电工刀主要用于剥、削导线绝缘层，剥、削木榫等。有的多用电工刀还带有手锯和尖锥，用于电工材料的切割。

3. 电工刀的规格

电工刀有一用、两用、多用之分，常见规格为：1号刀柄长115 mm，2号刀柄长105 mm，3号刀柄长95 mm。电工刀的用途是割、削6 mm^2 以上电线的绝缘层、棉纱绝缘索等。

4. 使用注意事项

使用时应刀口朝外，以免伤手。用毕，随即把刀身折入刀柄。因为电工刀柄不带绝缘装置，所以不能带电操作，以免触电。

2.2　低压电器的基本知识

2.2.1　低压电器

低压电器是指在交流 50 Hz（或 60 Hz）、额定电压 1 200 V 以下及直流额定电压 1 500 V 以下的电路中，起通断、保护、控制或调节作用的电器（简称电器），如各种刀开关、按钮、继电器、接触器等。低压电器作为基本器件，广泛应用于输配电系统中，在工农业生产、交通运输和国防工业中也起着极其重要的作用。

1. 低压电器分类

1）按动作原理分类

按动作原理可将电器分为手动电器和自动电器。

（1）手动电器：这类电器的动作是由工作人员手动操纵的，如刀开关、组合开关及按钮等。

（2）自动电器：这类电器是按照操作指令或参量变化信号自动动作的，如接触器、继电器、熔断器和行程开关等。

2）按用途和所控制的对象分类

（1）低压控制电器：主要用于设备电气控制系统，用于各种控制电路和控制系统的电器，如接触器、继电器、电动机启动器等。

（2）低压配电电器：主要用于低压配电系统中，用于电能的输送和分配的电器，如刀开关、转换开关、熔断器和自动开关、低压断路器等。

（3）低压主令电器：主要用于自动控制系统中发送动作指令的电器，如按钮、转换开关等。

（4）低压保护电器：主要用于保护电源、电路及用电设备，使它们不致在短路、过载等状态下运行可能遭到损坏的电器，如熔断器、热继电器等。

（5）低压执行电器：主要用于完成某种动作或传送功能的电器，如电磁铁、电磁离合器等。

3）按执行机能分

按其执行机能还可分为有触点电器和无触点电器两类。

（1）有触点电器具有可分离的动触点和静触点，利用触点的接触和分离来实现电路的通断控制。

（2）无触点电器没有可分离的触点，主要利用半导体器件的开关效应来实现电路的通断控制。

4）按工作环境分类

（1）一般用途的低压电器：是指用于海拔高度不超过 2 000 m，周围环境温度在 -25 ℃ ~ 40 ℃，空气相对湿度为 90%，安装倾斜度不大于 5°，无爆炸危险的介质及无显著摇动和冲击振动场合的低压电器。

（2）特殊用途的低压电器：是指在特殊环境和工作条件下使用的各类低压电器，通常是在一般用途低压电器的基础上派生而成的，如防爆电器、船舶电器、化工电器、热带电器、高原电器以及牵引电器等。

2. 低压电器的组成

低压电器一般有两个基本部分：一个是感受部分，能感受外界的信号，作出有规律的反应，在自动切换电器中，感受部分大多由电磁机构组成，在手控电器中，感受部分通常为操作手柄等；另一个是执行部分，如触点连同灭弧系统，它根据指令，执行电路接通、切断等任务。对自动开关类的低压电器，还具有中间（传递）部分，它的任务是把感受和执行两部分联系起来，使它们协同一致，按一定的规律动作。但有些低压电器工作时，触点在一定条件下断开电流时往往伴随有电弧或火花，电弧或火花对断开电流的时间和触点的使用寿命都有极大的影响，特别是电弧，必须及时熄灭。故有些低压电器还有灭弧机构，用于熄灭电弧。

3. 低压电器的主要性能参数

1）额定绝缘电压

额定绝缘电压是电器最大的额定工作电压。它是由电器结构、材料、耐压等因素决定的名义电压值。

2）额定工作电压

低压电器在规定条件下长期工作时，能保证电器正常工作的电压值，通常是指主触点的额定电压。有电磁机构的控制电器还规定了吸引线圈的额定电压。

3）额定发热电流

在规定条件下，电器长时间工作，各部分的温度不超过极限值时所能承受的最大电流值。

4）额定工作电流

额定工作电流是保证电器能正常工作的电流值。同一电器在不同的使用条件下，有不同的额定电流等级。

5）通断能力

低压电器在规定的条件下，能可靠接通和分断的最大电流。通断能力与电器的额定电压、负载性质、灭弧方法等有很大关系。

6）电气寿命

低压电器在规定条件下，不需修理或更换零件时的负载操作循环次数。

7）机械寿命

低压电器在需要修理或更换机械零件前所能承受的负载操作次数。

2.3 开关电器

开关电器主要作隔离、转换及接通和分断电路用，多数用作机床电路的电源开关和局部照明电路的控制开关，有时也用来直接控制小容量电动机的启动、停止和正、反转。

2.3.1　刀开关

1. 开启式负荷开关

开启式负荷开关其结构如图 2-10（a）所示，三极刀开关电气符号如图 2-10（c）所示。它由刀开关和熔断器组合而成。包含有瓷底板、静触头、触刀、瓷柄、胶盖等。

这种开关因其有简易的灭弧装置易，不宜用于带大负载接通或分断电路，故不宜频繁分、合电路。但因其结构简单，价格低廉，常用做照明电路的电源开关，也可用于 5.5 kW 以下三相异步电动机不频繁启动和停止控制。是一种结构简单而应用广泛的电器。按极数不同刀开关分单极、双极和三极三种。常用的 HK 系列刀开关的额定电压为 220 V 或 380 V，额定流为 10~60 A 不等。

2. 封闭式负荷开关

封闭式负荷开关又名铁壳开关，图 2-10（b）所示为常用的 HH 系列铁壳开关示意图。

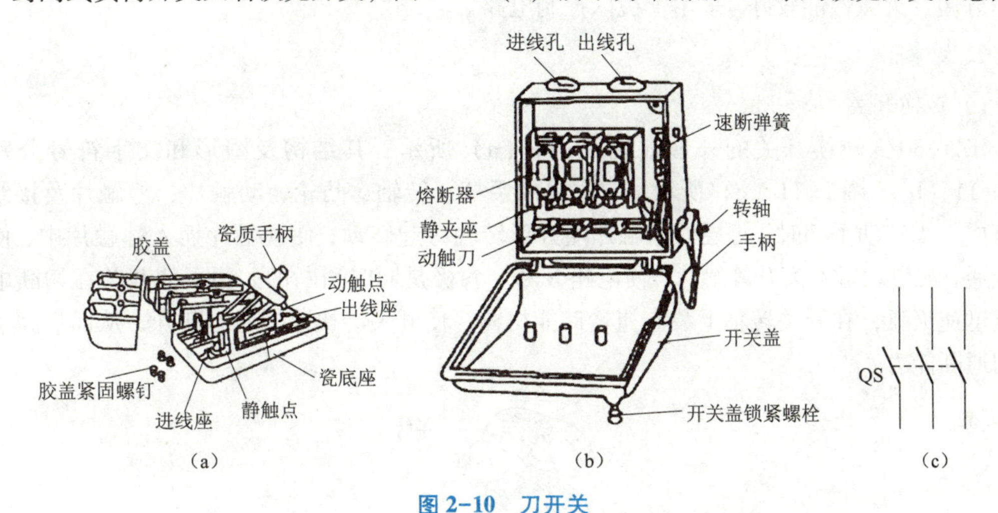

图 2-10　刀开关

（a）开启式负荷开关；（b）封闭式负荷开关；（c）电气符号

3. 刀熔开关

低压刀熔开关又称熔断器式刀开关，俗称刀熔开关，是低压刀开关与低压熔断器组合的开关电器。

低压刀开关安装方法：

（1）选择开关前，应注意检查动刀片对静触点接触是否良好、是否同步。如有问题，应予以修理或更换。

（2）电源进线应接在静触头一边的进线端，用电设备应接在动触头一边的出线端。这样，当开关断开时，闸刀和熔体均不带电，以保证更换熔体时的安全。

（3）安装时，刀开关在合闸状态下手柄应该向上，不能倒装或平装，以防止闸刀松动落下时误合闸。

注意事项：

（1）安装后应检查闸刀和静触头是否成直线和紧密可靠；

（2）更换熔丝时，必须先拉闸断电后，按原规格安装熔丝；

（3）胶壳刀开关不适合用来直接控制 5.5 kW 以上的交流电动机；

（4）合闸、拉闸动作要迅速，使电弧很快熄灭。

2.3.2 组合开关

组合开关包括转换开关和倒顺开关。其特点是用动触片的旋转代替闸刀的推合和拉开，实质上是一种由多组触点组合而成的刀开关。这种开关可用作交流 50 Hz、380 V 和直流 220 V 以下的电路电源引入开关或控制 5.5 kW 以下小容量电动机的直接启动，以及电动机正、反转控制和机床照明电路控制。额定电流有 6 A、10 A、15 A、25 A、60 A、100 A 等多种。在电气设备中主要作为电源引入开关，用于非频繁接通和分断电路。在机床电气系统中，组合开关多用作电源开关，一般不带负载接通或断开电源，而是在机床开车前空载接通电源，在应急、检修或长时间停用时空载断开电源。其优点是体积小、寿命长、结构简单、操作方便、灭弧性能较好，多用于机床控制电路。

1. 结构

1）转换开关

HZ5-30/3 转换开关的外形如图 2-11（a）所示，其结构及图形和文字符号分别如图 2-11（b）、图 2-11（c）所示。它主要由手柄、转轴、凸轮、动触片、静触片及接线柱等组成。当转动手柄时，每层的动触片随方形转轴一起转动，使动触片插入静触片中，使电路接通；或使动触片离开静触片，使电路分断。各极是同时通断的。为了使开关在切断电路时能迅速灭弧，在开关转轴上装有扭簧储能机构，使开关能快速接通与断开，从而提高了开关的通断能力。

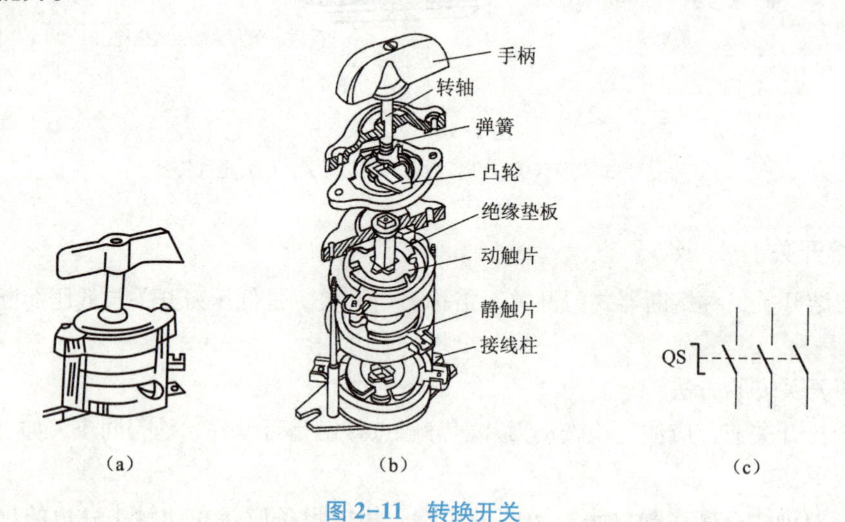

图 2-11 转换开关

（a）外形；（b）结构；（c）图形和文字符号

2）倒顺开关

其外形和结构如图 2-12（a）所示，图形和文字符号如图 2-12（b）所示。倒顺开关又称可逆转开关，是组合开关的一种特例，多用于机床的进刀、退刀，电动机的正、反转和停

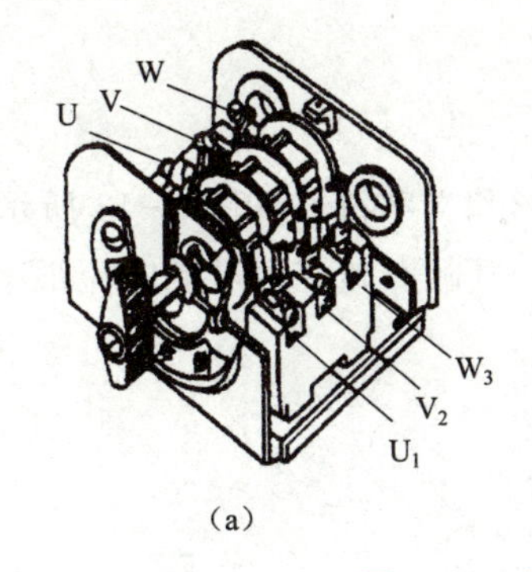

(a)

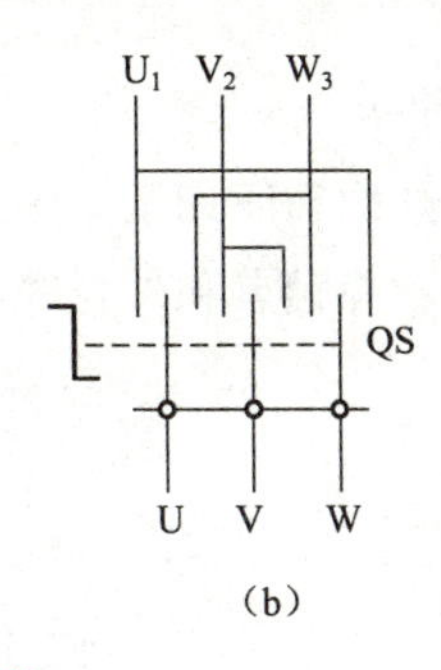

(b)

图 2-12　倒顺开关

(a) 外形和结构；(b) 电气符号

止的控制或升降机的上升、下降和停止的控制，也可作为控制小电流负载的负荷开关。

2. 组合开关的选用

(1) 选用转换开关时，应根据电源种类、电压等级、所需触点数及电动机的容量来选用，开关的额定电流一般取电动机额定电流的 1.5~2 倍；

(2) 用于一般照明、电热电路，其额定电流应大于或等于被控电路的负载电流总和；

(3) 当用作设备电源引入开关时，其额定电流应稍大于或等于被控电路的负载电流总和；

(4) 当用于直接控制电动机时，其额定电流一般可取电动机额定电流的 2~3 倍。

3. 安装方法

(1) 安装转换开关时应使手柄保持平行于安装面；

(2) 转换开关需安装在控制箱（或壳体）内时，其操作手柄最好伸出在控制箱的前面或侧面，应使手柄在水平旋转位置时为断开状态；

(3) 若需在控制箱内操作时，转换开关最好装在箱内右上方，而且在其上方不宜安装其他电器，否则应采取隔离或绝缘措施。

4. 注意事项

(1) 由于转换开关的通断能力较低，因此不能用来分断故障电流。当用于控制电动机正、反转时，必须在电动机完全停转后，才能操作；

(2) 当负载功率因数较低时，转换开关要在降低额定电流下使用，否则会影响开关寿命。

2.4　主令电器

自动控制系统中用于发送动作指令的电器称为主令电器。常用的主令电器有按钮、行程开关、万能转换开关等几种。

2.4.1　按钮

按钮是一种短时接通或断开小电流电路的手动电器，常用于控制电路中发出启动或停止等指令，以控制接触器、继电器等电器的线圈电流的接通或断开，再由它们去接通或断开主电路。

1. 按钮开关结构

按钮的外形图、结构和原理示意图、图形和文字符号如图 2-13 所示。它由按钮帽、复位弹簧、桥式动触点、静触点和外壳等组成。其触点允许通过的电流很小，一般不超过 5 A。

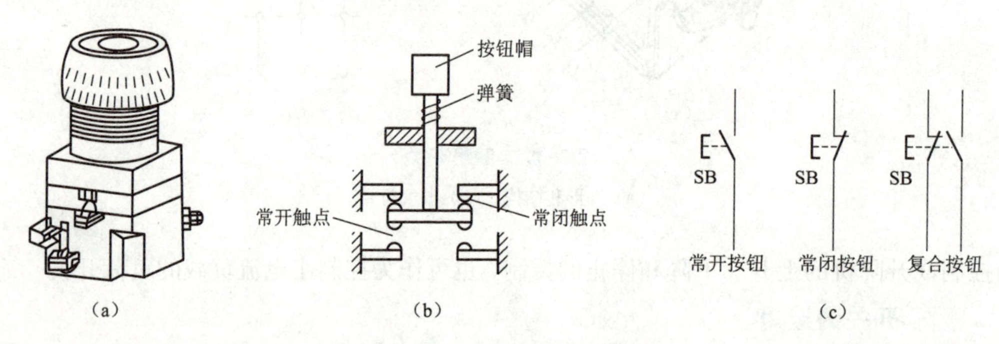

图 2-13 按钮开关
(a) 外形图；(b) 结构和原理示意图；(c) 符号

按钮 1　按钮 2

常开按钮（启动按钮）：手指未按下时，触头是断开的；当手指按下时，触头接通；手指松开后，在复位弹簧作用下触头又返回原位断开。它常用作启动按钮。

常闭按钮（停止按钮）：手指未按下时，触头是闭合的；当手指按下时，触头被断开；手指松开后，在复位弹簧作用下触头又返回原位闭合。它常用作停止按钮。

复合按钮：将常开按钮和常闭按钮组合为一体。当手指按下时，其常闭触头先断开，然后常开触头闭合；手指松开后，在复位弹簧作用下触头又返回原位。它常用在控制电路中作电气连锁。

为便于识别各个按钮的作用，避免误操作，通常在按钮帽上作出不同标记或涂上不同颜色，如蘑菇形表示急停按钮；红色表示停止按钮；绿色表示启动按钮。

2. 按钮的选用

(1) 根据使用场合选择按钮的种类，如开启式、保护式、防水式和防腐式等；

(2) 根据用途选用合适的形式，如手把旋钮式、钥匙式、紧急式和带灯式等；

(3) 按照控制回路的需要，确定不同的按钮数，如单钮、双钮、三钮和多钮等；

(4) 按照工作状态指示和工作情况要求，选择按钮和指示灯的颜色（参照国家有关标准）；

(5) 核对按钮额定电压、电流等指标是否满足要求。

3. 按钮的安装

(1) 按钮安装在面板上时，应布置合理，排列整齐。可根据生产机械或机床启动、工作的先后顺序，从上到下或从左至右依次排列。如果它们有几种工作状态，如上、下，前、后，左、右，松、紧等，则应使每一组正、反状态的按钮安装在一起；

(2) 在面板上固定按钮时安装应牢固，停止按钮用红色，启动按钮用绿色或黑色，按钮

较多时，应在显眼且便于操作处用红色蘑菇头设置急停按钮，以应付紧急情况。

4. 注意事项

（1）由于按钮的触头间距较小，有油污时极易发生短路故障，因此使用时应经常保持触头间的清洁；

（2）用于高温场合时，容易使塑料变形老化，导致按钮松动，引起接线螺钉间相碰短路，在安装时可视情况再多加一个紧固垫圈并拼紧；

（3）带指示灯的按钮由于灯泡要发热，时间长时易使塑料灯罩变形，造成调换灯泡困难，因此带指示灯的按钮不宜用作长时间通电使用。

2.4.2　位置开关

行程开关 1

行程开关 2

位置开关又称行程开关或限位开关，是一种小电流的控制器。它是根据运动部件的位置而切换的电器，可将机械信号转换为电信号，以实现对机械运动的控制，并能实现运动部件极限位置的保护。它的作用原理与按钮类似，利用生产机械运动部件的碰压使其触头动作，从而将机械信号转变为电信号，使运动机械实现自动停止、反向运动、自动往复运动、变速运动等控制要求。

1. 结构

各系列行程开关的结构基本相同，主要由触头系统、操作机构和外壳组成。行程开关按其结构可分为按钮式（又称直动式）、旋转式（又称滚轮式）和微动式三种，结构图如图 2-14（a）、图 2-14（b）、图 2-14（c）所示，图形和文字符号如图 2-14（d）、2-14（e）、2-14（f）所示。行程开关动作后，复位方式有自动复位和非自动复位两种。按钮式和单轮旋转式行程开关为自动复位式，双轮旋转式行程开关没有复位弹簧，在挡铁离开后不能自动复位，必须由挡铁从反方向碰撞后，开关才能复位。

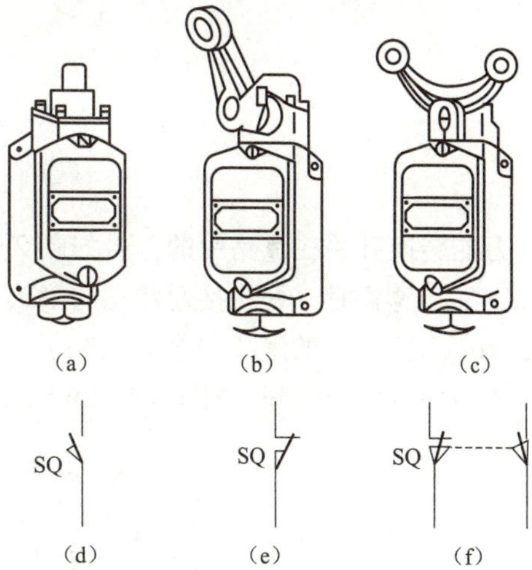

图 2-14　行程开关

（a）按钮式；（b）旋转式；（c）微动式；
（d）常开触点；（e）常闭触点；（f）复合触点

2. 行程开关的工作原理

当运动机械的挡铁压到滚轮上时，杠杆连同转轴一起转动，并推动撞块。当撞块被压到一定位置时，推动微动开关动作，使常开触头闭合，常闭触头断开在当运动机械的挡铁离开后，复位弹簧使行程开关各部位部件恢复常态。

行程开关的触头动作方式有蠕动型和瞬动型两种。蠕动型触头的分合速度取决于挡铁的移动速度，当挡块移动速度低于 0.4 m/min 时，触头切换太慢，易受电弧烧灼，从而缩短触头使用寿命，也影响动作的可靠性。为克服以上的缺点，可采用具有快速换接动作机构的瞬动型触头。

2.4.3 万能转换开关

万能转换开关是具有更多操作位置和触点，能换接多个电路的一种手控电器。因它能控制多个电路，适应复杂电路要求，故称“万能”转换开关。万能转换开关主要用于控制电路换接，也可用于小容量电动机的启动、换向、调速和制动控制。

万能转换开关的结构如图2-15所示，它由触点座、凸轮、转轴、定位结构、螺杆和手柄等组成，并由1~20层触点底座叠装，其中每层底座均装三对触点，并由触点底座中的凸轮（套在转轴上）来控制三对触点的接通和断开。由于凸轮可制成不同形状，因此转动手柄到不同位置时，通过凸轮作用，可使各对触点按所需的变化规律接通或断开，以换接电路。

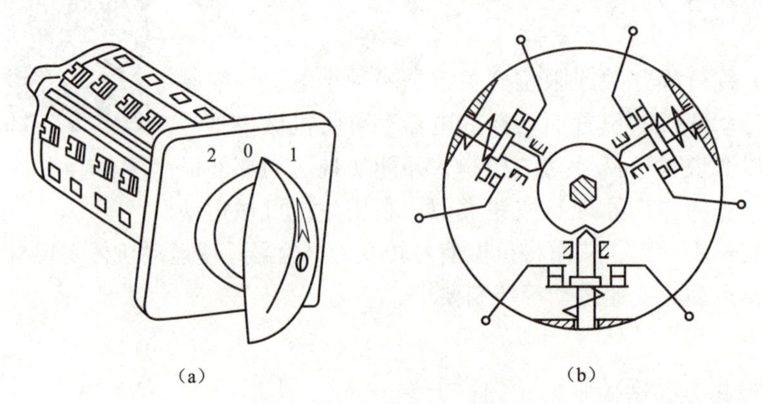

图2-15 万能转换开关

(a) 外形图；(b) 结构图

万能转换开关在电路中的符号如图2-16（a）所示，中间的竖线表示手柄的位置，当手柄处于某一位置时，处在接通状态的触头下方虚线上标有小黑点。触头的通断状态也可以用图2-16（b）所示的触头分合表来表示，“+”号表示触头闭合，“-”表示触头断开。

常用的万能转换开关有LW2、LW5、LW6、LW8等系列。

自动空气开关

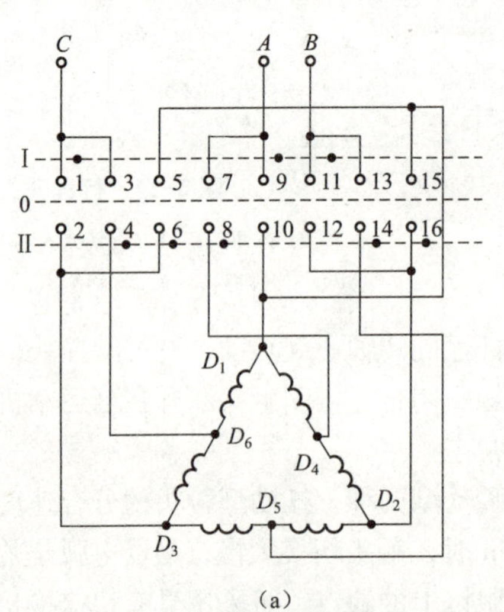

(a)

触点标号	手柄位置		
	I	0	II
1—2	+	–	–
3—4	–	–	+
5—6	–	–	+
7—8	–	–	+
9—10	+	–	–
11—12	+	–	–
13—14	–	–	+
15—16	–	–	+
17—18	–	–	–

(b)

图2-16 万能转换开关的电路图与触点通断状态表

(a) 万能转换开关的电路图；(b) 万能转换开关触点通断状态表

2.5 熔断器

熔断器是一种结构简单、使用方便、价格低廉的保护电器，广泛用于供电线路和电气设备的短路保护电路中。在使用时，熔断器串接在所保护的电路中，当电路发生短路或严重过载时，它的熔体能自动迅速熔断，从而切断电路，使导线和电气设备不致损坏。

2.5.1 熔断器的结构

熔断器按其结构形式分为插入式、螺旋式、有填料密封管式、无填料密封管式等，其品种规格很多。熔断器的结构和图形和文字符号如图 2-17 所示。在电气控制系统中经常选用螺旋式熔断器，它有明显的分断指示，不用任何工具就可取下或更换熔体。最近推出的新产品有 RL9、RL7 系列，可以取代老产品 RL1、RL2 系列。RLS2 系列是快速熔断器，用以保护半导体硅整流器件及晶闸管，可取代老产品 RLS1 系列。

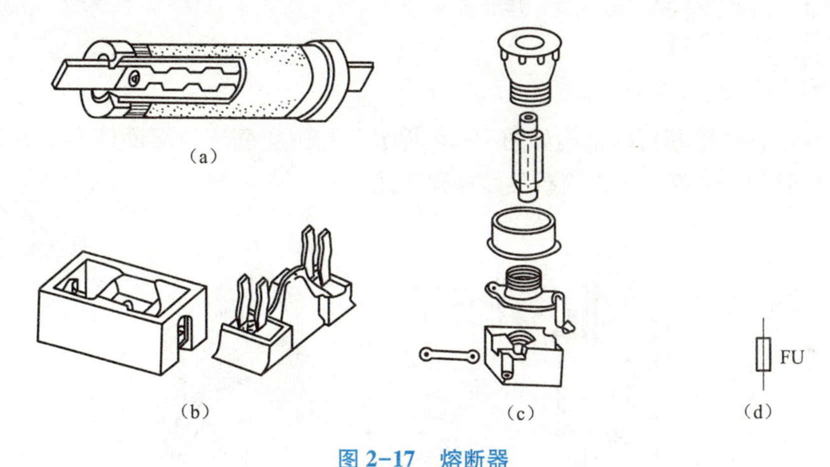

图 2-17　熔断器

(a) 管式熔断器；(b) 瓷插式熔断器；(c) 螺旋式熔断器；(d) 熔断器图形符号及文字符号

1. 瓷插式熔断器

瓷插式熔断器也称为半封闭插入式熔断器，它主要由瓷座、瓷盖、静触头、动触头和熔丝等组成，熔丝安装在瓷插件内。熔丝通常用铅锡合金或铅锑合金等制成，也有的用铜丝作熔丝。常用 RC1 A 系列瓷插式（插入式）熔断器的结构如图 2-18 所示。瓷座中部有一空腔，与瓷盖的凸出部分组成灭弧室。60 A 以上的瓷插式熔断器空腔中还垫有纺织石棉层，用以增强灭弧能力。该系列熔断器具有结构简单、价格低廉、体积小、带电更换熔丝方便等优点，且具有较好的保护特性，主要用于交流 400 V 以下的照明电路中作保护电器。但其分断能力较小，电弧较大，只适用于小功率负载的保护，现在逐渐趋于淘汰的状况。

瓷插式熔断器常用的型号有 RC1 A 系列，其额定电压为 380 V，额定电流有 5 A、10 A、15 A、30 A、60 A、100 A、200 A 七个等级。

2. 螺旋式熔断器

螺旋式熔断器主要由瓷帽、熔断管、瓷套、上接线盒、下接线座和瓷座等组成，熔丝安装在熔断体的瓷质熔管内，熔管内部充满起灭弧作用的石英砂。熔断体自身带有熔体熔断指示装置。螺旋式熔断器是一种有填料的封闭管式熔断器，结构较瓷插式熔断器复杂，其结构如图 2-19 所示。

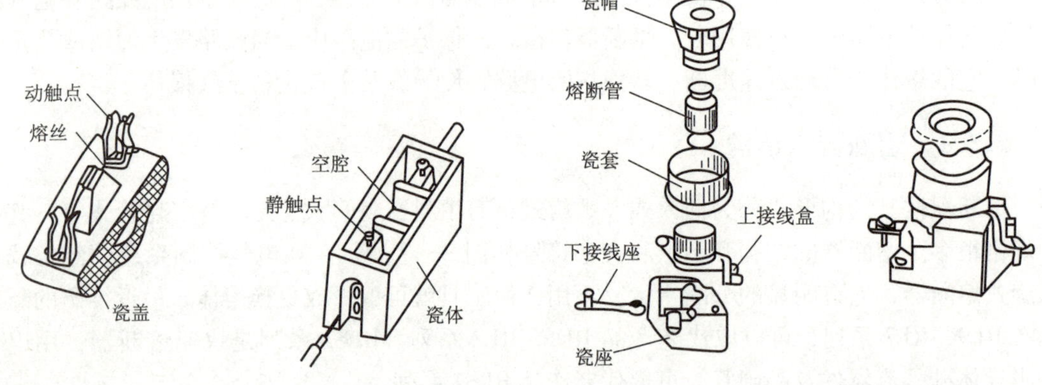

图 2-18　RC1 A 系列瓷插式（插入式）熔断器　　图 2-19　RL1 系列螺旋式熔断器

3. 有填料封闭管式熔断器

有填料封闭管式熔断器的结构如图 2-20 所示。它由瓷底座、熔断体两部分组成，熔体安放在瓷质熔管内，熔管内部充满石英砂作灭弧用。

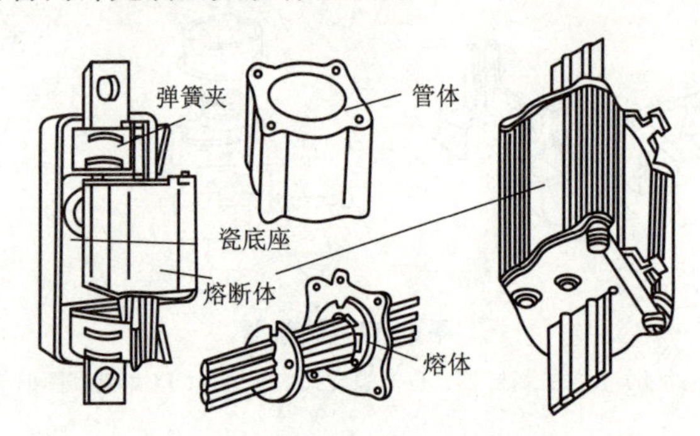

图 2-20　有填料封闭管式熔断器

4. 无填料封闭管式熔断器

这种熔断器主要用于低压电力网以及成套配电气设备中。无填料封闭管式熔断器由插座、熔断管、熔体等组成。主要型号有 RM10 系列。

2.5.2　熔断器的主要参数

1. 额定电压

这是从灭弧角度出发，规定熔断器所在电路工作电压的最高限额。如果线路的实际电压超过熔断器的额定电压，一旦熔体熔断，则有可能发生电弧不能及时熄灭的现象。

2. 额定电流

实际上是指熔座的额定电流，这是由熔断器长期工作所允许的温升决定的电流值。配用

的熔体的额定电流应小于或等于熔断器的额定电流。

3. 熔体的额定电流

熔体长期通过此电流而不熔断的最大电流。生产厂家生产有不同规格（额定电流）的熔体供用户选择使用。

4. 极限分断能力

熔断器所能分断的最大短路电流值。分断能力的大小与熔断器的灭弧能力有关，而与熔断器的额定电流值无关。熔断器的极限分断能力必须大于线路中可能出现的最大短路电流值。

2.5.3　熔断器选择

（1）熔断器的选择包括种类的选择和额定参数的选择。

（2）熔断器的种类选择应根据各种常用熔断器的特点、应用场所及实际应用的具体要求来确定。熔断器选用恰当，才能既保证电路正常工作又能起到保护作用。

（3）在选用熔断器的具体参数时，应使熔断器的额定电压大于或等于被保护电路的工作电压；其额定电流大于或等于所装熔体的额定电流，如表 2-1 所示。

表 2-1　RL 系列熔断器技术数据　　A

型号	熔断器额定电流	可装熔丝的额定电流	型号	熔断器额定电流	可装熔丝的额定电流
RL15	15	2、4、5、6、10、15、	RL100	100	60、80、100
RL60	60	20、25、30、35、40、50、60	RL200	200	100、125、150、200

（4）熔体的额定电流是指相当长时间流过熔体而不熔断的电流。额定电流值的大小与熔体线径的粗细有关，熔体线径越粗的额定电流值越大。表 2-2 中列出了熔体熔断的时间数据。

表 2-2　熔体熔断时间

熔断电流倍数	1.25~1.3	1.6	2	3	4	8
熔断时间	∞	1 h	40 s	4.5 s	2.5 s	瞬时

（5）用于电炉、照明等阻性负载电路的短路保护时，熔体额定电流不得小于负载额定电流。

（6）用于单台电动机短路保护时，熔体额定电流=(1.5~2.5)×电动机额定电流。

（7）用于多台电动机短路保护时，熔体额定电流=(1.5~2.5)×容量最大的一台电动机的额定电流+其余电动机额定电流总和。

2.5.4　熔断器安装方法

（1）装配熔断器前应检查熔断器的各项参数是否符合电路要求；

（2）安装熔断器时必须在断电情况下操作；

（3）安装时熔断器熔体必须完整无损（不可拉长），接触紧密可靠，但也不能绷得太紧。

（4）熔断器应安装在线路的各相线（火线）上，在三相四线制的中性线上严禁安装熔断器，在单相二线制的中性线上应安装熔断器；

（5）螺旋式熔断器在接线时，为了更换熔断管时的安全，下接线端应接电源，而连螺口的上接线端应接负载。

2.5.5　注意事项

（1）只有正确选择熔体和熔断器才能起到保护作用；

（2）熔断器的额定电流不得小于熔体的额定电流；

（3）对保护照明电路和其他非电感性电路的熔断器，其熔丝或熔断管额定电流应大于电路工作电流。对于保护电动机电路的熔断器，应考虑电动机的启动条件，按电动机启动时间的长短和频繁启动的程度来选择熔体的额定电流；

（4）多级保护时应注意各级间的协调配合，下一级熔断器熔断电流应比上一级熔断电流小，以免出现越级熔断，扩大动作范围。

2.6　低压断路器

低压断路器又称自动空气开关，它相当于刀开关、熔断器、热继电器和欠压继电器的组合。是一种既能进行手动操作，又能自动进行欠压、失压、过载和短路保护的控制电器。

2.6.1　断路器的结构

断路器的结构有框架式（又称万能式）和塑料外壳式（又称装置式）两大类。其结构图如图 2-21 所示。框架式断路器为敞开式结构，适用于大容量配电装置。塑料外壳式断路器的特点是各部分元件均安装在塑料壳体内，具有良好的安全性，结构紧凑简单，可独立安装，常用作供电线路的保护开关和电动机或照明系统的控制开关，也广泛用于电器控制装置及建筑物内作电源线路保护及对电动机进行过载和短路保护。

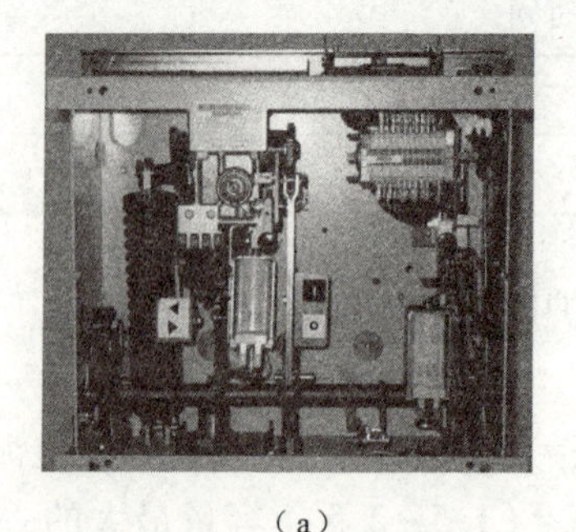

（a）

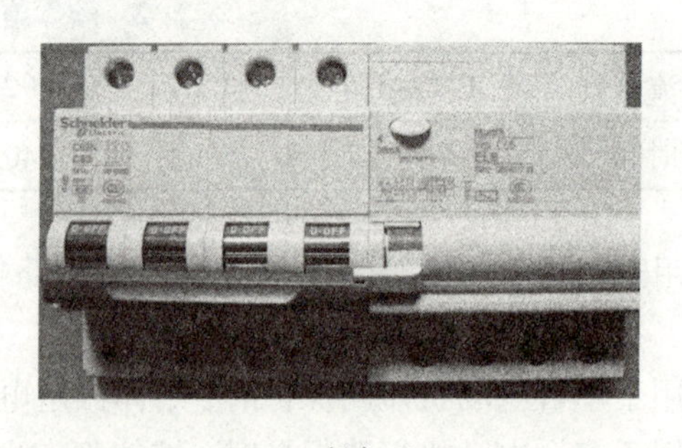

（b）

图 2-21　几种常用断路器结构示意图

（a）断路器结构；（b）断路器外观图

低压断路器一般由触点系统、灭弧系统、操作系统、脱扣器及外壳或框架等组成，各组成部分的作用如下。

1）触点系统

触点系统用于接通和断开电路。触点的结构形式有对接式、桥式和插入式三种，一般采用银合金材料和铜合金材料制成。

2）灭弧系统

灭弧系统有多种结构形式，采用的灭弧方式有窄缝灭弧和金属栅灭弧。

3）操作机构

操作机构用于实现断路器的闭合与断开，有手动操作机构、电动机操作结构和电磁操作机构等。

4）脱扣机构

脱扣机构是断路器的感测元件，用来感测电路特定的信号（如过电压、过电流等）。电路一旦出现非正常信号，相应的脱扣器就会动作，通过联动装置使断路器自动跳闸而切断电路。

2.6.2　低压断路器的工作原理

低压断路器工作原理的示意图、图形符号和文字符号如图 2-22 所示。

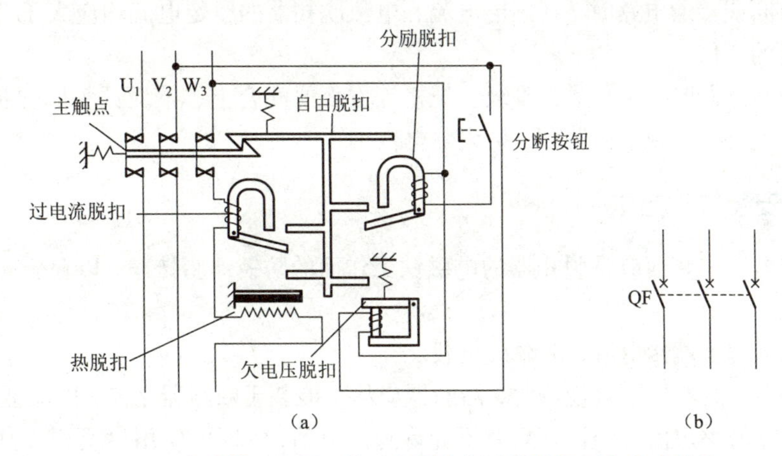

图 2-22　断路器工作原理的示意图和断路器的图形和文字符号

其工作原理分析如下：当主触点闭合后，若 W_3 相电路发生短路或过电流（电流达到或超过过电流脱扣器动作值）事故时，过电流脱扣器的衔铁吸合，驱动自动脱扣器动作，主触点在弹簧的作用下断开；当电路过载时（W_3 相），热脱扣器的电热元件发热，使双金属片产生足够的弯曲，推动脱扣器动作，从而使主触点断开，切断电路；当电源电压不足（小于欠电压脱扣器释放值）时，欠电压脱扣器的衔铁释放，使脱扣器动作，主触点断开，切断电路。分励脱扣器用于远距离切断电路，当需要分断电路时，按下分断按钮，分励脱扣器线圈通电，衔铁驱动脱扣器动作，使主触点断开而切断电路。

2.6.3　断路器的选用

（1）应根据具体使用条件和被保护对象的要求选择合适的类型。

（2）一般在电器装置控制系统中，常选用塑料外壳式或漏电保护式断路器；在电力网主干线路中主要选用框架式断路器；而在建筑物的配电系统中则一般采用漏电保护断路器。

（3）断路器的额定电压和额定电流应分别不小于电路的额定电压和最大工作电流。

（4）脱扣器整定电流的计算。电热脱扣器的整定电流应与所控制负载（如电动机等）的额定电流一致。电磁脱扣器的瞬时动作整定电流应大于负载电路正常工作的最大电流。

对于单台电动机来说，DZ 系列自动空气开关电磁脱扣器的瞬时动作整定电流 I_z 可按下式计算：

$$I_z \geqslant K \times I_q$$

式中，K 为安全系数，可取 1.5~1.7；I_q 为电动机的启动电流。

对于多台电动机来说，可按下式计算：

$$I_z \geqslant K \times I_{qmax} + \text{电路中其他电动机的额定电流}$$

式中，K 也可取 1.5~1.7；I_{qmax} 为最大一台电动机的启动电流。

（5）断路器用于电动机保护时，一般电磁脱扣器的瞬时脱扣整定电流应为电动机启动电流的 1.7 倍。

（6）选用断路器作多台电动机短路保护时，一般电磁脱扣器的整定电流为容量最大的一台电动机启动电流的 1.3 倍再加上其余电动机额定电流的总和。

（7）在分断或接通电路时，其额定电流和电热脱扣器的整定电流均应大于或等于电路中负载额定电流的 2 倍。

（8）选择断路器时，在类型、等级、规格等方面要配合上、下级开关的保护特性，不允许因下级保护失灵而导致上级跳闸，扩大停电范围。

2.6.4 安装维护方法

（1）断路器在安装前应将脱扣器的电磁铁工作面的防锈油脂抹净，以免影响电磁机构的动作值。

（2）断路器应上端接电源，下端接负载。

（3）断路器与熔断器配合使用时，熔断器应尽可能装于断路器之前，以保证使用安全。

（4）脱扣器的整定值一经调好后就不允许随意更动，长时间使用后要检查其弹簧是否生锈卡住，以免影响其动作。

（5）断路器在分断短路电流后，应在切除上一级电源的情况下及时检查触头。若发现有严重的电灼痕迹，可用干布擦去；若发现触头烧蚀，可用砂纸或细锉小心修整，但主触头一般不允许用锉刀修整。

（6）定期清除断路器上的积尘和检查各种脱扣器的动作值，操作机构在使用一段时间（1~2 年）后，在传动机构部分应加润滑油（小容量塑壳断路器不需要）。

（7）弧室在分断短路电流后，或较长时间使用后，应清除其内壁和栅片上的金属颗粒和黑烟灰，如灭弧室已破损，则绝不能再使用。

2.6.5 注意事项

（1）在确定断路器的类型后，再进行具体参数的选择；

（2）断路器的底板应垂直于水平位置，固定后应保持平整，倾斜度不大于 5°；

(3) 有接地螺丝的断路器应可靠连接地线；

(4) 具有半导体脱扣装置的断路器，其接线端应符合相序要求，脱扣装置的端子应可靠连接。

2.7 接　触　器

接触器是一种通用性很强的自动电磁式开关电器，是电力拖动与自动控制系统中重要的低压电器。它可以频繁地接通和分断交、直流主电路及大容量控制电路，其主要控制对象是电动机，也可用于控制其他设备，如电焊机、电阻炉和照明器具等电力负载。接触器利用电磁力的吸合和反向弹簧力作用使触点闭合和分断，从而使电路接通和断开，具有欠电压释放保护及零压保护的功能，控制容量大，可运用于频繁操作和远距离控制，且工作可靠，寿命长，性能稳定，维护方便。接触器不能切断短路电流，因此通常需与熔断器配合使用。

接触器按主触头通过的电流种类，分为交流接触器和直流接触器两种。

2.7.1　交流接触器结构

交流接触器由电磁机构、触点系统和灭弧系统三部分组成。图 2-23 所示为交流接触器的工作原理图、外形结构示意图及图形符号与文字符号。

1. 电磁系统

电磁系统是接触器的重要组成部分，它由线圈、铁芯（静触头）和衔铁（动触头）三部分组成，图 2-23（b）所示为 CJ20 接触器电磁系统结构图。其作用原理是利用电磁线圈的通电或断电，使衔铁和铁芯吸合或释放，从而带动动触点与静触点接通或断开，实现接通或断开电路的目的。

交流接触器的线圈是由漆包线绕制而成的，交流接触器的铁芯和衔铁一般用 E 形硅钢片叠压铆成，以减少铁芯中的涡流损耗，避免铁芯过热。同时交流接触器为了减少吸合时的振动和噪声，在铁芯上装有一个短路环作为减震器，使铁芯中产生了不同相位的磁通量 Φ_1、Φ_2，以减少交流接触器吸合时的振动和噪声，如图 2-24 所示，其材料一般为铜、康铜或镍铬合金。

2. 触点系统

触点系统用来直接接通和分断所控制的电路，根据用途不同，接触器的触头分主触头和辅助触头两种。主触头通常为三对，构成三个常开触头，用于通断主电路。通过的电流较大，接在电动机主电路中。辅助触头一般有常开、常闭各两对，用在控制电路中起电气自锁和互锁作用。辅助触头通过的电流较小，通常接在控制回路中。

3. 电弧的产生与灭弧装置

当动、静触头分开瞬间，两触头间距极小，电场强度极大，在高热及强电场的作用下，金属内部的自由电子从阴极表面逸出，奔向阳极，这些自由电子在电场中运动时撞击中性气体分子，使之激励和游离，产生正离子和电子，这些电子在强电场作用下继续向阳极移动，同时撞击其他中性分子，因此，在触头间隙中产生了大量的带电粒子，使气体导电形成了炽

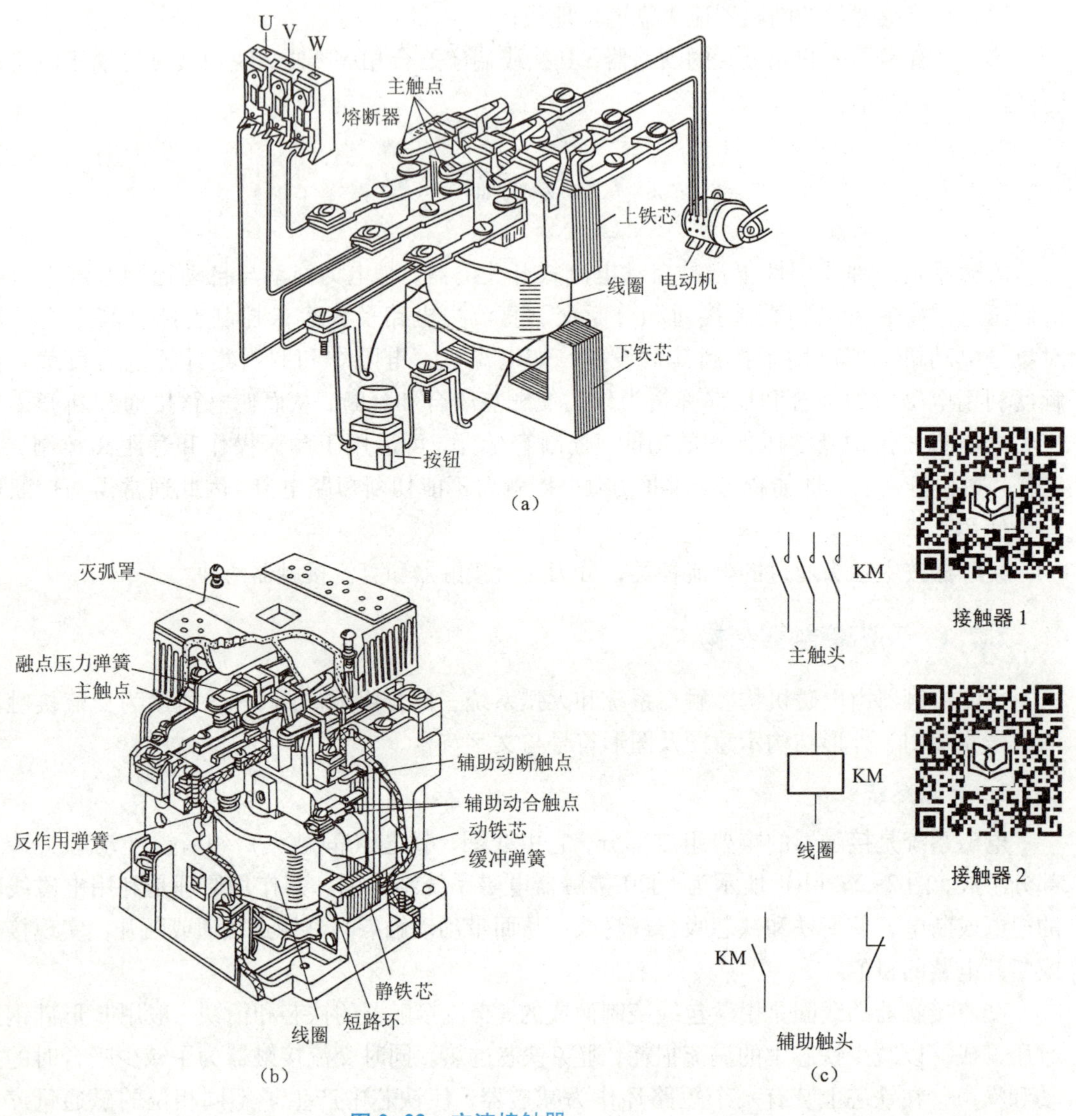

图 2-23　交流接触器

(a) 工作原理；(b) 结构和外形；(c) 图形和文字符号

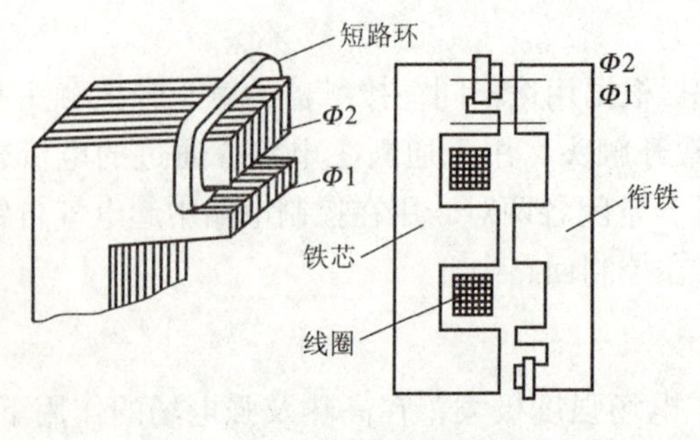

图 2-24　交流接触器的短路环

热的电子流即电弧。电弧产生高温并有强光，可将触头烧损，并使电路的切断时间延长，严重时可引起事故或火灾。常用的灭弧方法如下：

(1) 电动力灭弧：电弧在触点回路电流磁场的作用下，受到电动力作用拉长，并迅速离开触点而熄灭，如图 2-25 (a) 所示。

(2) 纵缝灭弧：电弧在电动力的作用下，进入由陶土或石棉水泥制成的灭弧室窄缝中，电弧与室壁紧密接触，被迅速冷却而熄灭，如图 2-25 (b) 所示。

（3）栅片灭弧：电弧在电动力的作用下，进入由许多定间隔的金属片所组成的灭弧栅之中，电弧被栅片分割成若干段短弧，使每段短弧上的电压达不到燃弧电压，同时栅片具有强烈的冷却作用，致使电弧迅速降温而熄灭，如图 2-25（c）所示。

（4）磁吹灭弧：灭弧装置设有与触点串联的磁吹线圈，电弧在吹弧磁场的作用下受力拉长，吹离触点，加速冷却而熄灭，如图 2-25（d）所示。

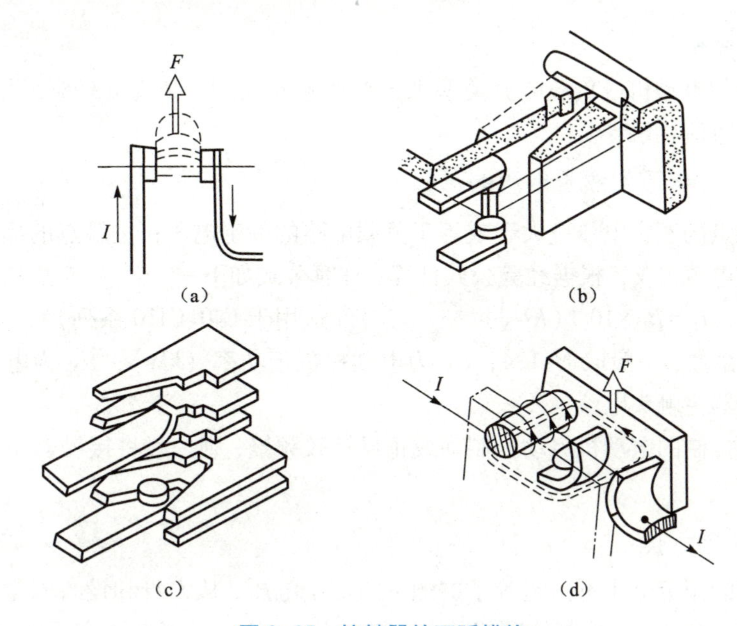

图 2-25　接触器的灭弧措施

（a）电动力灭弧；（b）纵缝灭弧；（c）栅片灭弧；（d）磁吹灭弧

2.7.2　接触器的基本技术参数

1. 额定电压

接触器额定电压是指主触头上的额定电压。其电压为：

交流接触器：220 V、380 V、500 V；

直流接触器：220 V、440 V、660 V。

2. 额定电流

接触器额定电流是指主触头的额定电流。其电流为：

交流接触器：10 A、15 A、25 A、40 A、60 A、150 A、250 A、400 A、600 A，最高可达 2 500 A；

直流接触器：25 A、40 A、60 A、100 A、150 A、250 A、400 A、600 A。

3. 线圈的额定电压

线圈的额定电压为：

交流线圈：36 V、110 V、127 V、220 V、380 V；

直流线圈：24 V、48 V、110 V、220 V、440 V。

4. 额定操作频率

额定操作频率即每小时通断次数。交流接触器可高达 6 000 次/h，直流接触器可达 1 200 次/h。电气寿命达 500 万~1 000 万次。

2.7.3 接触器的选用

1. 类型的选择

根据所控制的电动机或负载电流类型来选择接触器类型，交流负载应采用交流接触器，直流负载应采用直流接触器。

2. 主触点额定电压和额定电流的选择

接触器主触点的额定电压应大于或等于负载电路的额定电压；主触点的额定电流应大于负载电路的额定电流，或者根据经验公式计算，计算公式如下：

$$I_C = P_N \times 10^3 / (KU_N) \qquad \text{（适用于 CJ0、CJ10 系列）}$$

式中，K 为经验系数，一般取 1~1.4；P_N 为电动机额定功率（kW）；U_N 为电动机额定电压（V）；I_C 为接触器主触头电流（A）。

如果接触器控制的电动机启动、制动或正反转较频繁，则一般将接触器主触头的额定电流降一级使用。

3. 线圈电压的选择

接触器线圈的额定电压不一定等于主触头的额定电压，从人身和设备安全角度考虑，线圈电压可选的低一些；但当控制线路简单，线圈功率较小时，为了节省变压器，可选 220 V 或 380 V。

4. 接触器操作频率的选择

操作频率是指接触器每小时通断的次数。当通断电流较大及通断频率过高时，会引起触头过热，甚至熔焊。操作频率若超过规定值，则应选用比额定电流大一级的接触器。

5. 触点数量及触点类型的选择

通常接触器的触点数量应满足控制支路数的要求，触点类型应满足控制线路的功能要求。

2.7.4 接触器安装方法

① 接触器安装前应检查线圈的额定电压等技术数据是否与实际使用相符，然后将铁芯极面上的防锈油脂或锈垢用汽油擦净，以免多次使用后被油垢黏住，造成接触器断电时不能释放触点；

② 接触器安装时，一般应垂直安装，其倾斜度不得超过 5°，否则会影响接触器的动作特性。安装有散热孔的接触器时，应将散热孔放在上下位置，以利于线圈散热；

③ 接触器安装与接线时，注意不要让杂物落到接触器内，以免引起卡阻而烧毁线圈，同时应将螺钉拧紧，以防振动松脱。

2.7.5　注意事项

（1）接触器的触头应定期清扫并保持整洁，但不得涂油，当触头表面因电弧作用形成金属小珠时，应及时铲除，但银及银合金触头表面产生的氧化膜，由于接触电阻很小，可不必修复。

（2）触点过热：主要原因有接触压力不足，表面接触不良，表面被电弧灼伤等，造成触点接触电阻过大，使触点发热。

（3）触点磨损：有两种原因，一是电气磨损，由于电弧的高温使触点上的金属氧化和蒸发所致；二是机械磨损，由于触点闭合时的撞击，触点表面相对滑动摩擦所致。

（4）线圈失电后触点不能复位：其原因有触点被电弧熔焊在一起；铁芯剩磁太大，复位弹簧弹力不足；活动部分被卡住等。

（5）衔铁振动有噪声：主要原因有短路环损坏或脱落；衔铁歪斜；铁芯端面有锈蚀尘垢，使动静铁芯接触不良；复位弹簧弹力太大；活动部分有卡滞，使衔铁不能完全吸合等。

（6）线圈过热或烧毁：主要原因有线圈匝间短路；衔铁吸合后有间隙；操作频繁，超过允许操作频率；外加电压高于线圈额定电压等。

2.8　继　电　器

继电器主要用于控制与保护电路中，可进行信号转换。继电器有输入电路（又称感应元件）和输出电路（又称执行元件），当感应元件中的输入量（如电流、电压、温度、压力等）变化到某一定值时继电器动作，执行元件便接通和断开控制回路。

控制继电器种类繁多，常用的有电流继电器、电压继电器、中间继电器、时间继电器、热继电器以及温度、压力、计数、频率继电器等。

电磁式继电器，其结构、工作原理与接触器相似，由电磁系统、触头系统和释放弹簧等组成。由于继电器用于控制电路，流过触头的电流小，故不需要灭弧装置。

电磁式继电器的图形和文字符号如图 2-26 所示。

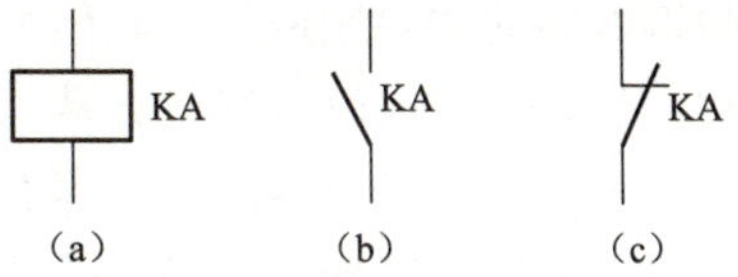

KA　KA　KA

（a）　（b）　（c）

图 2-26　电磁式继电器的图形和文字符号

（a）线圈；（b）常开触头；（c）常闭触头

2.8.1　电压、电流继电器

1. 电流继电器

根据输入（线圈）电流大小而动作的继电器称为电流继电器，按用途不同还可分为过电流继电器和欠电流继电器。其图形和文字符号如图 2-27 所示。过电流继电器的任务是当电路发生短路及过流时立即将电路切断。当过流继电器线圈通过的电流小于整定电流时，继电器不动作；只有超过整定电流时，继电器才动作。欠电流继电器的任务是当电路电流过低时立即将电路切断。当欠电流继电器线圈通过的电流大于或等于整定电流时，继电器吸合；只有电流低于整定电流时，继电器才释放。欠电流继电器一般是自动复位的。

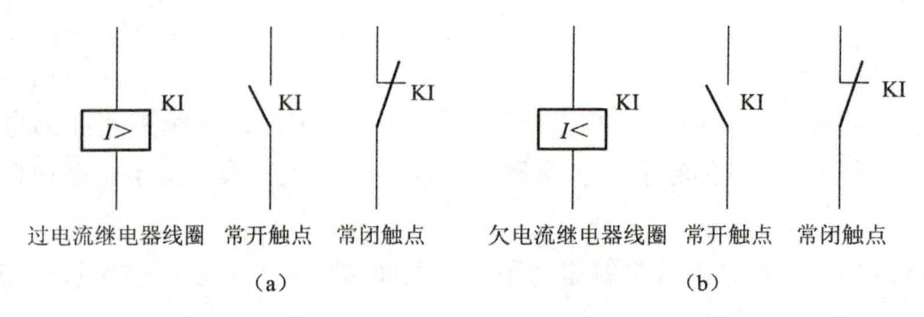

图 2-27　电流继电器

(a) 过电流继电器；(b) 欠电流继电器

2. 电压继电器

电压继电器是根据输入电压大小而动作的继电器。按用途不同还可分为过电压继电器、欠电压继电器和零电压继电器。其图形和文字符号如图 2-28 所示。过电压继电器是当电压大于其过电压整定值时动作的电压继电器。主要用于对电路或设备作过电压保护。欠电压继电器是当电压小于其电压整定值时动作的电压继电器。主要用于对电路或设备作欠电压保护。零电压继电器是欠电压继电器的一种特殊形式，是当继电器的端电压降至零或接近消失时才动作的电压继电器。

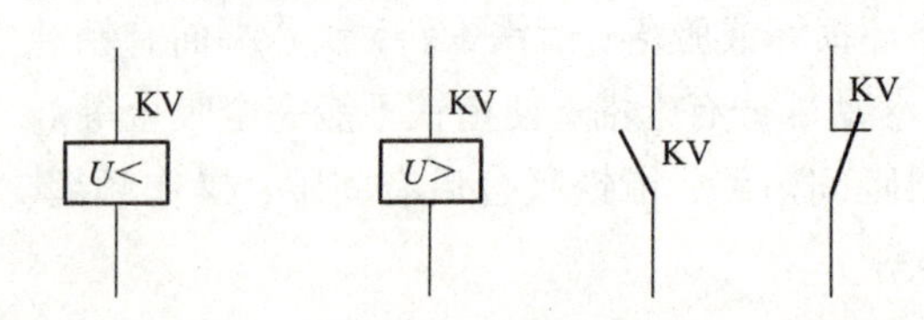

图 2-28　电压继电器

2.8.2　中间继电器

中间继电器实质上是电压继电器的一种，它的触点数多，触点电流容量大，动作灵敏。中间继电器的主要用途是当其他继电器的触点数或触点容量不够时，可借助中间继电器来扩大它们的触点数或触点容量，从而起到中间转换的作用。中间继电器的结构及工作原理与接触器基本相同，因而中间继电器又称为接触器式继电器。但中间继电器的触头对数多，且没有主辅之分，各对触头允许通过的电流大小相同，多数为 5 A。因此，对于工作电流小于 5 A 的电气控制电路，可用中间继电器代替接触器实施控制。其结构和图形文字符号如图 2-29 所示。

常用的中间继电器有 JZ7 系列。以 JZ7—92 为例，有 9 对常开触头，2 对常闭触头。

2.8.3　时间继电器

时间继电器是一种用来实现触点延时接通或断开的控制电器，按其动作原理与结构不同，可分为空气阻尼式、电动式、电子式等多种类型。

1. 空气阻尼式时间继电器

它由电磁机构、工作触头及气室三部分组成，其延时是靠空气的阻尼作用来实现的。按其控制原理分为通电延时和断电延时两种类型。如图 2-30 所示为 JS7—A 型空气阻尼式时间继电器的工作原理图。

通电延时时间继电器

断电延时时间继电器

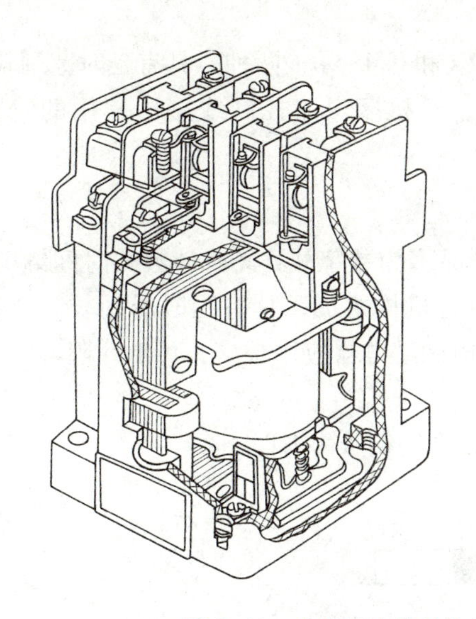

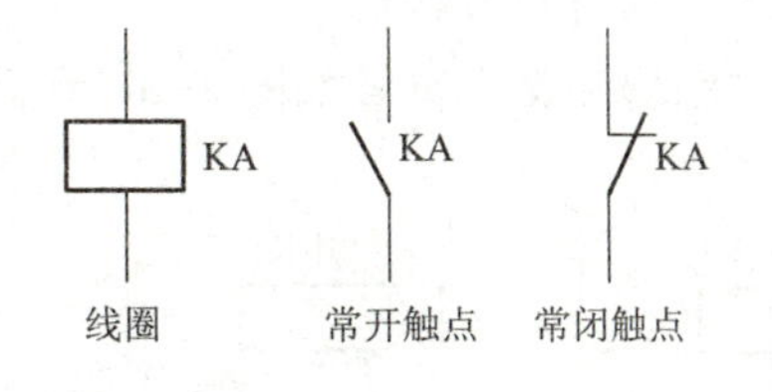

图 2-29　中间继电器结构图、图形符号和文字符号

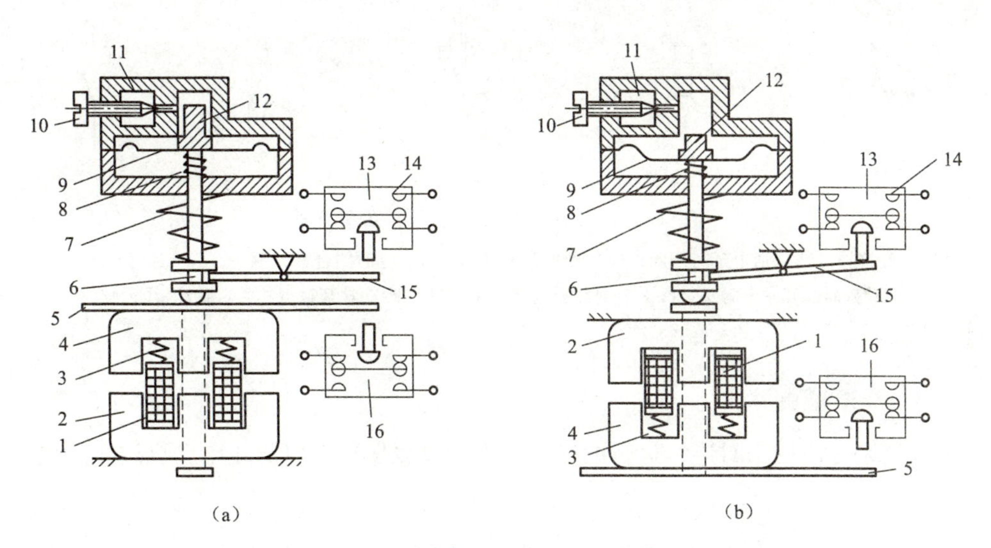

图 2-30　JS7—A 型空气阻尼式时间继电器工作原理图

(a) 通电延时型；(b) 断电延时型

1—线圈；2—静铁芯；3，7，8—弹簧；4—衔铁；5—推板；6—顶杆；9—橡皮膜；10—螺钉；11—进气孔；12—活塞；13，16—微动开关；14—延时触头；15—杠杆

通电延时型时间继电器电磁铁线圈 1 通电后，将衔铁 4 吸下，于是顶杆 6 与衔铁间出现一个空隙。当与顶杆 6 相连的活塞 12 在弹簧 7 作用下由上向下移动时，在橡皮膜 9 上面形成空气稀薄的空间（气室），空气由进气孔 11 逐渐进入气室，活塞 12 因受到空气的阻力，不能迅速下降。当降到一定位置时，杠杆 15 使延时触头 14 动作（常开触点闭合，常闭触点断开）。线圈断电时，弹簧 8 使衔铁和活塞等复位，空气经橡皮膜与顶杆 6 之间推开的气隙迅速排出，触点瞬时复位。

断电延时型时间继电器与通电延时型时间继电器的原理与结构均相同，只是将其电磁机构翻转180°安装。

空气阻尼式时间继电器的延时时间有0.4~180 s和0.4~90 s两种，具有延时范围较宽、结构简单、工作可靠、价格低廉、寿命长等优点，是机床交流控制线路中常用的时间继电器。

2. 电子式时间继电器

早期时间继电器多是阻容式的，近期开发的产品多为数字式，又称计数式时间继电器，由脉冲发生器、计数器、数字显示器、放大器及执行机构组成，具有延时时间长、调节方便、精度高等优点，有的还带有数字显示。电子式时间继电器应用很广，可取代阻容式、空气式、电动式等类型的时间继电器。

时间继电器的图形和文字符号如图2-31所示，文字符号为KT。

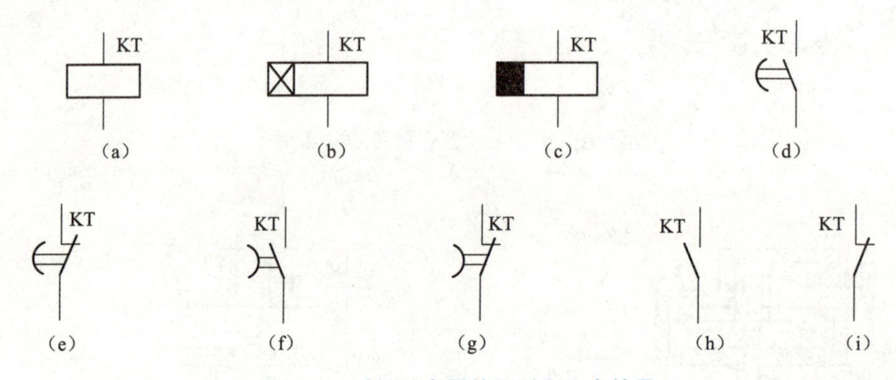

图2-31　时间继电器的图形和文字符号

(a) 线圈一般符号；(b) 通电延时线圈；(c) 断电延时线圈；(d) 延时闭合常开触头；(e) 延时断开常闭触头；(f) 延时断开常开触头；(g) 延时闭合常闭触头；(h) 瞬动常开触点；(i) 瞬动常闭触点

2.8.4　热继电器

热继电器是专门用来对连续运行的电动机进行过载保护，以防止电动机过热而烧毁的保护电器。

1. 热继电器的结构

常用的热继电器有由两个热元件组成的两相结构和由三个热元件组成的三相结构两种形式。两相结构的热继电器主要由加热元件、主双金属片动作机构、触点系统、电流整定装置、复位机构和温度补偿元件等组成，如图2-32所示。

（1）热元件：是热继电器接收过载信号的部分，它由双金属片及绕在双金属片外面的绝缘电阻丝组成。双金属片由两种热膨胀系数不同的金属片复合而成，如铁-镍-铬合金和铁-镍合金。电阻丝用康铜和镍铬合金等材料制成，使用时串联在被保护的电路中。当电流通过热元件时，热元件对双金属片进行加热，使双金属片受热弯曲。热元件对双金属片加热的方式有三种：直接加热、间接加热和复式加热，如图2-33所示。

（2）触点系统：一般配有一组切换触点，可形成一个常开触点和一个常闭触点。

（3）动作机构：由导板、补偿双金属片、推杆、杠杆及拉簧等组成，用来补偿环境温度的影响。

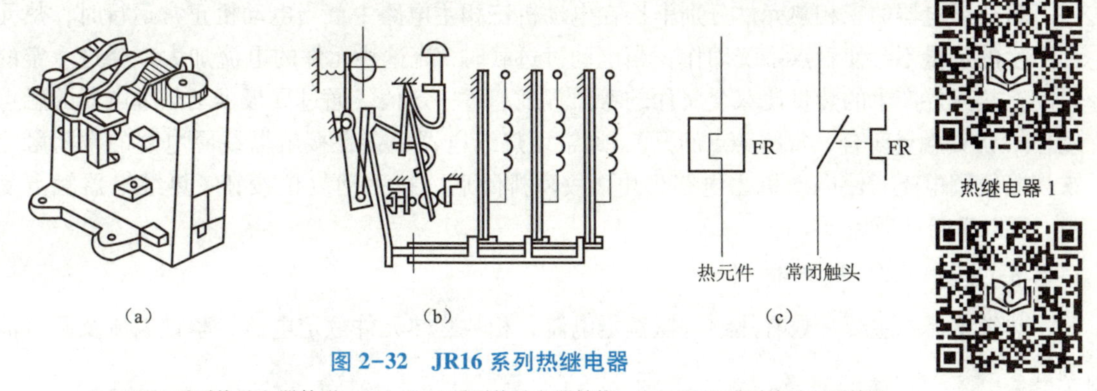

图 2-32　JR16 系列热继电器

(a) JR16 系列热继电器外形；(b) JR16 系列热继电器结构；(c) JR16 系列热继电器符号

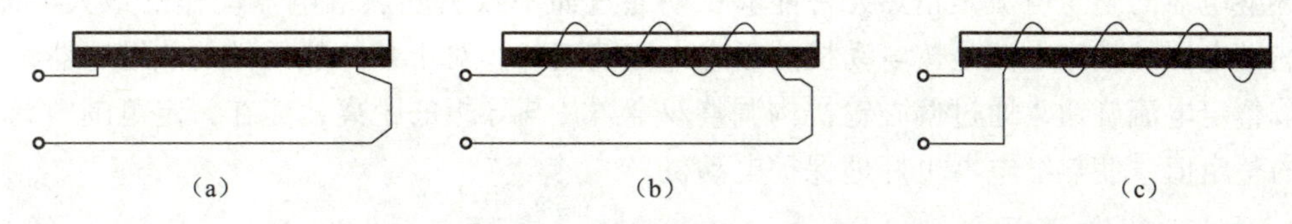

图 2-33　热继电器双金属片加热方式示意图

(a) 直接加热；(b) 间接加热；(c) 复式加热

(4) 复位按钮：热继电器动作后的复位有手动复位和自动复位两种，手动复位的功能由复位按钮来完成，自动复位的功能由双金属片冷却自动完成，但需要一定的时间。

(5) 整定电流装置：由旋钮和偏心轮组成，用来调节整定电流的数值。热继电器的整定电流是指热继电器长期不动作的最大电流值，超过此值就要动作。

2. 工作原理

由图 2-34 所示的 JR19 系列热继电器结构原理图可知，它主要由双金属片、加热元件、动作机构、触点系统、整定调整装置及手动复位装置等组成。双金属片作为温度检测元件，由两种膨胀系数不同的金属片压焊而成，它被加热元件加热后，因两层金属片伸长率不同而弯曲。

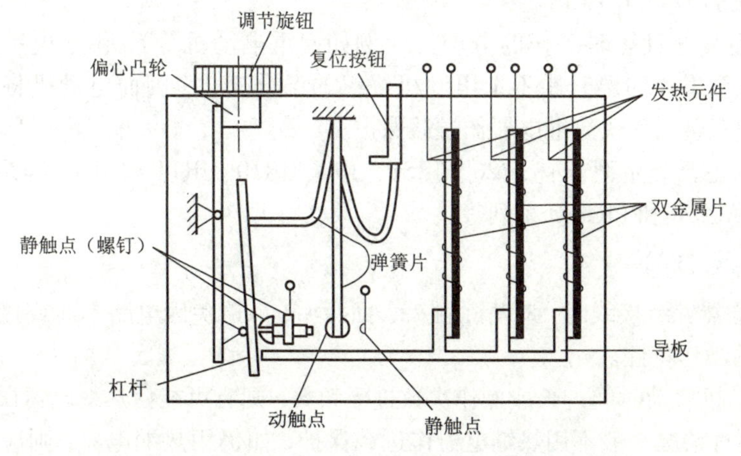

图 2-34　三相结构热继电器工作原理示意图

将热继电器的三相热元件分别串接在电动机三相主电路中，当电动机正常运行时，热元件产生的热量不会使触点系统动作；当电动机过载时，流过热元件的电流加大，经过一定的时间，热元件产生的热量使双金属片的弯曲程度超过一定值，通过导板推动热继电器的触点动作（常开触点闭合，常闭触点断开）。通常用热继电器串接在接触器线圈电路的常闭触点来切断线圈电流，使电动机主电路失电。故障排除后，按手动复位按钮，热继电器触点复位，可以重新接通控制电路。

3. 热继电器主要参数

热继电器的主要参数有热继电器额定电流、相数、热元件额定电流、整定电流及调节范围等。

热继电器的额定电流是指热继电器中安装的热元件的最大整定电流值。

热继电器的整定电流是指热元件能够长期通过而不致引起热继电器动作的最大电流值。通常热继电器的整定电流是按电动机的额定电流整定的。对于某一热元件的热继电器，可手动调节整定电流旋钮，通过偏心轮机构调整双金属片与导板的距离，能在一定范围内调节其电流的整定值，使热继电器更好地保护电动机。

4. 热继电器的选用

（1）热继电器种类的选择：应根据被保护电动机的联结形式进行选择。当电动机为星形联结时，选用两相或三相热继电器均可进行保护；当电动机为三角形联结时，应选用三相差分放大机构的热继电器进行保护。

（2）热继电器主要根据电动机的额定电流来确定其型号和使用范围。

（3）热继电器额定电压选用时要求额定电压大于或等于触点所在线路的额定电压。

（4）热继电器额定电流选用时要求额定电流大于或等于被保护电动机的额定电流。

（5）热元件规格用电流值选用时一般要求其电流规格小于或等于热继电器的额定电流。

（6）热继电器的整定电流要根据电动机的额定电流、工作方式等而定。一般情况下可按电动机额定电流值整定。

（7）对过载能力较差的电动机，可将热元件整定值调整到电动机额定电流的0.6~0.8倍。对启动时间较长，拖动冲击性负载或不允许停车的电动机，热元件的整定电流应调节到电动机额定电流的1.1~1.15倍。

（8）对于重复并且短时工作的电动机（例如起重电动机等），由于电动机不断重复升温，热继电器双金属片的温升跟不上电动机绕组的温升变化，因而电动机将得不到可靠保护，故不宜采用双金属片式热继电器作过载保护。

热继电器的主要产品型号有JR20、JRS1、JR0、JR10、JR14和JR15等系列；引进产品有T系列、3 μA系列和LR1-D系列等 。

5. 热继电器的安装

（1）热继电器安装接线时，应清除触头表面污垢，以避免因电路不通或接触电阻加大而影响热继电器的动作特性。

（2）如电动机启动时间过长或操作次数过于频繁，则有可能使热继电器误动作或烧坏热继电器，因此这种情况一般不用热继电器作过载保护，如仍用热继电器，则应在热元件两端并接一副接触器或继电器的常闭触头，待电动机启动完毕，使常闭触头断开后，再将热继电

器投入工作。

（3）原则上热继电器周围介质的温度应和电动机周围介质的温度相同，否则，势必要破坏已调整好的配合情况。当热继电器与其他电器安装在一起时，应将它安装在其他电器的下方，以免其动作特性受到其他电器发热的影响。

（4）热继电器出线端的连接导线不宜过细，如连接导线过细，轴向导热性差，则热继电器可能提前动作；反之，连接导线太粗，轴向导热快，热继电器可能滞后动作。在电动机启动或短时过载时，由于热元件的热惯性，热继电器不能立即动作，从而保证了电动机的正常工作。如果过载时间过长，超过一定时间（由整定电流的大小决定），则热继电器的触点动作，切断电路，起到保护电动机的作用。

2.8.5 速度继电器

速度继电器是根据电磁感应原理制成，用于转速的检测，如用来在三相交流感应电动机反接制动转速过零时自动切除反相序电源。如图 2-35 所示为速度继电器的结构原理图。

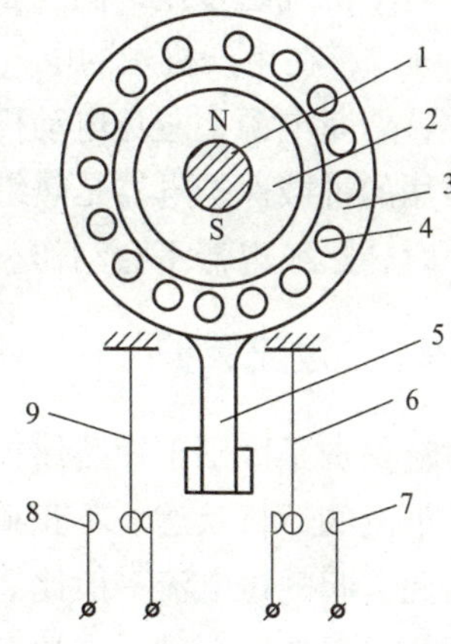

图 2-35 速度继电器结构原理图

1—转轴；2—转子；3—定子；4—绕组；5—摆锤；6，9—簧片；7，8—静触点

速度继电器主要由转子、圆环（笼型空心绕组）和触点三部分组成。转子由一块永久磁铁制成，与电动机同轴相连，用以接收转动信号。当转子（磁铁）旋转时，笼型绕组切割转子磁场产生感应电动势，形成环内电流，此电流与磁铁磁场相作用，产生电磁转矩，圆环在此力矩的作用下带动摆杆，克服弹簧力而顺转子转动的方向摆动，并拨动触点，改变其通断状态（在摆杆左、右各设一组切换触点，分别在速度继电器正转和反转时发生作用）。当调节弹簧弹力时，可使速度继电器在不同转速时切换触点，改变通断状态。

速度继电器的动作转速一般不低于 120 r/min，复位转速约在 100 r/min 以下，工作时允许的转速高达 1 000~3 900 r/min。由速度继电器的正转和反转切换触点的动作来反应电动机转向和速度的变化。常用的速度继电器型号有 JY1 型和 JFZ0 型。

速度继电器

速度继电器的图形和文字符号如图 2-36 所示。

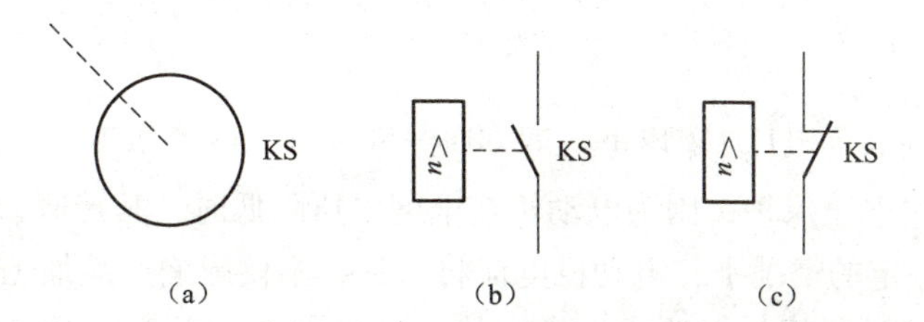

图 2-36 速度继电器的图形和文字符号

（a）转子；（b）常开触头；（c）常闭触头

2.9 电动机的保护环节

2.9.1 短路保护

电动机、电器及导线的绝缘损坏或线路发生故障时，都可能造成短路事故，产生很大的短路电流，致使电动机、电器设备严重损坏。因此，一旦发生短路故障时，保护电器必须立即动作，迅速将电源切断。

常用的短路保护电器是熔断器和低压断路器。

2.9.2 过载保护

当电动机负载过大、启动频繁或缺相运行时，会使电动机的工作电流长时间超过其额定电流，电动机绕组过热，温度超过其允许值，从而使电动机的寿命缩短，严重时会使电动机损坏。为此，在生产机械的电气控制线路中，应有过载保护电路。当电动机过载时，保护电器动作，切断电源，避免电动机过载运行。

常用的过载保护电器是热继电器。由于热元件的惯性作用，当电动机短时过载或过载电流较小时，热继电器不会动作。所以当使用热继电器作过载保护时，还必须有短路保护。

2.9.3 过流保护

过流保护是区别于短路保护的一种电流型保护。所谓过电流是指电动机或电器元件超过其额定电流的运行状态。不正确的启动和负载转矩过大，常常引起电动机出现很大的过电流。由此引起的过电流一般比短路电流小，不超过6 I_N。在过电流情况下，电器元件并不是马上损坏，只要在达到允许温升之前，电流值能恢复正常，还是允许的。较大的冲击负载，将使电路产生很大的冲击电流，以致损坏电器设备。同时，过大的电流引起电路中的电动机转矩很大，也会使机械的转动部件受到损坏，因此要瞬时切断电源。在电动机运行中产生这种过电流，比发生短路的可能性要大，特别是对于频繁启动和正反转、重复短时工作的电动机更是如此。通常，过电流保护可以采用低压断路器、热继电器、电动机保护器、过电流继电器等。

2.9.4 欠压、零压保护

1. 欠电压保护

当电网电压降到额定电压 U_N 以下，如60%～80%时，就要求能自动切除电源而停止工作，这种保护称为欠电压保护，因为电动机在电网电压降低时，其转速、电磁转矩都将降低甚至堵转。在负载一定的情况下，电动机电流将增加，不仅影响产品加工质量，还会影响设备正常工作，使机械设备损坏，造成人身事故。另一方面，由于电网电压的降低，如降到 U_N 的60%，控制线路中的各类交流接触器、继电器既不释放又不能可靠吸合，处于抖动状态并产生很大噪声，线圈电流增大，甚至过热造成电器元件和电动机的烧毁。

实现欠压保护的电器是接触器和电磁式电压继电器。在机床电气控制线路中，大多数情

况下，由于接触器已兼有欠压保护功能，因此不必再加电压继电器欠压保护。一般电网电压降低到额定电压的85%以下时，接触器就切断主电路和控制电路电源，使电动机停转。

2. 零压（失压）保护

电动机正常工作时，如果因为电源电压的消失而停转，那么在电源电压恢复时，就可能自行启动，电动机的自行启动将造成人身事故和机械设备损坏。对电网而言，多台电动机同时启动，会引起不允许的过电流和过大的电压降，而电热类电器可能引起火灾。为防止电压恢复时，电动机自行启动或电器元件自行投入工作而设置的保护，称为失压保护。采用接触器和按钮控制电动机的起、停本身就具有失压保护作用。因为，若正常工作时，电网电压消失，接触器就会自动释放而切断电动机电源，当电网恢复正常时，由于接触器自锁电路已断开，因此不会自行启动。但若不是采用按钮，而是用不能自动恢复的手动开关、行程开关等控制接触器，则必须采用专门的零压继电器。对多位开关，应采用零位保护来实现失压保护，即电路控制必须先接通零压继电器。工作中，一旦失电，零压继电器释放，其自锁也释放，当电网恢复正常时，就不会自行投入工作。

2.9.5　弱磁保护

直流电动机必须在磁场具有一定强度时才能启动和正常运转。若在启动时，直流电动机的励磁电流太小，产生的磁场太弱，则将会使启动电流很大。在正常运转时，磁场突然减弱或消失，对串励电动机来说，电动机会停止运行；对并励或他励电动机，则转速剧升，从而引起“飞车”事故。所以，在直流电动机的控制线路中应该设置弱磁或失磁保护。常采用的方法是在电路中串入欠电流继电器来监视直流电动机的励磁电流，并与接触器配合使用。当励磁电流达到欠电流继电器动作值时，继电器动合触头闭合，电动机启动或正常工作；一旦励磁电流低于欠电流继电器的整定值，继电器就会动作，使接在电路中的动合触头断开，接触器线圈失电，电动机断电停转。

本章小结

本章重点介绍常用低压电器、低压电器的故障及处理方法。

低压电器可分为配电电器和控制电器两大类，常见的配电电器有刀开关、转换开关、低压断路器等；控制电器有接触器、继电器、主令电器等。主令电器又分为按钮、行程开关等。

刀开关一般有作隔离开关，作为明显断开点，有时也用作负荷开关直接启动小容量电动机。

低压断路器有称自动空气开关，它不仅能作开关用，还具有保护功能，如过载保护、短路保护和欠压保护。

接触器是一种自动的电磁式开关，用来控制动力电路，通常用于控制电动机的启动。

继电器有中间继电器、时间继电器、速度继电器等。各类继电器在不同信号作用下触头动作，以控制各类控制线路。

熔断器、热继电器等属于保护电器。熔断器起短路保护，热继电器起过载保护。

思考与练习

2.1　什么是电器？什么是低压电器？

2.2　按动作方式不同，低压电器可分为哪几类？

2.3　熔断器的额定电流、熔体的额定电流和熔体的极限分断电流三者有何区别？

2.4　线圈电压为220 V的交流接触器，误接入380 V交流电源上会发生什么情况？为什么？

2.5　低压断路器有哪些保护功能？

2.6　中间继电器和接触器有何异同？在什么条件下可以用中间继电器来代替接触器启动电动机？

2.7　时间继电器的触头有哪几种？画出它们的图形符号。

2.8　电动机的启动电流很大，当电动机启动时，热继电器会不会动作？为什么？

2.9　为什么在照明电路和电热线路中只装熔断器，而在电动机控制线路中既装熔断器，又装热继电器？

2.10　是否可用过电流继电器来进行电动机的过载保护？为什么？

2.11　电气原理图中QS、FU、KM、KA、KI、KT、SB、SQ分别是什么电器元件的文字符号？

第 3 章

机床电气控制的基本环节

普通机床一般都是由电动机来拖动的，由于不同的工作性质和加工工艺，使得它们对电动机的运转要求也不相同。要使电动机按照机床的要求正常转动，必须配备一定的控制电元件，才能达到目的。常见的基本控制环节主要有启动控制、正反转控制、制动控制和电液控制等。在机床电气控制中，控制线路不管是简单的还是复杂的，一般都是由几个基本控制环节组成的。因此掌握好电气控制电路的基本环节对掌握各种机床电气控制电路的工作原理和维修是非常重要的。

本章的主要内容就是分别介绍机床电气控制线路的基本环节。

3.1 机床电气原理图及绘制

机床电气控制系统由许多电气元件按照一定的要求连接而成，从而实现对机床的电气自动控制。为了便于对控制系统进行设计、研究分析、安装调试、使用和维修，需要对电气控制系统中各电气元件及其相互连接用国家规定的统一符号、文字和图形表示出来。这种图就是电气控制系统图，它有三种形式：电气原理图、电气元件布置图、电气安装接线图。

电气原理图是为了便于阅读和分析控制电路的各种功能，用各种符号、电气连接联系起来描绘全部或部分电气设备工作原理的电路图。绘制电气原理图应按 GB/T 4728—1984《电气图常用图形符号》、GB 5226—1985《机床电气设备通用技术条件》、GB/T 7159—1987《电气技术中的文字符号制定通则》、GB/T 6988—1986《电气制图》等规定的标准绘制。

根据简单清晰的原则，原理图采用电气元件展开的形式绘制。它包括所有电气元件的导电部件和接线端点，但并不按照电气元件的实际位置来绘制，也不反映电气元件的大小。

3.1.1 绘制原理图的原则与要求

原理图一般分为主电路、控制电路、信号电路、照明电路及保护电路等。

（1）主电路（动力电路）指从电源到电动机大电流通过的电路，其中电源电路用水平或垂直线绘制，受电动力设备（电动机）及其保护电器支路应垂直于电源电路画出。

（2）控制电路、照明电路、信号电路及保护电路等应垂直地绘于两条电源线之间，耗能元件（如线圈、电磁铁、信号灯等）的一端应直接连接在接地的水平电源线上，控制触头连接在上方水平线与耗能元件之间。

图中所有电器触头，都按没有通电和没有外力作用时的开闭状态画出。对于继电器、接触器的触头，按吸引线圈不通电状态绘制，控制器按手柄处于零位时的状态画，按钮、行程开关触头按不受外力作用时的状态绘制。

（3）无论主电路还是辅助电路，各元件一般应按动作顺序从上到下，从左到右依次排列。

（4）原理图中，各电气元件和部件在控制线路中的位置，应根据便于阅读的原则安排。同一电气元件的各个部件可以不画在一起。

（5）原理图中有直接电联系的交叉导线连接点，用实心圆点表示；可拆接或测试点用空心圆点表示；无直接电联系的交叉点则不画圆点。

（6）对非电气控制和人工操作的电器，必须在原理图上用相应的图形符号表示其操作方式及工作状态。由同一机构操作的所有触头应用机械连杆符号表示其连动关系，各个触头的运动方向和状态，必须与操作件的动作方向和位置协调一致。

（7）对与电气控制有关的机、液、气等装置，应用符号绘出简图，以表示其关系。

图 3-1 是某机床电气原理图。

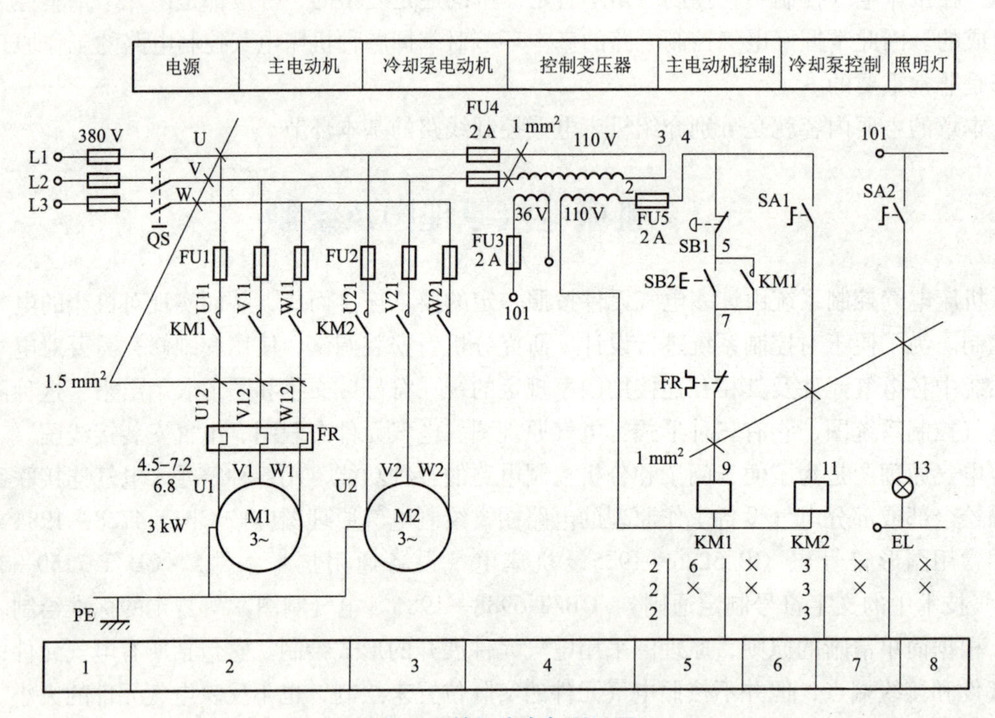

图 3-1　某机床电气原理图

图幅分区后，相当于在图上建立了一个坐标。具体使用时，对水平布置的电路，一般只需标明行的标记；对垂直布置的电路，一般只需标明列的标记；复杂的电路需标明组合标记。

元件的相关触头位置的索引用图号、页次和区号组合，如图 3-2 所示。继电器和接触器的触头位置采用附图的方式表示，附图可画在电路图中相应线圈的下方，此时，可只标出触头的位置索引。若画在电路图上其他地方，则必须注明是哪个线圈的附图，附图上的触头表示方法如图 3-3 所示。

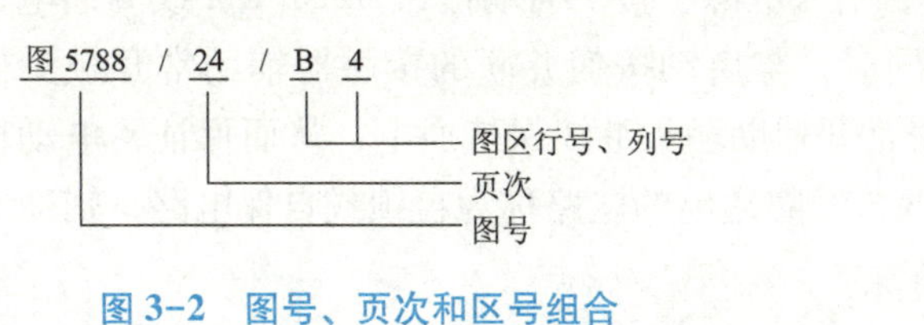

图 3-2　图号、页次和区号组合

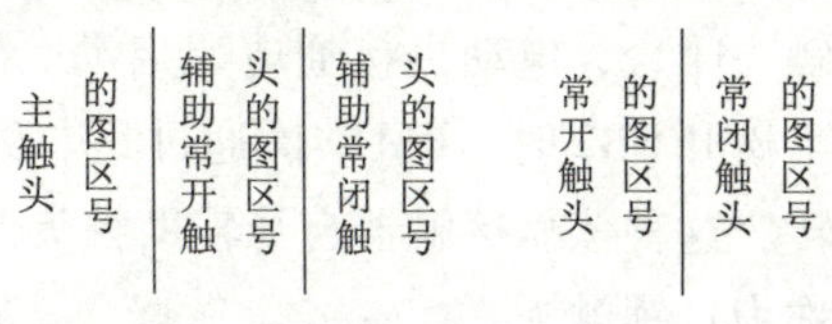

图 3-3　触点位置索引图

3.1.2　技术数据的标注

电器元件的数据和型号一般用小号字体标注在电器代号的下面，如图 3-1 中热继电器动作电流和整定植的标注、导线截面积的标注等。

3.2　三相笼型异步电动机的启动控制电路

三相笼型异步电动机具有结构简单、坚固耐用、价格便宜、维修方便等优点，在各类机床中得到广泛的应用。它的启动控制方式有直接启动和降压启动两种。

3.2.1　直接启动的控制电路（启动—保持—停止）

直接启动又称全压启动，它是通过开关和接触器将额定电压直接加在电动机的定子绕组上，使电动机转动。该启动方法的优点是所需设备少、线路简单，缺点是启动电流大。

1. 单向全电压启动控制电路

电动机容量在 10 kW 以下者，一般采用全电压直接启动方式来启动。普通机床上的冷却泵、小型台钻和砂轮机等小容量电动机可直接用开关启动，如图 3-4（a）所示。

图 3-4（b）是采用接触器直接启动的电动机单向全压启动控制电路，主电路由刀开关 QS、熔断器 FU、接触器 KM 的主触头、热继电器 FR 的热元件与电动机 M 组成。

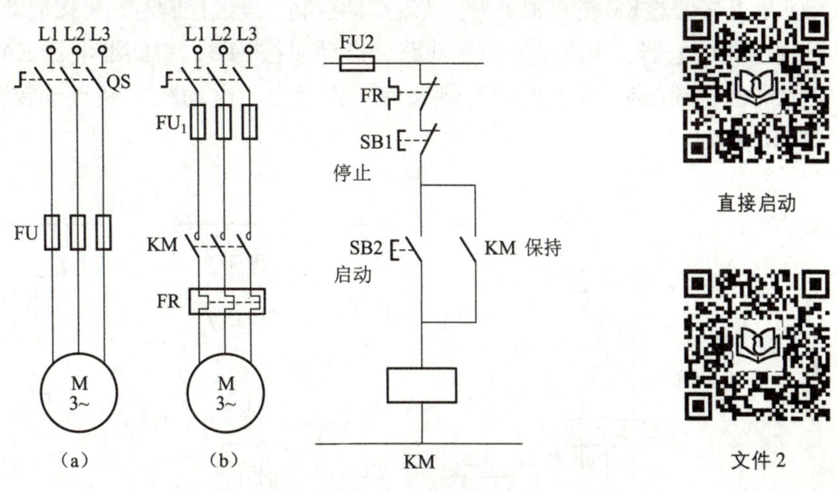

图 3-4　单向全电压启动控制线路

控制电路由启动按钮 SB2、停止按钮 SB1、接触器 KM 的线圈及常开辅助触头、热继电器 FR 的常闭触头和熔断器 FU 组成。

电路的工作原理：合上电源开关 QS，引入电源，按下启动按钮 SB2，KM 线圈通电，常开主触头闭合，电动机接通电源启动。同时，与启动按钮并联的接触器辅助常开触头也闭合，当松开 SB2 时，KM 线圈通过其本身常开辅助触头继续保持通电，从而保证了电动机连续运转。这种依靠接触器自身辅助触头保持线圈通电的电路称为自锁或自保电路，辅助常开触头称为自锁触头。

当需要电动机停止时，按下停止按钮 SB1，切断 KM 线圈电路，KM 常开主触点与辅助触头均断开，切断电动机电源电路和控制电路，电动机停止转动。

电路保护环节：

（1）短路保护。由熔断器 FU1、FU2 分别实现主电路和控制电路的短路保护。为扩大保护范围，在电路中熔断器应安装在靠近电源端，通常安装在电源开关下面。

（2）过载保护。由于熔断器具有反时限保护特性和分散性，难以实现电动机的长期过载保护，为此采用热继电器 FR 实现电动机的长期过载保护。当电动机长期过载时，串接在电动机定子电路中的双金属片因过热变形，致使其串接在控制电路中的热继电器 FR 常闭触头打开，切断 KM 线圈电路，电动机停止运转，实现过载保护。

（3）欠压和失压保护。当电源电压由于某种原因严重欠压或失压时，接触器电磁吸力急剧下降或消失，衔铁释放，常开触头与自锁触头断开，电动机停止运转。而当电源电压恢复正常时，电动机不会自行启动运转，以避免事故发生。

2. 点动控制

所谓点动，即按下按钮时电动机运转工作，手松开按钮时电动机停止工作。点动控制多用于机床刀架，横梁、立柱等快速移动和机床对刀等场合。

图 3-5 列出了实现点动控制的几种常见控制线路。图 3-5（a）是基本的点动控制电路。图 3-5（b）是带手动开关 SA 的点动控制电路，打开 SA 将自锁触头断开，可实现点动控制；合上 SA 可实现连续控制。图 3-5（c）增加了一个点动用的复合按钮 SB3，点动时用其常闭触头断开接触器 KM 的自锁触头，实现点动控制。连续控制时，可按启动按钮 SB2。图 3-5（d）是用中间继电器实现点动的控制线路，点动时按 SB3，中间继电器 KA 的常闭触头断开接触器 KM 的自锁触头，KA 的常开触头使 KM 通电，电动机实现点动控制运行。连续控制时，按 SB2 即可。

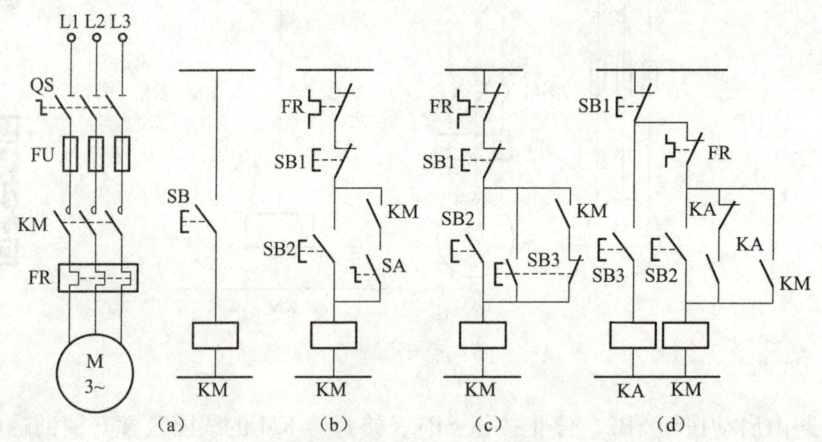

图 3-5　实现点动的几种控制电路

3. 多点控制

大型机床为了操作方便，常常要求在两个或两个以上的地点都能进行操作。实现多点控制的控制电路如图 3-6（a）所示，即在各操作地点各安装一套按钮，接线的具体要求是各按钮的常开触头并联连接，常闭触头串联连接。

多人操作的大型冲压设备，为了保证操作安全，要求几个操作者都发出主令信号（如按下启动按钮）后，设备才能执行冲压动作。此时应将启动按钮的常开触头串联，如图 3-6（b）所示。

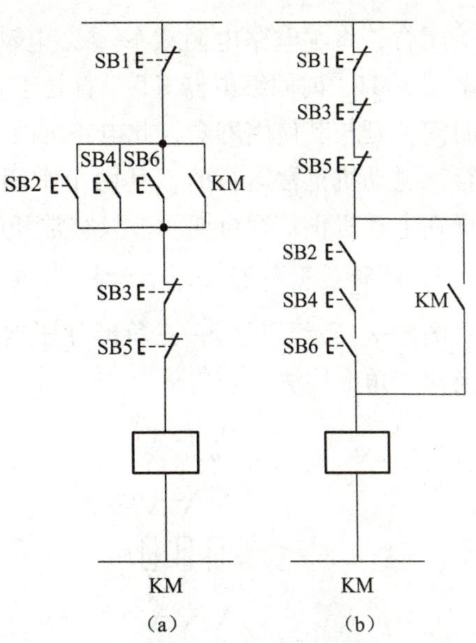

图 3-6　多点控制线路

3.2.2　降压启动控制电路

1. 定子串接电阻降压启动控制电路

降压启动，就是启动时降低加在电动机定子绕组上的电压，当电动机启动到接近额定转速时，再将电压恢复到额定值。对容量较大（大于 10 kW）的笼型异步电动机，一般都采用降压启动的方式启动。机床中最常见的降压启动有定子串接电阻降压启动和星形—三角形降压启动两种方式。

在定子绕组回路中串接电阻 R 使电动机定子绕组电压降低，启动结束后再将电阻短接，使电动机在额定电压下正常运行。这种启动方式由于不受电动机接线形式的限制，设备简单，因而在机床控制电路中被经常使用。

图 3-7（a）的工作原理：合上电源开关 QS，按下启动按钮 SB2，KM1 得电吸合并自锁，电动机 M 串接电阻启动，同时时间继电器 KT 得电，经延时，KM2 得电动作，KM2 主

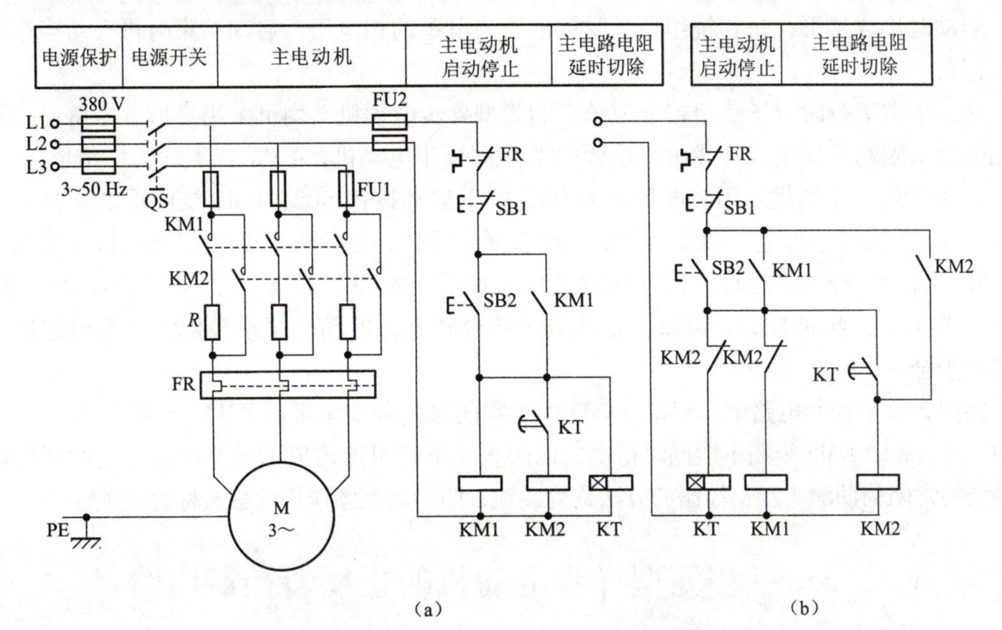

图 3-7　定子串接电阻降压启动控制电路

触头闭合，将主电路电阻 R 短路，电动机全压运行。该电路中，在电动机正常运行期间，接触器 KM1、时间继电器 KT 一直处于有电状态，这是不经济的。为了减少电器不必要的通电时间，延长其使用寿命，此电路可改为图 3-7（b）形式。在图 3-7（b）中，当 KM2 得电吸合，电动机正常运行时，其两个常闭触头 KM2 分别使 KM1、KT 断电，同时 KM2 自锁，这样在电动机正常运行期间，只有常开触头 KM2 处于通电状态。

2. 星形—三角形降压启动控制电路

图 3-8 所示是星形—三角形降压启动控制电路。电动机启动结束，由时间继电器自动切换成三角形接法。

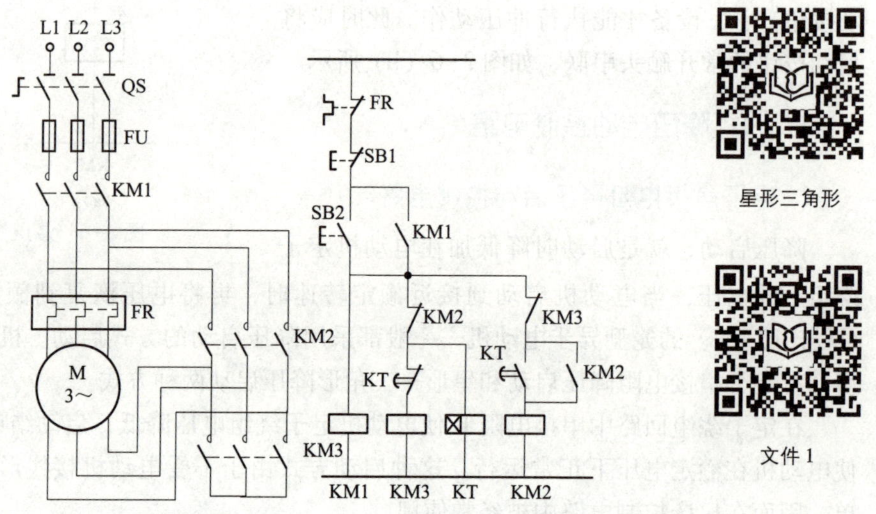

图 3-8　时间继电器自动切换星形—三角形降压启动控制电路

电动机正常运行时，定子绕组接成三角形，此时每相绕组所承受的电压为电源的线电压。启动时接成星形，每相绕组所承受的电压为电源的相电压，启动结束时再自动换接成三角形运行。

凡是正常运行时定子绕组接成三角形的笼型异步电动机，均可采用星形—三角形的降压启动方法来限制启动电流。我国新设计的 Y 系列异步电动机，4 kW 以上均为三角形接法。

图 3-8 的工作原理：闭合电源开关 QS，按下启动按钮 SB2，KM1 线圈得电并自锁，同时 KT、KM3 线圈也得电，KM1、KM3 主触头同时闭合，电动机 M 的定子绕组接成星形，电动机降压启动。经 KT 延时，其延时动断触头断开，KM3 线圈断电，延时动合触头闭合，KM2 线圈得电，此时 KM1、KM2 主触头处于闭合状态，电动机绕组转换为三角形连接，电动机处于全压运行。

在图 3-8 的控制电路中，KM2、KM3 两个常闭触头分别串接在 KM3、KM2 线圈的控制电路中，使 KM2、KM3 线圈不能同时得电，以防止主电路可能造成的短路故障。这种利用两个接触器的常闭辅助触头互相控制的方法称为互锁，两对起互锁作用的触头称为互锁触头。

3.3　三相笼型异步电动机的正反转控制电路

机床的工作部件常需要作两个相反方向的运动，大都靠电动机正反转来实现。实现电动

机正反转的原理很简单，只需改变电动机三相电源的相序，就可改变电动机的转向。常用的正反转控制电路有以下两种。

3.3.1 反转的按钮控制电路

图 3-9 为两个按钮分别控制两个接触器来改变电动机相序，实现电动机正反转的控制电路。在图 3-9（a）中 SB1、SB2 分别为正、反转控制按钮，SB3 为停止按钮。常闭触头 KM1、KM2 为互锁触头，以避免 SB1、SB2 同时按下可能造成的短路事故。该电路在电动机换向时，需先按停止按钮 SB1 才能反方向启动，故常称为“正—停—反”控制线路，频繁换向时，操作不方便。

若采用图 3-9（b）所示的电路，即用复合按钮代替单触头按钮，便可实现不用停止按钮过渡而反转。该电路由于能使电动机在运转时按反转启动按钮直接换向，常称为“正—反—停”控制电路。这种正反转控制电路仅适用于小容量电动机，且拖动的机械装置转动惯量又较小的场合。

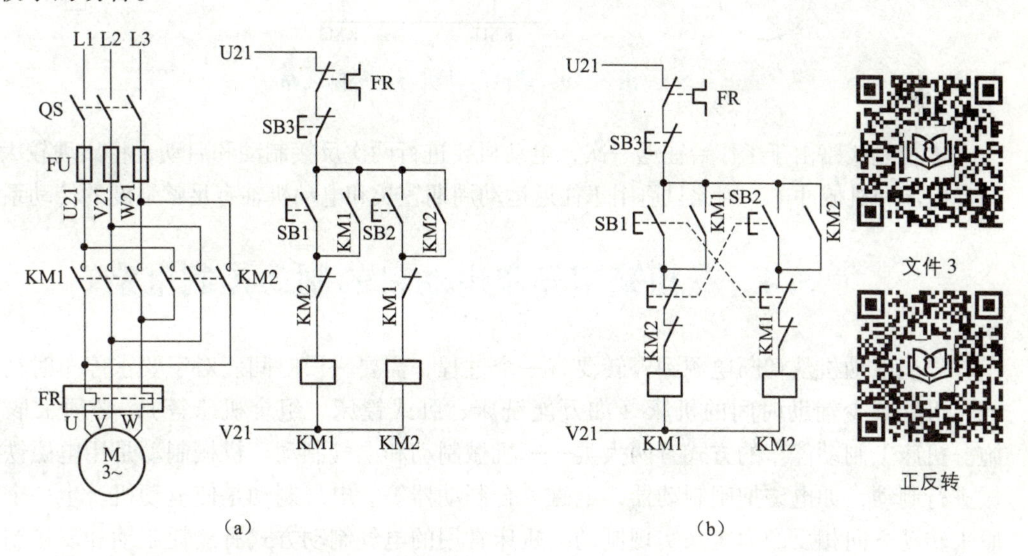

图 3-9 按钮控制的电动机正反转电路

3.3.2 正反转的行程开关控制

图 3-10 所示为利用行程开关实现的电动机正反转自动循环控制线路，机床工作台的往返循环由电动机驱动，当运动到达一定的行程位置时，利用挡块压行程开关（替代了人按按钮）来实现电动机正反转的。图 2-11 中 SQ1 与 SQ2 分别为工作台右行与左行限位开关，SB2 与 SB3 分别为电动机正转与反转启动按钮。

按正转启动按钮 SB2，接触器 KM1 通电吸合并自锁，电动机正转使工作台右移。当运动到右端时，挡块压下右行限位开关 SQ1，其常闭触点使 KM1 断电释放，同时其常开触点使 KM2 通电吸合并自锁。电动机反转使工作台左移。当运动到挡块压下左行限位开关 SQ2 时，使 KM2 断电释放，KM1 又得电吸合，电动机又正转使工作台右移，这样一直循环下去。SB1 为自动循环停止按钮。

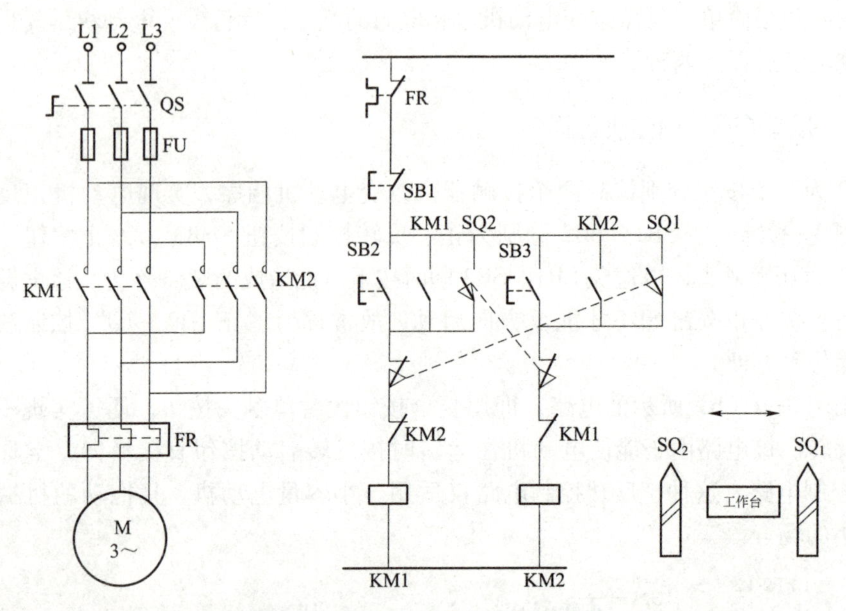

图 3-10　单台电动机行程控制线路

本控制线路由于工作台往返一次，电动机要进行两次反接制动和启动，将出现较大的反接制动电流和机械冲击，因此只适用于往返运动周期较长和电动机轴有足够强度的传动系统中。

3.4　三相笼型异步电动机的制动控制电路

异步电动机从切断电源到停转要有一个过程，需要一段时间。对于要求停车时精确定位或尽可能减少辅助时间的机床（如万能铣床、卧式镗床、组合机床等），必须采取制动措施。机床上制动停车的方式有两大类——机械制动和电气制动。机械制动是用电磁铁操纵机械进行制动，如电磁抱闸制动器，电磁离合制动器等。电气制动是使电动机产生一个与转子原来转动方向相反的力矩来实现制动。机床常用的电气制动方式有能耗制动和反接制动。

3.4.1　能耗制动控制电路

能耗制动是指在异步电动机刚切除三相电源之际，立即向定子绕组通入直流电源。由于转子切割固定磁场产生制动力矩，使电动机的动能转变为电能并消耗在转子的制动上，故称能耗制动。当转子转速为零时，切断直流电源。

图 3-11 为能耗制动的控制电路。其中图 3-11（a）是用复合按钮手动控制的能耗制动的控制电路。当按下停止按钮 SB1 时，KM1 接触器断电，使电动机切除三相交流电源，接入直流电源，电动机能耗制动。当转速为零时，松开 SB1 按钮，KM2 断电，电动机脱离直流电源，制动过程结束。

图 3-11（b）是用时间继电器自动完成制动结束时切除直流电，使操作简便的电路图。在该控制电路中，当按下 SB1 时，KM1 断电，KM2 得电自锁，KT 得电，电动机能耗制动。制动后 KT 延时时间到时后，其延时触头 KT 断开，KM2 断电，电动机脱离直流电源，制动过程结束。

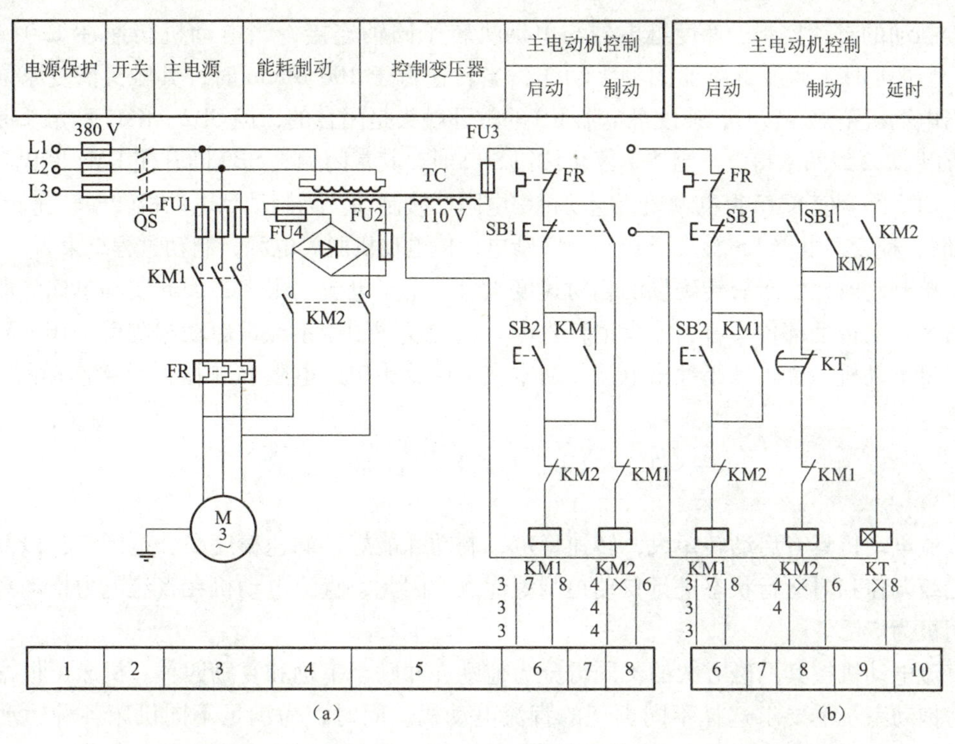

图 3-11　能耗制动控制电路

电路原理

电路仿真

能耗制动作用的强弱与通入直流电的大小和电动机转速有关，在同样的转速下，电流越大制动作用越强，一般取直流电流为电动机空载电流的 3~4 倍，电流过大将使定子绕组过热。

能耗制动比较缓和、平稳、准确、功耗小，但在低速时制动不十分迅速。适用于电动机容量不太大，要求制动平稳和起制动频繁的场合。但必须配置一套整流设备。

3.4.2　反接制动控制电路

图 3-12 是电动机单向反接制动控制电路。

反接制动是停车时利用改变电动机定子绕组中三相电源的相序，产生与转动方向相反的转矩而起制动作用的。为了防止电动机制动时反转，必须在电动机转速接近零时，及时将反接电源切除，电动机才能真正停下来。

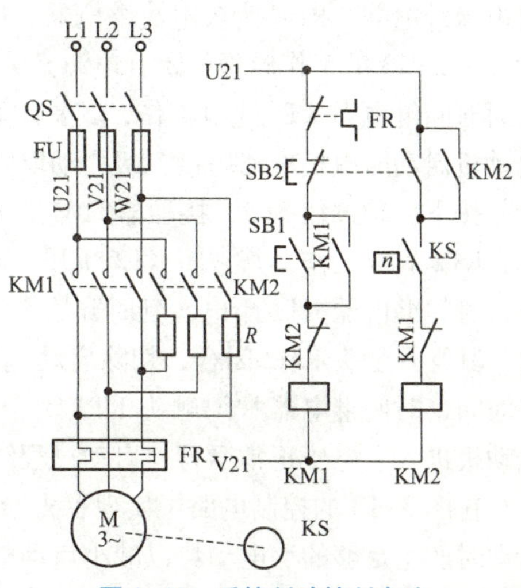

图 3-12　反接制动控制电路

机床电路中广泛应用速度继电器来实现电动

机反接制动的自动控制。速度继电器与电动机转子同轴连接，当电动机转速在 120~3 000 r/min 范围内时，速度继电器的触头动作，当转速低于 100 r/min 时，其触头恢复原位。

当电动机正常运转时，速度继电器 KS 的常开触头是闭合的，但 SB2、KM2 两触头是断开的，所以 KM2 线圈未得电。当按下停止按钮 SB2 时，其常闭触头 SB2 断开使 KM1 断电，其常开触头 SB2 闭合使 KM2 得电自锁，电动机串电阻反接制动。当制动到电动机转子转速低于 100 r/min 时，速度继电器 KS 触头断开，KM2 断电，使电动机脱离电源，制动过程结束。

反接制动时，由于旋转磁场的相对速度很大，定子电流也很大，因此制动迅速。但制动时冲击大，对传动部件有害，能量消耗也大。通常仅适用于不经常启动和制动，10 kW 以下的小容量电动机。为了减小冲击电流，通常在主回路中串入电阻 R 来限制反接制动的电流。

3.5 直流电动机控制电路

直流电动机具有启动转矩大，转速稳定，制动性能好，调速精度高，范围广，以及容易实现无级调速和对运行状态进行自动控制等优点。因此，直流电动机在直流电力拖动系统中的应用极为广泛。

直流电动机按其励磁方式的不同可分为他励、并励、串励和复励四种。机床可根据对直流电力拖动系统的要求选择不同类型的直流电动机。同时，为满足不同机床各种运动的要求，必须对拖动系统的直流电动机的运行状态进行控制。四种直流电动机的控制电路基本相同，本节就他励直流电动机的启动、正反转、制动和调速控制电路作一介绍。

3.5.1 直流电动机启动控制电路

由于直流电动机启动时，其启动电流很大（可达额定电流的 10~20 倍），除小容量直流电动机外，一般不允许直接全压启动。而是把启动电流限制在电枢额定电流的 1.5~2.5 倍，常用于限制启动电流的方法有降低电枢电压启动和在电枢回路串接启动电阻。

图 3-13 是直流电动机电枢串接二级电阻按时间原则启动的控制电路。图中 KM1 为启动接触器，KM2、KM3 为短接启动电阻接触器，KT1、KT2 为断电延时型时间继电器，KOC 为过电流继电器，KUC 为欠电流继电器，R1、R2 为启动电阻，R3 为放电电阻。

图 3-13 的工作原理：闭合电源开关 Q1 和控制开关 Q2，电动机励磁绕组 M 通电励磁，同时时间继电器 KT1 通电工作，其常闭触头 KT1 断开，切断接触器 KM2、KM3 电路，保证电动机启动时电枢电路串接二级启动电阻 R1 和 R2。

按下启动按钮 SB2，接触器 KM1 通电并自锁，主电路接通，电枢电路串入二级电阻启动，KT2 通电工作，其常闭 KT2 断开，使 KM3 线圈失电释放。同时接触器常闭触头 KM1 断开，时间继电器 KT1 断电，延时开始。过一定时间常闭触头 KT1 闭合，接触器 KM2 通电吸合。其常开触头 KM2 闭合，切除启动电阻 R1 并使时间继电器 KT2 断电，开始延时。过一定时间，时间继电器常闭触头 KT2 闭合，使接触器 KM3 通电吸合并将启动电阻 R2 切除。电动机进入全电压正常运行，启动过程结束。

在图 3-13 的控制电路中实现了先给励磁加电压而后给电枢绕组加电压，其目的是保证启动时产生足够的反电动势以减小启动电流，保证有足够的启动转矩使加速启动过程平缓，避免空载时电动机旋转失控。

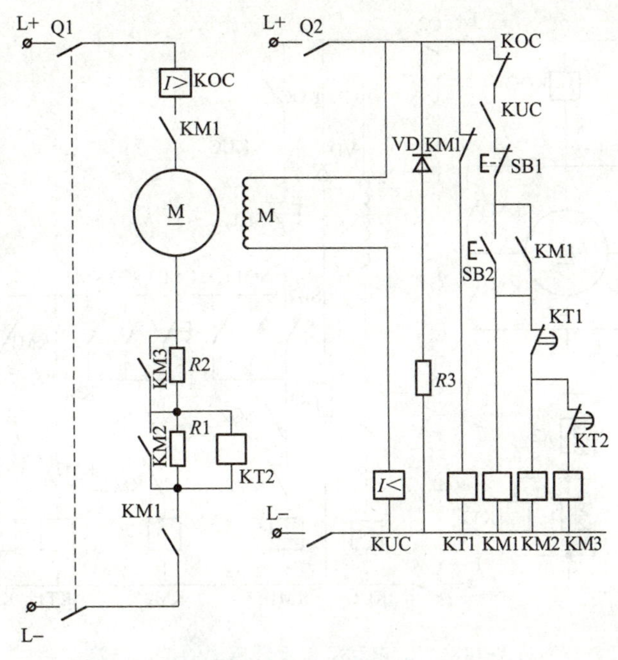

图 3-13　直流电动机电枢串接电阻启动的控制电路

3.5.2　直流电动机正反转控制电路

直流电动机的转动方向是由电枢电流和励磁电流的磁场相互作用来确定的。因此，改变直流电动机转动方向的方法有改变电枢电流方向和改变励磁电流方向两种。由于励磁绕组的电感大，在改变励磁电流方向的过程中会出现零磁场点，电动机容易出现失控现象，所以在一般情况下，直流电动机的反转都采用改变电枢电流的方法来实现。

图 3-14 为改变电枢电压极性的直流电动机正反控制电路。图中 KM1、KM2 为正、反转接触器，KM3、KM4 为短接启动电阻接触器，KT1、KT2 为时间继电器，KOC 为过电流继电器，KUC 为欠电流继电器，SQ1 和 SQ2 为位置开关。当电动机处于全电压下的正常运行状态时，接触器 KM1、KM3、KM4 通电吸合，电枢电流从左向右流过电枢绕组，启动电阻 *R*1、*R*2 分别被接触器 KM3、KM4 的常开触头短接。若电动机拖动运动部件正向运行，挡块压下位置开关 SQ2，使 KM1 断电释放，KM2 通电吸合。电枢电路接通，电枢电流方向改变为从右向左流过电枢绕组。同时在 KM1 常闭触头闭合及 KM2 常闭触头尚未动作时，时间继电器 KT1 通电，其常闭触头 KT1 断开，使接触器 KM3、KM4 断电，保证电阻 *R*1、*R*2 串入电枢电路，此时电动机开始进行电枢绕组串接电阻的反向启动。当 KT1、KT2 延时时间到时后，KM3、KM4 先后通电吸合并控制其触头先后将电阻 *R*1、*R*2 短接，使电动机逐步进入全电压下反向运行。

3.5.3　直流电动机能耗制动控制电路

直流电动机常用的电气制动方法有能耗制动和反接制动两种。这里仅介绍能耗制动的控制电路。直流电动机能耗制动方法是在维持电动机励磁不变的情况下，把正在接通电源具有较高转速的电动机电枢绕组从电源上断开，使电动机变为发电机，并与外加电阻连接成闭合

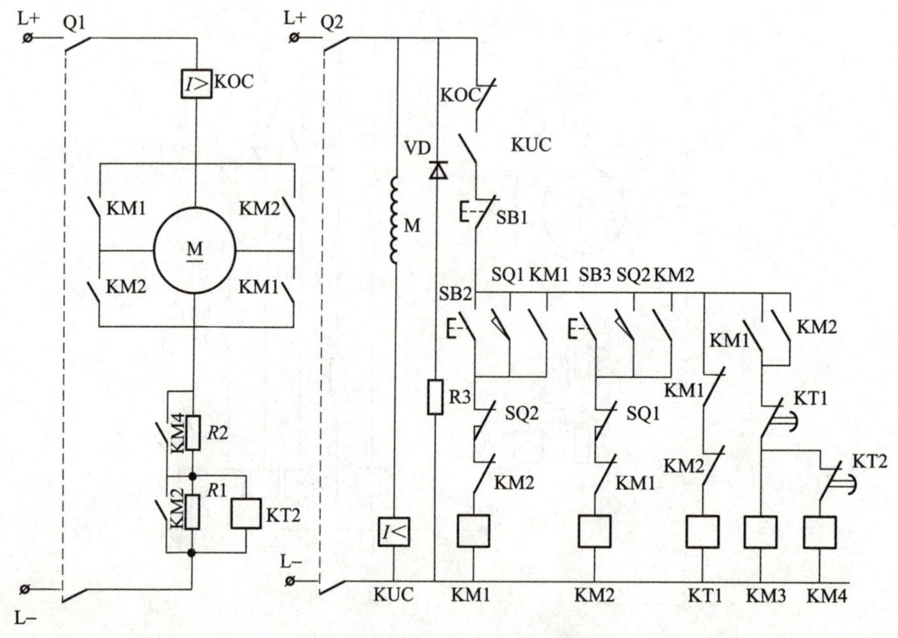

图 3-14　直流电动机正反转启动的控制电路

回路，利用此电路产生的电流及转矩使电动机快速停车的方法。因为在制动过程中，是将拖动系统的动能转化为电能并以热形式消耗在电枢电路的电阻上，所以这种方法叫能耗制动。

图 3-15 为直流电动机能耗制动控制电路，它是在图 3-13 的基础上增加制动控制电路而得到的。图中 KM4 为制动接触器，KV 为电压继电器。

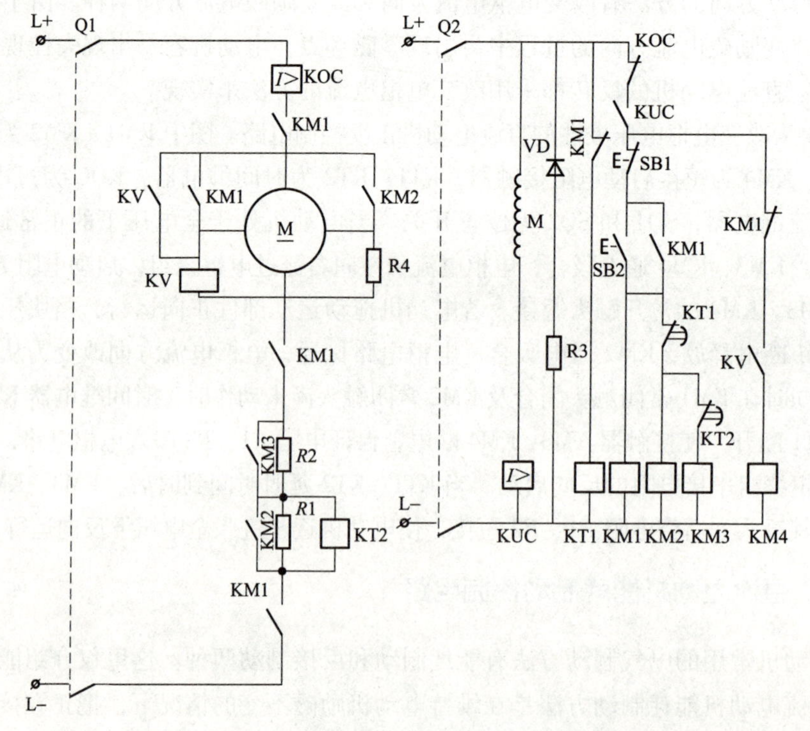

图 3-15　直流电动机能耗制动控制电路

当电动机正常运行时，KM1、KM2、KM3 和 KV 均通电吸合，KV 常开触头闭合，为在电动机制动过程中接通 KM4 做准备。制动时按下停止按钮 SB1，接触器 KM1 断电释放，切断电枢电源，由于惯性电枢仍高速旋转，此时电动机已变为发电机，输出电压使 KV 经自锁触头保持通电状态。KM1 常闭触头闭合，KM4 通电吸合，其常开触头 KM4 闭合使电阻 R4 接入电枢电路，电动机实现能耗制动。电动机转速迅速下降，当转速降到一定值时，电枢输出电压不足以使 KV 继续电吸合，则 KV 和 KM4 相继断电释放，电动机能耗制动结束。

3.6　电液控制

液压传动容易获得较大的力和转矩，运动传递平稳、控制方便、容易实现自动化，尤其在和电气控制系统配合使用时易于实现复杂的自动工作循环。因此液压传动和电气控制相结合的电液控制系统在组合机床、自动化机床、生产自动线和数控机床中应用较多。

3.6.1　液压传动系统的图形符号

液压传动系统是由动力装置（液压泵）、执行机构（液压缸或液压马达）、控制阀（压力控制阀、流量控制阀、方向控制阀）和辅助装置（油箱、油管，滤油器，压力表等）四部分组成。其中方向控制阀在液压系统中用来接通和关断油路，改变工作液的流动方向，实现运动的换向。在电液控制系统中，常用由电磁铁推动阀芯移动的电磁换向阀来控制工作液的流动方向。

在液压系统中，液压元件要按照国家标准 GB 768—1993 所规定的图形符号绘制。这些符号只表示元件的职能，不表示元件的结构和参数，故称为液压元件的职能符号，如图 3-16 所示。图 3-16（a）是液压泵的职能符号，图中没有箭头的是定量泵，有箭头的是变量泵。

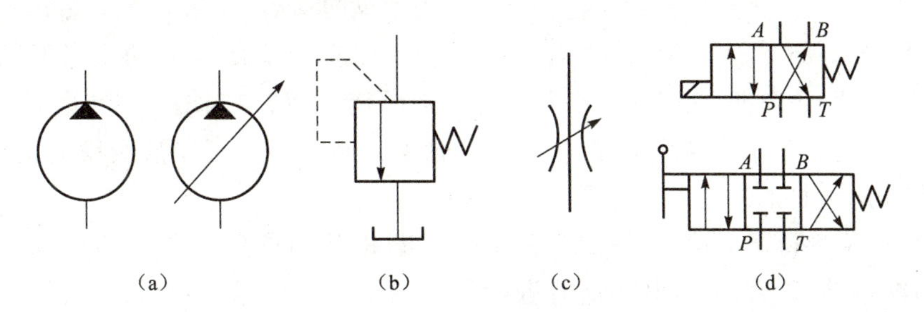

图 3-16　液压元件的职能符号

图 3-16（b）为压力阀的职能符号，方格表示阀芯，箭头表示工作液通道，两侧直线表示进出管路，虚线表示控制油路。当控制油路液压力超过弹簧力时，阀芯移动，使阀芯上的通道和进出管路接通。多余工作液溢回油箱，并能控制系统的液压力，故称溢流阀。

图 3-16（c）为节流阀的职能符号，方格中的两圆弧所形成的缝隙表示节流孔道，倾斜的箭头表示节流孔大小可以调节，即通过节流阀的流量可以调节。

图3-16（d）为换向阀的职能符号，为了改变工作液的流动方向，换向阀的阀芯位置要变换，它有2~3个工作位置，图中用方格表示，有几个方格就表示几位阀。方格内的符号“↑”表示工作液通道，符号“⊥”表示阀内通道堵塞。这些符号在一个方格内和方格的交点数，表阀的通路数。换向阀的控制形式有手动、电动和液动等，它表示在阀的两端，图中两位阀为电磁换向阀，三位阀为手动换向阀。当电磁铁断电时，阀芯被弹簧推向左边，阀口 *P* 与 *B* 通，*A* 与 *T* 通。当电磁铁得电时，阀芯被推向右边，*P* 与 *A* 通，*B* 与 *T* 通。其中阀口 *P* 为压力油口（进油口），*A* 与 *B* 为工作油口，*T* 为回油口（流回油箱）。

3.6.2 半自动车床刀架的电液控制

图3-17为电液控制半自动车床刀架部分液压系统图，刀架的纵向液压缸Ⅰ和横向液压缸Ⅱ分别由二位四通电磁换向阀1和2以及行程开关SQ1和SQ2控制，实现刀架纵向移动，横向移动及合成后退的顺序动作。

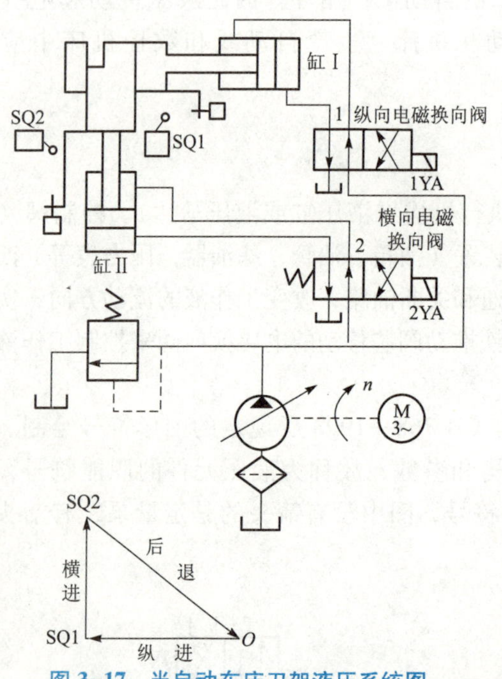

图3-17 半自动车床刀架液压系统图

图3-18为上述半自动车床刀架的电气控制电路图。图中液压泵电动机M1和主轴电动机M2分别由接触器KM1和KM2控制，其工作过程如下：

（1）主轴转动和刀架纵向移动。按下启动按钮SB2，接触器KM1得电并自锁，液压泵电动机M1启动工作。按下SB4，继电器K1的线圈得电并自锁，K1的一个常开触头闭合，接通接触器KM2，主轴转动。另一个常开触头接通电磁阀1YA，工作液经纵向电磁换向阀1进入纵向液压缸Ⅰ的无杆腔，使刀架纵向移动。

（2）刀架横向移动。当刀架纵向移动到预定位置，挡铁压下行程开关SQ1，继电器K2线圈得电，其常开触头闭合并接通电磁换向阀2YA，工作液经横向电磁换向阀2进入横向液压缸无杆腔，刀架横向移动进行切削。

（3）刀架纵向和横向合成退回。当横向刀架移动到预定位置，挡铁压下行程开关SQ2，时间继电器KT线圈得电。这时进行无进给切削，经过预定延时时间后，KT的常开延时闭合触头接通K3，继电器K1和K2失电，其常开触头使电磁换向阀1YA和2YA断电复位，工作液分别经纵向和横向电磁阀进入两液压缸的有杆腔，刀架纵向和横向合成退出。

（4）主轴电动机停转。当K1断开后，其常开触头使接触器KM2线圈失电，主轴电动机停转。

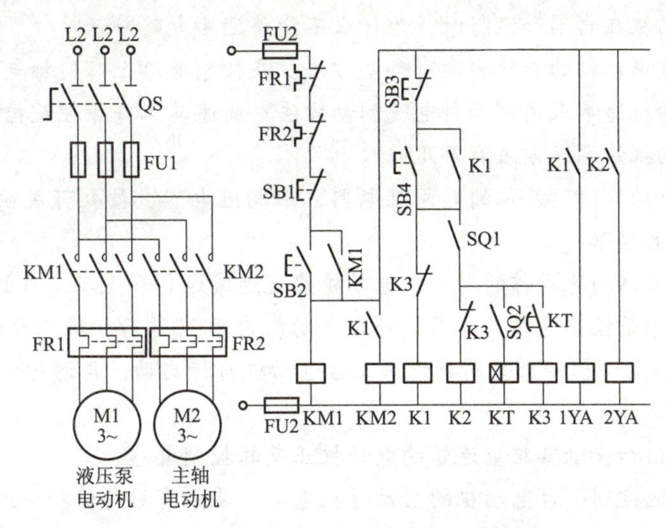

图 3-18　半自动车床刀架电气控制电路

本章小结

本章主要讲述了机床电气控制中笼型异步电动机的启动、正反转、制动等基本控制电路，直流电动机的启动、反转、调速和制动等控制环节的内容，并对电液控制的相关知识作了简单介绍。

（1）机床电气原理图及绘制。为了正确地绘制和分析电气原理图，必须掌握它们的规定画法及国家标准。

（2）机床电气控制的基本环节。以三相笼型异步电动机为例，重点讲述了构成机床电气控制的最基本的常用环节，即三相笼型异步电动机的启动控制电路、正反转控制电路和制动控制电路。我们要理解并掌握这些环节基本的工作原理，为后续内容的学习打下良好的基础。

（3）直流电动机控制电路。讲述他励直流电动机的启动、反转、制动及调速的控制电路。了解和熟悉直流电动机控制电路，为阅读和掌握实际机床的电气控制电路创造必要条件。

（4）电液控制。了解液压元件的符号及职能，熟悉电液结合的控制方式及特点。

思考与练习

3.1　什么是失压保护、欠压保护？利用哪些电器元件可以实现失压保护、欠压保护？

3.2　三相笼型异步电动机在什么情况下可以全压启动，在什么条件下必须降压启动？为什么？

3.3　什么是自锁、互锁控制？什么是过载、零电压和欠电压保护？画出具有双重互锁和过载保护的三相笼型异步电动机正反转控制电路图，并分析电路是怎样进行自锁、互锁控制和实现过载、零电压和欠电压保护作用的。

3.4　什么是反接制动？什么是能耗制动？各有什么特点？分别适用在什么场合？

3.5　直流电动机在启动和运行时，为什么不能将励磁电路断开？

3.6　改变直流电动机的旋转方向有哪些方法？在控制电路上有何特点？

3.7　直流电动机通常采用哪两种电气制动方法？简述其工作原理及控制电路的特点。

3.8　直流电动机的调速方法有哪几种？

3.9　试用延时动作瞬时复位的时间继电器、中间继电器、按钮开关画出控制一个电动机只通电一定时间的电路。

3.10　试设计可以两地操作的对一台电动机实现连续运转和点动工作的电路。

3.11　试设计一个控制电路，要求第一台电动机启动 10 s 后，第二台电动机自动启动，运行 5 s 后，第一台电动机停止并同时使第三台电动机自行启动，再运行 15 s 后，电动机全部停止。

3.12　设计按钮和接触器双重连锁的电动机正反转控制电路。

3.13　设计两地控制一台电动机的启动停止电路，要求有短路保护和过载保护。

3.14　设计两台三相交流异步电动机的顺序控制电路，要求其中一台电动机 M1 启动后另一台电动机 M2 才能启动，停止时两台电动机同时停止。

3.15　设计两台三相交流异步电动机的顺序控制电路，要求其中一台电动机 M1 启动后另一台电动机 M2 才能启动，停止时 M2 电动机停止后 M1 才能停止。

3.16　设计两台三相交流异步电动机的顺序控制电路，要求电动机 M1 和电动机 M2 可以分别启动和停止，也可以同时启动和停止。

3.17　机床主轴和润滑油泵各由一台电动机带动，现要求主轴必须在油泵开动后才能启动，主轴电动机能正反转、能单独停车、有短路保护和过载保护。润滑油泵电动机有短路保护和过载保护，且主轴电动机停止一定时间后润滑油泵电动机自动停止。试画出继电器-接触器系统的电气图原理图并简要分析设计方案。

3.18　设计一控制电路，现要求如下：

① 三台电动机分别有短路保护、过载保护；

② 每台电动机可以分别手动停止；

③ 第一台电动机启动一段时间后，第二台电动机、第三台电动机同时启动。

试画出继电器-接触器系统的控制电路图，并简要分析设计方案。

第 4 章

普通机床电气控制电路

生产机械种类繁多，其拖动控制方式和控制电路各不相同。本章在前三章的基础上，对普通机床的电气控制电路进行学习和讨论，以期学会分析常用机械设备电气控制电路的方法和步骤；理解机械设备电气控制电路常见故障分析和排除方法；加深对典型控制环节的理解；熟悉机、电、液在控制中的相互配合，为电气控制的设计、安装、调试、维护打下基础。

4.1 普通车床电气控制电路

卧式车床是一种应用极为广泛的金属切削机床，主要用来车削外圆、端面、内圆、螺纹和成型面，也可以用钻头、铰刀、镗刀等加工孔。

4.1.1 卧式车床的主要结构及运动形式

卧式车床主要由床身、主轴变速箱、挂轮箱、进给箱、溜板箱、溜板与刀架、尾架、丝杠、光杠等部件组成，如图 4-1 所示。

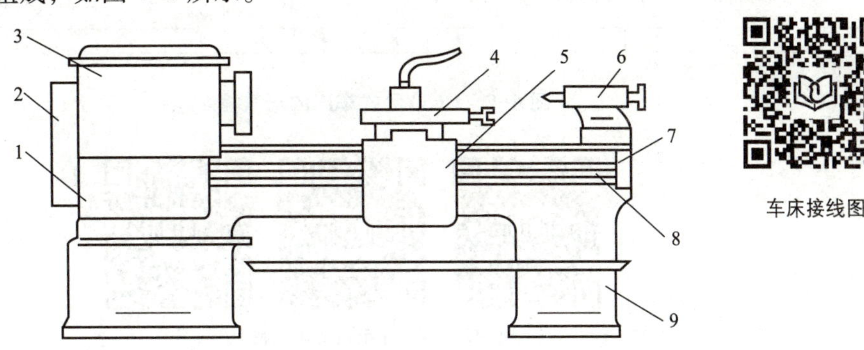

图 4-1 卧式车床结构示意图

1—进给箱；2—挂轮箱；3—主轴变速箱；4—溜板与刀架；5—溜板箱；6—尾架；7—丝杠；8—光杠；9—床身

为了加工各种螺旋表面，车床必须具有切削运动和辅助运动。切削运动包括主运动和进给运动，而切削运动以外的其他运动皆为辅助运动。

车床的主运动是由主轴通过卡盘带动工件的旋转运动，它承受车削加工时的主要切削功率。车削加工时，应根据加工零件的材料性质、刀具几何参数、工件尺寸、加工方式及冷却条件等来选择切削速度，要求主轴调速范围宽。卧式车床一般采用机械有级调速。以 C650

卧式车床为例，加工螺纹时，C650 通过主电动机的正反转来实现主轴的正反转，当主轴反转时，刀架也跟着后退。有些车床通过机械方式实现主轴正反转。进给运动是溜板带动刀架的纵向或横向运动。由于车削温度高，需要配备冷却泵及电动机。此外，还配备一台功率为 2.2 kW 的电动机来拖动溜板箱快速移动。C650 卧式车床采用 30 kW 的电动机为主电动机。

C650 型车床是一种中型车床，其控制电路如图 4-2 所示。

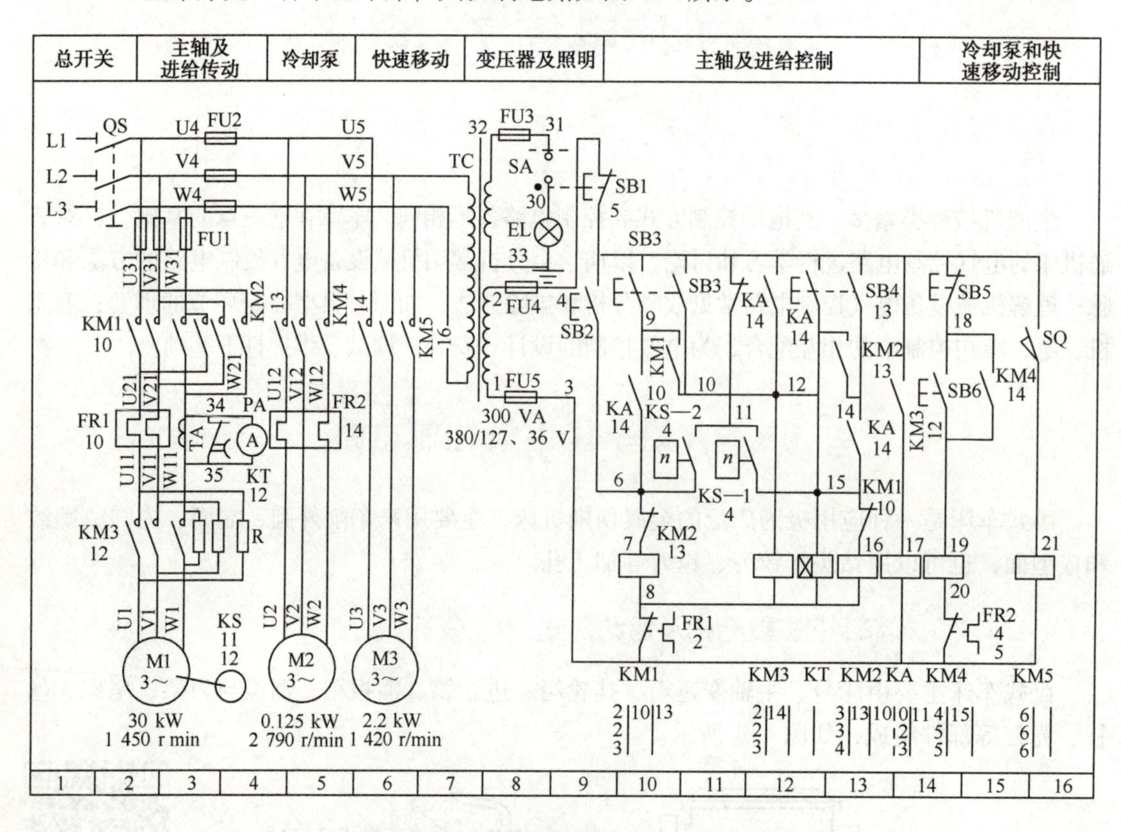

图 4-2　C650 卧式车床的电气控制电路

CM6132 车床主轴电机变速控制 1、2、3

4.1.2　C650 型车床电路特点

C650 型车床电路具有如下特点：

（1）主轴电动机 M1 采用电气正反转控制；

（2）M1 容量为 30 kW，惯性大，采用电气反接制动，实现迅速停车；

（3）为便于对刀调整操作，主轴可作点动控制；

（4）采用电流表 A 检测主轴电动机负载情况。

4.1.3　C650 电气电路主要元件用途

QS 为电源引入开关；FU1 为主电动机 M1 的短路保护用熔断器；FR1 为主电动机 M1 的过载保护用热继电器；R 是限流电阻，在主电动机点动和反接制动时限制过电流；电流表 A 用来监视电动机 M1 的绕组电流，M1 的功率很大，所以电流表接入电流互感器 TA 回路；时间继电器 KT，在 M1 启动时其延时断开常闭触点延时后才断开，对电流表 A 在 M1 电动机启动时起到保护作用；KM1、KM2 实现 M1 电动机的正反转；KM3 用于短接电阻；KM4 控制冷却泵电动机的启动停止；KM5 用于快进电动机的启动停止；M1 是主电动机；M2 是冷却泵电动机；M3 是快进电动机；FR2 对 M2 电动机起着过载保护作用。

4.1.4　C650 控制电路分析

1. 主电动机的点动控制

按下 SB2 按钮，KM1 线圈通电，电流从电源引入开关 QS 流经 KM1 的主触点，流经热继电器 FR1 的热元件，流经电阻 R，到电动机 M1，实现电动机 M1 的点动控制。松开 SB2 按钮，KM1 线圈断电，电动机 M1 停止。

2. 主电动机的正反转控制

按下 SB3 按钮，KM3 线圈通电，中间继电器 KA 线圈通电并实现 KM3 自锁，KM1 线圈亦通电并自锁，这样主电动机正转启动。

按下 SB4 按钮，KM3 线圈通电，中间继电器 KA 线圈通电并实现 KM3 自锁，KM2 线圈亦通电并自锁，这样主电动机反转启动。

3. 主电动机的反接制动控制

如主轴正转，按下 SB1 按钮，KM1、KM3、KA、KT 都断电，速度继电器的触点（KS-1 为电动机 M1 正转反接制动用触点，KS-2 为电动机 M1 反转反接制动用触点）有一对闭合：电动机 M1 正转时 KS-1 闭合，当电动机 M1 反转时 KS-2 闭合。因此在电动机 M1 正转断电后，制动电流从 SB1 经过 KA 常闭触点，再流经 KS-1 再经过 KM2 线圈，实现电动机 M1 正转反接制动。电动机 M1 正转转速降至 100 r/min 以下后，KS-1 断开，KM2 线圈断电，正转反接制动结束。

当电动机 M1 反转时，KS-2 触点闭合，反转断电后，KM1 线圈通电实现反转反接制动。电动机 M1 反转转速下降至 100 r/min 以下后，KV1 断开，KM1 线圈断电，反转反接制动结束。

4. 刀架快速移动和冷却泵控制

扳动刀架手柄，SQ 压合，KM5 线圈通电，M3 电动机通电实现溜板箱快速移动。松开刀架手柄，SQ 断开，KM5 线圈断电，溜板箱快速移动停止。

按下 SB6，KM4 线圈通电，M2 电动机通电，冷却泵启动；再按下 SB5，KM4 线圈断电，M2 电动机断电，冷却泵停止。

5. 电流表保护电路

按下 SB2 或 SB3 按钮，KM1 或 KM2 线圈通电，电动机 M1 正转或反转启动，时间继电器 KT 线圈通电，由于 KT 触点闭合而对电流表 A 起到保护作用，以避免电流表 A 受到电动机 M1 启动电流的冲击。

4.2 普通铣床的电气控制电路

在金属切削机床中，铣床数量占第二位。铣床的种类很多，有卧铣、立铣、龙门铣、仿形铣和各种专用铣床，其中以卧铣和立铣的应用最为广泛。铣床可以用来加工平面、斜面和沟槽等。如果装上分度头，可以铣削直齿轮和螺旋面。如果装上圆工作台，还可以加工凸轮和弧形槽等。下面以 X6132 以例分析铣床的电气控制。

4.2.1 X6132 铣床的主要结构和运行情况

1. 主要结构

X6132 铣床的主要构造由床身、悬梁及刀架支架、工作溜板和升降台等几部分组成。

2. 运动情况

铣床的主运动是铣刀的旋转运动。随着铣刀的直径、工件材料和加工精度的不同，要求主轴转速也不同。主轴的旋转由笼型异步电动机拖动，没有电气调速，而是通过机械变换齿轮来实现调速。为了适应顺铣和逆铣两种铣削方式的需要，主轴应能正反转，X6132 铣床是由电动机的正反转来改变主轴的旋转方向。为了缩短停车时间，主轴停车时采用电磁离合器机械制动。

进给运动是工件相对于铣刀的移动。为了铣削进给长方形工作台有左右、上下和前后进给移动。装上附件圆工作台，还可以旋转进给运动。工作台用来安装夹具和工件。在横向溜板的水平导轨上，工作台沿导轨作左、右移动；在升降台的水平导轨上，使工作台沿导轨前、后移动；升降台依靠下面的丝杠，沿床身前面的导轨同工作台一起上、下移动。各进给方向由一台笼型异步电动机拖动，各进给反向的选择由机械切换来实现，进给速度由机械变换齿轮来实现变速。为了使进给时可以上下、左右、前后移动，进给电动机应能正反转。

为了使主轴变速、进给变速时变换后的齿轮能顺利地啮合，主轴变速时主轴电动机应能略微转动，进给变速时进给电动机也应能略微转动。这种变速时电动机稍微转动，称为变速冲动。

其他运动有：工作台在六个进给方向的快移运动；工作台上下、前后、左右的手摇移动；回转盘使工作台向左、右转动±45°；刀杆支架的水平移动。除进给几个方向的快移运动由电动机拖动外，其余均为手动。

进给速度与快移速度的区别是进给速度低而快移速度高。两者的操作由改变传动链来实现。

4.2.2 电气原理图分析

图 4-3 所示为 X6132 铣床电气原理图。

1. 主电路分析

转换开关 QS1 为本机床的电源总开关。熔断器 FU1 为总电源的短路保护。本机床共有三台电动机：M1 为主轴电动机；M2 为冷却泵电动机；M3 为进给电动机。主轴电动机 M1 的启动与停止由接触器 KM1 的主触点控制，其正转与反转在启动前用组合开关 SA1 预先选择。主轴换向开关 SA1 在换向时只调换两相相序，使电动机电源相序相反，电动机即实现反向旋转。热继电器 FR1 为主轴电动机提供过载保护。

进给电动机 M3 的正反转由接触器 KM2 和 KM3 的主触点控制，用 FU2 作短路保护，热继电器 FR3 作过载保护。

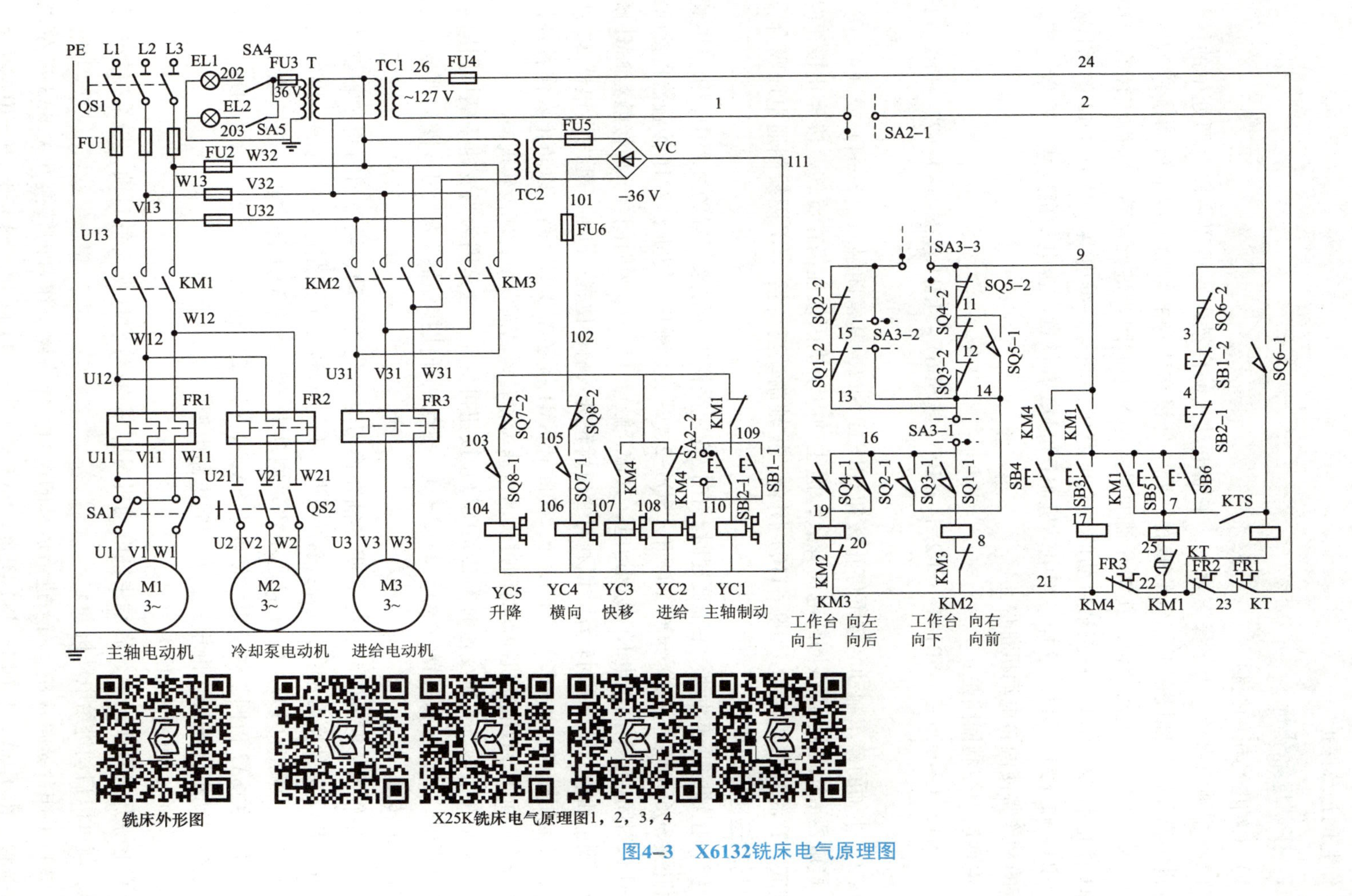

铣床外形图

X25K铣床电气原理图1，2，3，4

图4-3 X6132铣床电气原理图

主电路中，冷却泵电动机 M2 接在接触器 KM1 的主触点之后，所以只有主轴电动机 KM1 主触点闭合后才能启动。由于容量很小，故用转换开关 QS2 直接控制它的起停，用热继电器 FR2 作它的过载保护。

2. 控制电路分析

1）主轴电动机的控制

（1）主轴的启动。为了操作方便，主轴电动机的启动停止可以在以下两处中的任何一处可进行操作，一处设在工作台的前面，另一处设在床身的侧面。按下启动按钮 SB5（或 SB6），KM1 线圈通电而吸合，其常开辅助触点（6—7）闭合进行自锁，主触点闭合，电动机 M1 便拖动主轴旋转。在主轴启动的控制电路中串联有热继电器 FR1 和 FR2 的常闭触点（22—23）和（23—24）。这样，当电动机 M1 和 M2 有任意一台电动机过载，热继电器常闭触点的动作将使两台电动机都停止。

主轴启动控制回路是：

1→SA2-1→SQ6-2→SB1-1→SB2-1→SB5（或 SB6）→KM1 线圈→KT→22→FR2→23→FR1→24。

（2）主轴的停车制动。按下停止按钮 SB1 或 SB2，其常闭触点（3—4）或（4—6）断开，接触器 KM1 触点因线圈断电而释放，但主轴电动机因惯性仍在旋转。按停止按钮时应按到底，这时其常开触点（109—110）闭合，主轴制动离合器 YC1 因线圈通电而吸合，使主轴制动迅速停止旋转。

（3）主轴的变速冲动。主轴变速时，在把变速手柄推回原来位置的过程中，机械装置使冲动开关 SQ6-1 闭合一次，SQ6-2 断开。SQ6-2（2—3）断开，切断了 KM1 接触器自锁回路，SQ6-1 瞬时闭合，时间继电 KT 线圈通电，其常开触点（5—7）瞬时闭合，使接触器 KM1 瞬时通电，则主轴电动机作瞬时转动，以利与变速齿轮进入啮合位置；同时，延时继电器 KT 线圈通电，其常闭触点（25—22）延时断开，又断开 KM1 接触器线圈电路，以防止操作者延长推回手柄的时间而导致电动机冲动时间过长、变速齿轮转速高而发生打坏齿轮现象。

主轴正在旋转，主轴变速时不必先按停止按钮再变速。这是因为当变速手柄推回原来位置的过程中，通过机械装置使 SQ6-2（2—3）触点断开使接触器 KM1 因线圈而释放，电动机 M1 停止转动。

（4）主轴换刀时的制动。为了使主轴在换刀时不随意转动，换刀前需将主轴制动。将转换开关 SA2 扳到换刀位置，它的一个触点（1—2）断开了控制电路的电源，以保证人生安全；另一个触点（109—110）接通了主轴制动电磁离合器 YC1 使主轴不能转动。换刀后再将转换开关 SA2 扳回工作位置，使触点 SA2-1（1—2）闭合，触点 SA2-2（109—110）断开，主轴制动离合器 YC1 断电，接通控制电路电源。

2）进给电动机的控制

将电源开关 QS1 合上，启动主轴电动机 M1，接触器 KM1 吸合并自锁，进给控制电路有电压，就可以启动进给电动机 M3。

（1）工作台纵向（左、右）进给运动的控制。先将圆工作台的转换开关 SA3 扳在“断开”位置。由于 SA3-1（13—16）闭合，SA3-2（10—14）断开，SA3-3（9—10）闭合，所以这是工作台的纵向、横向和垂直进给的控制电路，如图 4-4 所示。

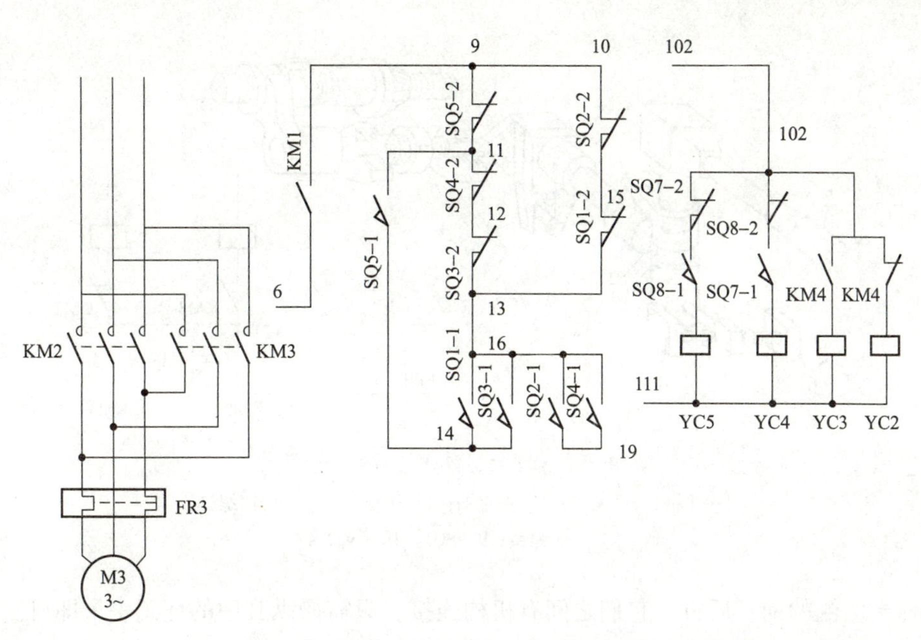

图 4-4 纵向、横向和垂直进给的控制电路

操纵工作台纵向运动手柄扳到右边位置时，一方面机械机构将进给电动机传动链和工作台纵向移动机构相连接，另一方面压下向右进给的微动开关 SQ1，其常闭触点 SQ1-2（13—15）断开，常开触点 SQ1-1（14—16）闭合。触点 SQ1-1 的闭合使正转接触器 KM2 因线圈通电而吸合，进给电动机 M3 就正向旋转，拖动工作台向右移动。

向右进给的控制回路是：

9→SQ5-2→SQ4-2→SQ3-2→SA3-1→SQ1-1→KM2 线圈→KM3→21。

当将纵向进给手柄向左扳动时，一方面机械机构将进给电动机的传动链和工作台纵向移动机构相连接，另一方面压下向左进给的微动开关 SQ2，其常闭触点 SQ2-2（10—5）断开，常开触点 SQ2-1（16—19）闭合。触点 SQ2-1 的闭合使反转接触器 KM3 线圈通电而吸合，进给电动机 M3 就反向转动，拖动工作台向左移动。

向左进给的控制回路是：

9→SQ5-2→11→SQ4-2→12→SQ3-2→13→SA3-1→16→SQ2-1→19→KM3 线圈→20→KM2→21。

当纵向进给手柄扳回到中间位置（或称零位）时，一方面纵向运动的机械机构脱开，另一方面微动开关 SQ1 和 SQ2 都复位，其常开触点断开，接触器 KM2 和 KM3 释放，进给电动机 M3 停止，工作台也停止。

在工作台的两端各有一块挡铁，当工作台移动至挡铁碰动纵向进给手柄位置，或使纵向进给手柄回到中间位置，实现自动停车，这就是终端限位保护。调整挡铁在工作台上的位置，可以改变停车的终端位置。

工作台纵向进给操纵机构如图 4-5 所示。

（2）工作台横向（前、后）和升降（上、下）进给运动的控制。首先也要将圆工作台转换开关 SA3 扳到“断开”位置，这时的控制电路如图 4-4 所示。

操纵工作台横向进给运动和升降进给运动的手柄为十字手柄。共有两个十字手柄，分别

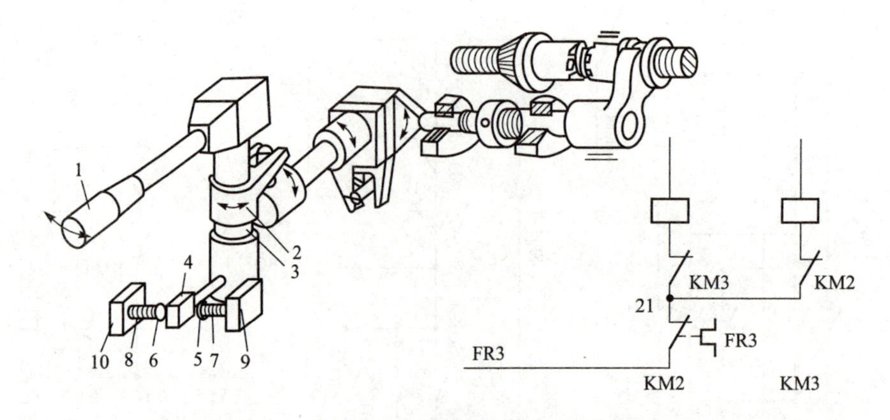

图 4-5　工作台纵向进给操纵机构图

1—手柄；2—叉子；3—垂直轴；4—压块；5，6—可调螺钉；

7，8 弹簧；9—SQ1；10—SQ2

装在工作台左侧的前、后方。它们之间有机构连接，只需操纵其中的任意一个即可。手柄有上、下、前、后和零位共五个位置。横向和升降进给也是由进给电动机 M3 拖动。扳动十字手柄时，通过联动机构压下相应的行程开关 SQ3 或 SQ4，与此同时，操纵鼓轮压下 SQ7 或 SQ8，使电磁离合器 YC4 或 YC5 通电，在电动机 M3 旋转下，实现横向（前、后）进给或升降（上、下）进给运动。工作台的操纵机构示意图如图 4-6 所示。

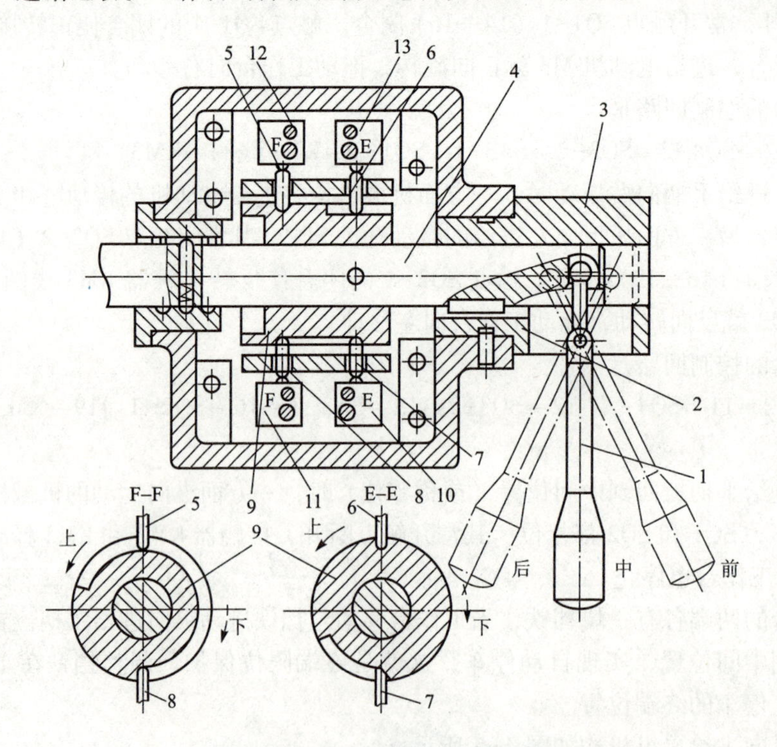

图 4-6　工作台的操纵机构示意图

1— 手柄；2—平键；3—壳体；4—轴；5，6，7，8—顶销；

9—鼓轮；10—SQ3；11—SQ4；12—SQ7；13—SQ8

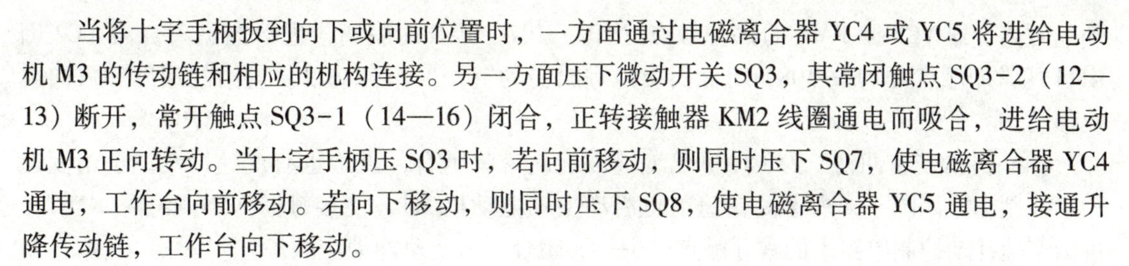

当将十字手柄扳到向下或向前位置时，一方面通过电磁离合器 YC4 或 YC5 将进给电动机 M3 的传动链和相应的机构连接。另一方面压下微动开关 SQ3，其常闭触点 SQ3-2（12—13）断开，常开触点 SQ3-1（14—16）闭合，正转接触器 KM2 线圈通电而吸合，进给电动机 M3 正向转动。当十字手柄压 SQ3 时，若向前移动，则同时压下 SQ7，使电磁离合器 YC4 通电，工作台向前移动。若向下移动，则同时压下 SQ8，使电磁离合器 YC5 通电，接通升降传动链，工作台向下移动。

向下、向前控制回路是：

6→KM1→9→SA3-3→10→SQ2-2→15→SQ1-2→13→SA3-1→16→SQ3-1→KM2 线圈→18→KM3→21。

向下、向前控制回路相同，而电磁离合器通电不一样。向下时压下 SQ8，电磁离合器 YC5 通电。向前时压下 SQ7，电磁离合器 YC4 通电改变传动链。

当将十字手柄扳到向上或向后位置时，一方面压下微动开关 SQ4，其常闭触点 SQ4-2（11—12）断开，常开触点 SQ4-1（16—19）闭合，反转接触器 KM3 因线圈通电而吸合，进给电动机 M3 反向转动。另一方面操纵鼓轮压下微动开关 SQ7 或 SQ8，若向后移动，则压下 SQ7，使 YC4 通电，接通向后的传动链，因进给电动机 M3 反向转动，工作台向后移动。若向上移动，则压下 SQ8，使离合器 YC5 通电，接通升降传动链，因进给电动机 M3 反向转动，工作台向上移动。

向上、向后控制回路是：

6→KM1→9→SA3-3→10→SQ2-2→15→SQ1-2→13→SA3-1→16→SQ4-1→19→KM3 线圈→20→KM2→21。

向上、向后控制回路相同，电动机 M3 反转，而电磁离合器通电不一样。向上时，在压下 SQ4 的同时压下 SQ8，电磁离合器 YC5 通电。向后时，在压下 SQ4 的同时压下 SQ7，电磁离合器 YC4 通电，改变传动链。

当手柄回到中间位置时，机械机构都已断开，各开关也都复位，接触器 KM2 和 KM3 都已释放，所以进给电动机 M3 停止工作台也停止。

工作台前后移动和上下移动均有限位保护，其原理和前面介绍的纵向移动限位的原理相同。

(3) 工作台的快速移动的控制。在进行对刀时，为了缩短对刀时间，应快速调整工作台的位置，也就是将工作台快速移动。快速移动的控制电路如图 4-7 所示。

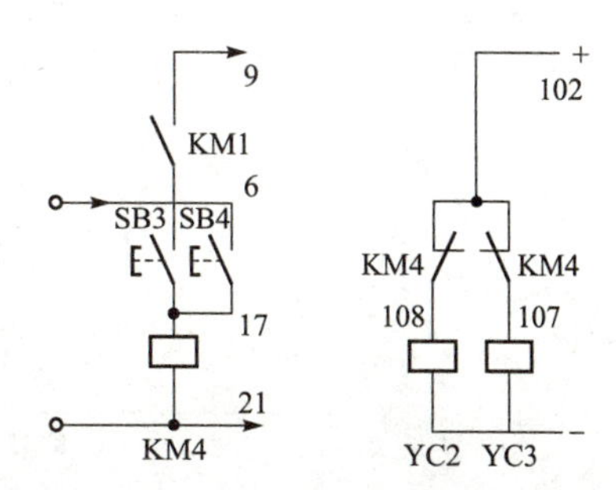

图 4-7　工作台快速移动控制电路

主轴启动以后，将操纵工作台的进给手柄扳到所需的运动方向，工作台就按操纵手柄指定的方向慢速进给。这时如按下快速移动按钮 SB3 或 SB4，快速移动接触器 KM4 因线圈通电而吸合，KM4 在直流电路中的常闭触点（102—108）断开，进给电磁离合器 YC2 脱离。KM4 在直流电路中的常开触点（102—107）闭合，快速移动电磁离合器 YC3 通电，接通快速移动传动链，工作台按原操作手柄指定的方向快速移动。当松开快速移动按钮 SB3 或 SB4 时，快速移动接触器 KM4 因线圈断电而释放。快速移动电磁离合器 YC3 因 KM4 的常开触点（102—107）断开而脱离，进给电磁离合器 YC2 因 KM4 的常闭触点（102—108）闭合而接通进给传动链，工作台就以原进给的速度和方向继续移动。

（4）进给变速冲动。为了使进给变速时齿轮容易啮合，进给也有变速冲动。进给变速冲动控制电路如图 4-8 所示。变速前也启动主轴电动机 M1，使接触器 KM1 吸合。KM1 在进给变速冲动控制电路中的常开触点（6—9）闭合，为变速冲动作准备。

变速时将变速盘往外拉到极限位置，再把它转到所需的速度，最后将变速盘往里推回原位。在推的过程中挡块压下微动开关 SQ5，其常闭触点 SQ5-2（9—11）断开一下，同时，其常开触点 SQ5-1（11—14）闭合一下，接触器 KM2 短时吸合，进给电动机 M3 就转动一下。当变速盘推回原位时变速后的齿轮已啮合完毕。

进给变速冲动的控制回路是：

6→KM1→9→SA3-3→10→SQ2-2→15→SQ1-2→13→SQ3-2→12→SQ4-2→11→SQ5-1→14→KM2 线圈→18→KM3→21。

（5）应用圆工作台时的控制。圆工作台是机床的附件，在铣削圆弧和凸轮等曲线时，可在工作台上安装圆工作台进行铣切。圆工作台由进给电动机 M3 经纵向传动机构拖动，在开动圆工作台前，先将圆工作台转换开关 SA3“接通”位置，SA3 的触点 SA3-1（13—16）断开，工作台的进给操作手柄都扳到零点位置。按下主轴启动按钮 SB5 或 SB6，接触 KM1 吸合并自锁，圆工作台的控制电路中 KM1 的常开辅助触点（6—9）也同时闭合。如图 4-9 所示，接触器 KM2 也紧接着吸合，进给电动机 M3 正向转动，拖动圆工作台。因为只能接触器 KM2 吸合，KM3 不能吸合，所以圆工作台只能沿一个方向转动。

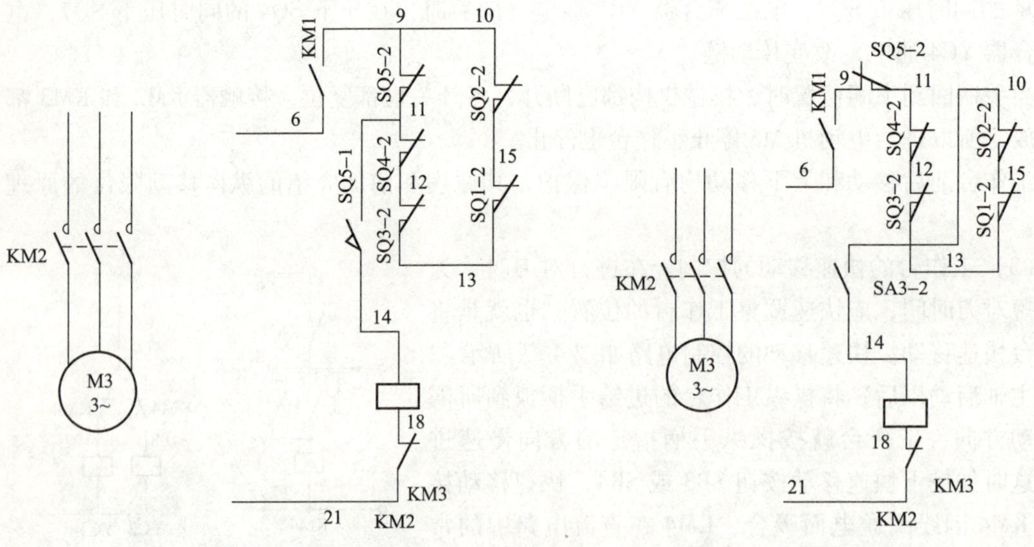

图 4-8　进给变速冲动控制电路　　　　图 4-9　圆工作台控制电路

圆工作台的控制回路是：

6→KM1→9→SQ5-2→11→SQ4-2→12→SQ3-2→13→SQ1-2→15→SQ2-2→10→SA3-2→14→KM2 线圈→18→KM3→21。

（6）进给的连锁。只有主轴电动机 M1 启动后才可能启动进给电动机 M3。电动机 M1 启动时，接触器 KM1 吸合并自锁，KM1 常开辅助触点（6—9）闭合，进行给控制电路有电压，这时才可能使接触器 KM2 或 KM3 吸合而启动进给电动机 M3。如果工作中的主轴电动机 M1 停止，进给电动机也立即跟着停止。这样，才可以防止在主轴不转时，工件与铣刀相撞而损坏机床。

工作台不能几个方向同时移动。工作台两个以上方向同时进给容易造成事故。由于工作台的左右移动是有一个纵向进给手柄控制，同一时间内不会又向左又向右；工作台的上、下、前、后是由一个十字手柄控制，同一时间内这四个方向也只能一个方向进给。所以只要保证两个操纵手柄都不在零位时，工作台不会沿两个方向同时进给即可。控制电路中的连锁解决了这个问题。在连锁电路中，将纵向进给手柄可能压下的微动开关 SQ1 和 SQ2 的常闭触点 SQ1-2（13—15）和 SQ2-2（10—15）串联在一起，再将垂直进给和横向进给的十字手柄可能压下的微动开关 SQ3 和 SQ4 的常闭触点 SQ3-2（12—13）和 SQ14-2（11—12）串联在一起，并将这两个串联电路再并联起来，以控制接触器 KM2 和 KM3 的线圈通路。如果两个操作手柄都不在零位，则当有不同的支路的两个微动开关被压下时，其常闭触点的断开使两条并联的支路都断开，进给电动机 M3 因接触器 KM2 和 KM3 的线圈都不能通电而不能转动。

进给变速时两个进给操纵手柄都必须在零位。为了安全起见，进给变速冲动时不要有移动。如图 4-9 所示，当进给变速冲动时，短时间压下微动开关 SQ5，其常闭触点 SQ5-2（9—11）断开，其常开触点 SQ5-1（11—14）闭合，两个进给手柄可能压下微动开关 SQ1 或 SQ2、SQ3 或 SQ4 的四个常闭触点 SQ1-2、SQ2-2、SQ3-2 和 SQ4-2 是串联在一起的。如果有一个进给操纵手柄不在零位，则因微动开关常闭触点的断开而接触器 KM2 不能吸合，进给电动机 M3 也就不能转动，防止了进给变速冲动时工作台的移动。

圆工作台的转动与工作台的进给运动不能同时进行。由图 4-9 可知，当圆工作台的转换开关 SA3 转到“接通”位置时，两个进给手柄可能压下开关 SQ1 或 SQ2、SQ3 或 SQ4 的四个常闭触点 SQ1-2 或 SQ2-2、SQ3-2 或 SQ4-2 是串联在一起的。如果有一个进给操纵手柄不在零位，则因开关常闭触点的断开而接触器 KM2 不能吸合，进给电动机 M3 不能转动，圆工作台也就不能转动。只有两个操纵手柄恢复到零位，进给电动机 M3 方可旋转，圆工作台方可转动。

3）照明电路

照明变压器 T 将 380 V 的交流电压降到 36 V 的安全电压，供照明用。照明电路由开关 SA5、SA4 分别控制灯泡 EL1、EL2；熔断器 FU3 用作照明电路的保护；整流变压器 TC2 输出低压交流电，经桥式整流电路供给五个电磁离合器以 36 V 直流电源；控制变压器 TC1 输出 127 V 交流控制电压。

4.2.3　电器位置图

图 4-10 是 X6132 万能铣床电器位置图。

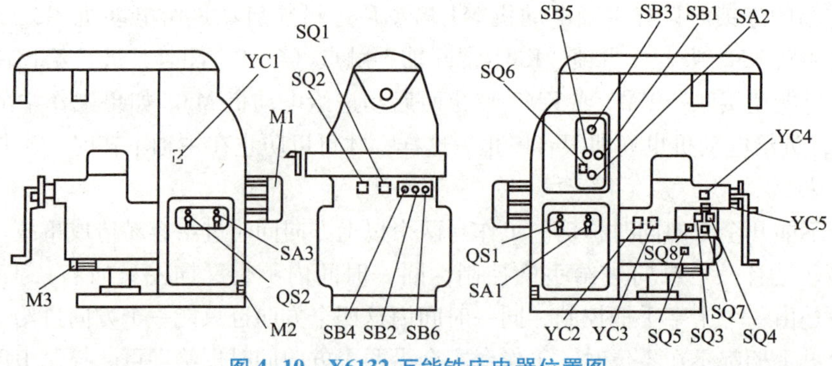

图 4-10　X6132 万能铣床电器位置图

4.3　普通镗床电气控制电路

镗床是一种精密加工机床。主要用于加工工件上的精密圆柱孔，往往这些孔的轴心线要求严格地平行或垂直，相互间的距离也要求准确，有较高的形状和位置精度要求，这些都是钻床难以胜任的。而镗床本身刚性好，形位误差小，运动精度高，能满足上述要求。

镗床除能完成镗孔加工外，在万能镗床上还可进行钻、扩、铰等孔加工以及车、铣工序，所以镗床的工艺范围很广。

按照用途不同，镗床可分为卧式铣镗床、坐标镗床、金刚镗床及专门化镗床。下面以常见的卧式镗床为例分析其电气控制。

4.3.1　镗床主要结构及运动形式

T68 型卧式镗床主要由床身、工作台、镗头架、前立柱、后立柱和尾架等组成，如图 4-11 所示。床身 1 的一端固定着前立柱 3，在前立柱 3 的垂直导轨上装有上下可移动的镗头架 2。镗头架 2 里装有镗轴 5、进给变速机构以及操纵机构等组件。根据加工情况的不同，切削刀具可固定在镗轴前端的锥形孔里，或装在花盘上的刀具溜板上。后立柱 7 可沿着床身导轨在镗轴的轴线方向调整位置。后立柱 7 的尾架 8 则用来支持装夹在镗轴上的镗杆末端，与镗头架同时升降。工作台部件安置在床身的导轨上，由上、下溜板 9、10 和可转动的工作台 6 组成。

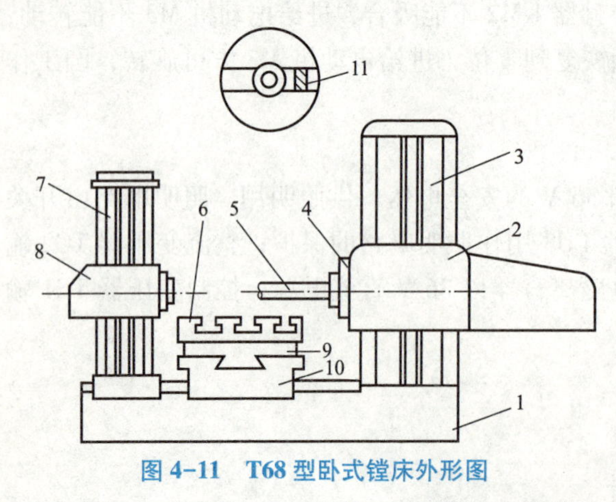

图 4-11　T68 型卧式镗床外形图

1—床身；2—镗头架；3—前立柱；4—平旋盘；5—镗轴；6—工作台；7—后立柱；8—尾架；9—上溜板；10—下溜板；11—刀具溜板

T68 型卧式镗床的主运动是镗轴的旋转运动和花盘的旋转运动。其进给运动是工作台的横向或纵向进给、镗轴的轴向进给、镗头架的垂直进给和花盘刀具溜板的径向进给。

4.3.2　电力拖动特点和控制要求

（1）为了满足主轴在大范围内调速的

要求，多采用交流电动机驱动的滑移齿轮变速系统。由于镗床主拖动要求恒功率拖动，所以采用“△-YY”连接的双速电动机。

（2）为了防止滑移齿轮变速时出现顶齿现象，要求主轴变速时电动机作低速断续冲动。

（3）为了适应加工过程中调整的需要，通过主轴电动机低速点动来实现主轴的正反点动调整。

（4）为了满足主轴快速停车的要求，采用电动机反接制动，但有的也采用电磁铁制动。

（5）主轴电动机用其低速时可采用直接启动，但用其高速时为了减小启动电流，应先接通低速，经延时后再接通高速。

（6）由于进给部件较多，因此快速进给采用单独的电动机拖动。

4.3.3　T68 型卧式镗床电气控制电路分析

图 4-12 为 T68 型卧式镗床电气控制原理图。

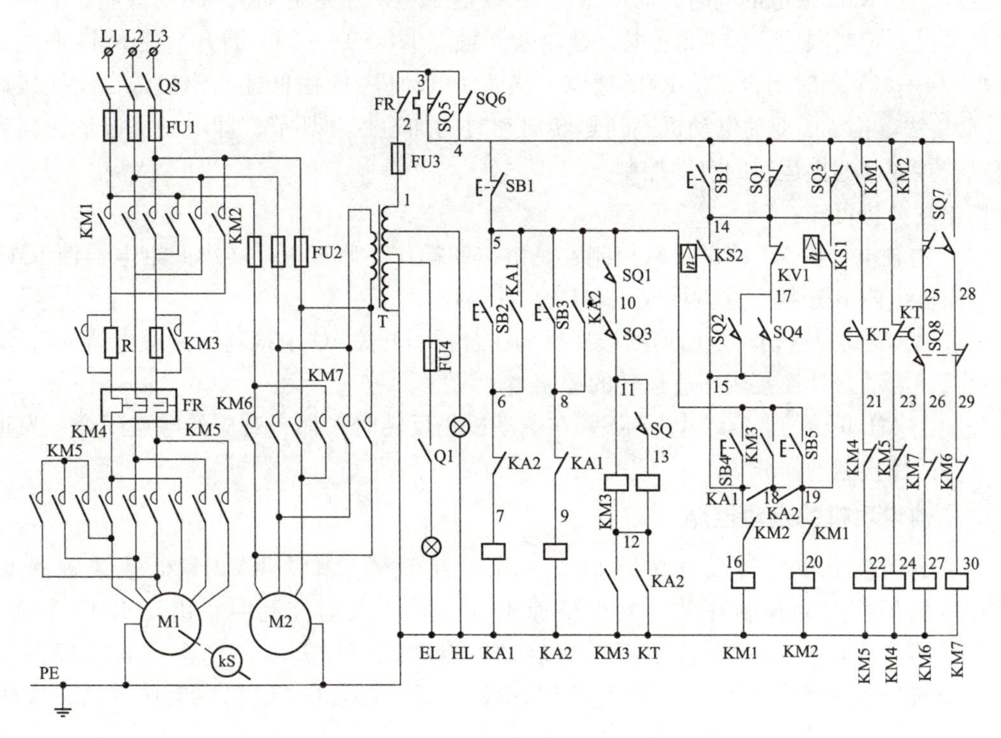

图 4-12　T68 型卧式镗床电气控制原理图

图中 M1 为主轴与进给电动机，M2 为快速移动电动机。其中 M1 为一台 4/2 极的双速电动机，绕阻接法为△—YY。

电动机 M1 由 5 只接触器控制，其中 KM1、KM2 为电动机正、反转接触器，KM3 为制动电阻短接接触器，KM4 为低速运转接触器，KM5 为高速运转接触器（KM5 为一只双线圈接触器或由两只接触器并联使用）。主轴电动机正反转停车时均由速度继电器 KV 控制实现反接制动。另外还设有短路保护和过载保护。

电动机 M2 由接触器 KM6、KM7 实现正反转控制，设有短路保护。因快速移动为点动控制，所以 M2 为短时运行，无须过载保护。

1. 主轴电动机的正反向启动控制

闭合电源开关QS，信号灯HL亮，表示电源接通。调整好工作台和镗头架的位置后，便可开动主轴电动机M1，拖动镗轴或平旋盘正反转启动运行。

由正、反转启动按钮SB2、SB3，正反转中间继电器KA1、KA2和正反转接触器KM1、KM2等构成主轴电动机正反转启动控制环节。另设有高、低速选择手柄，用来选择高速或低速运行。当要求主轴低速运转时，将速度选择手柄置于低速挡，此时与速度选择手柄有联动关系的行程开关SQ不受压，触点SQ（11—13）断开。要使主轴电动机正转运行，可按下正转启动按钮SB2，中间继电器KA1通电并自锁，触点KA1（8—9）断开KA2电路；KA1（12—PE）闭合，使KM3通电，限流电阻R被短接；KA1（15—18）闭合，使KM1、KM4相继通电。电动机M1在△形接法下全压启动并以低速运行。

若将速度选择手柄置于高速挡，经联动机构将行程开关SQ压下，触点SQ（11—13）闭合，这样，在KM3通电的同时，时间继电器KT也通电。于是电动机M1在低速△形接法全压启动并经一定时限后，因KT通电，延时断开触点KT（14—23）断开，使KM4断电；触点KT（14—21）延时闭合，使KM5通电。从而使电动机M1由低速△形接法自动换接成高速YY形接法。构成了双速电动机高速运转启动时的加速控制环节，即电动机按低速挡启动再自动换接成高速挡运转的自动控制。

由上述分析可知：

（1）主轴电动机M1的正反转控制，是由按钮操作，通过正反转中间继电器使KM3通电，将限流电阻R短接，这就构成了M1的全压启动。

（2）M1的高速启动，是由速度选择机构压合行程开关SQ来接通时间继电器KT，从而实现由低速启动自动换接成高速运转的控制。

（3）与M1联动的速度继电器KS，在电动机正反转时，都有对应的触点闭合，为正反转停车时的反接制动作准备。

2. 主轴电动机的点动控制

主轴电动机由正反转点动按钮SB4、SB5，接触器KM1、KM2和低速接触器KM4构成正反转低速点动控制环节，实现低速点动调整。点动控制时，由于KM3未通电，所以电动机串入电阻在△形接法下低速启动。点动按钮松开后，电动机自然停车，若此时电动机转速较高，则可按下停止按钮SB1，但要按到底，以实现反接制动，实现迅速停车。

3. 主轴电动机的停车与制动

主轴电动机M1在运行中可按下停止按钮SB1来实现主轴电动机的停止与反接制动（当将SB1按到底时）。由SB1、KS、KM1、KM2和KM3构成主轴电动机正反转反接制动控制环节。

以主轴电动机运行在低速正转状态为例，此时KA1、KM1、KM3、KM4均通电吸合，速度继电器触点KS（14—19）闭合，为正转反接制动作准备。当停车时，按下SB1，触点SB1（4—5）断开，使KA1、KM3断电释放，触点KA1（15—18）、KM3（5—18）断开，使KM1断电，切断了主轴电动机正向电源。而另一触点SB1（4—14）闭合，经KS（14—19）触点使KM2通电，其触点KM2（4—14）闭合，使KM4通电，于是主轴电动机定子串入限

流电阻进行反接制动。当电动机转速降低到 KS 释放值时，触点 KS（14—19）释放，使 KM2、KM4 相继断电，反接制动结束，M1 自由停车至零。

若主轴电动机运行在高速正转状态，当按下 SB1 后，立即使 KA1、KM3、KT 断电，再使 KM1 断电，KM2 通电，同时 KM5 断电，KM4 通电。于是主轴电动机串入限流电阻，形成△连接，进行反接制动，直至 KS 释放，反接制动结束，以后 M1 自由停车至零。

停车操作时，务必将 SB1 按到底，否则将无反接制动，只是自由停车。

4. 主运动与进给运动的变速控制

T68 镗床主运动与进给运动速度变换是通过“变速操纵盘”改变传动链的传动比来实现的。它可在主轴与进给电动机未启动前预选速度，也可在运行中进行变速。下面以主轴变速为例说明其变速控制。

（1）变速操作过程。主轴变速时，首先将“变速操纵盘”上的操纵手柄拉出，然后转动变速盘，选好速度后，将变速操纵手柄推回原位。在拉出或推回变速操纵手柄的同时，与其联动的行程开关 SQ1（主轴变速时自动停车与启动开关）、SQ2（主轴变速齿轮啮合冲动开关）相应动作，在变速操纵手柄拉出时，开关 SQ1 不受压，SQ2 受压。推回原位时压合情况正好相反。

（2）主轴运动中的变速控制过程。主轴在运行中需要变速，可将主轴变速操纵手柄拉出，这时与变速操纵手柄有联动关系的行程开关 SQ1 不再受压，触点 SQ1（5—10）断开，KM3、KM1 断电，将限流电阻串入 M1 定子四路；另一触点 SQ1（4—14）闭合，且 KM1 已断电释放，于是 KM2 经 KS（14—19）触点而通电吸合，使电动机定子串入电阻 R 进行反接制动。若电动机原运行在高速挡，则此时将YY连接换成△连接，串入电阻 R 进行反接制动。

然后转动变速操纵盘，转至所需转速位置，速度选好后，将变速操纵手柄推回原位，若此时因齿轮啮合不上而导致变速手柄推不上时，行程开关 SQ2 受压，触点 SQ2（17—15）闭合 KM1 经触点 KS（14—17）、SQ1（14—4）接通电源，同时 KM4 通电，使主轴电动机串入 R、形成△连接低速启动，当转速升到速度继电器动作值时，触点 KS（14—17）断开，使 KM1 断电释放；另一触点 KS（14—19）闭合，使 KM2 通电吸合，对主轴电动机进行反接制动，使转速下降。当速度降至速度继电器释放值时，触点 KS（14—19）断开，KS（14—17）闭合，反接制动结束。若此时变速操纵手柄仍推合不上，则电路再重复上述过程，从而使主轴电动机处于间歇启动和制动状态，获得变速时的低速冲动，便于齿轮啮合，直至变速操纵手柄推合为止。手柄推合后，压下 SQ1，而 SQ2 不再受压，上述变速冲动结束，变速过程完成。此时由触点 SQ2（17—15）切断上述瞬动控制电路，而触点 SQ1（5—10）闭合，使 KM3、KM1 相继通电吸合，主轴电动机自行启动，拖动主轴在新选定的转速下运转。

至于在主轴电动机未启动前预选主轴速度的操作方法及控制过程与上述完全相同，不再复述。

T68 卧式镗床进给变速控制与主轴变速控制相同。它是由进给变速操纵盘来改变进给传动链的传动比来实现的。其变速操作过程与主轴变速时相似，首先将进给变速操纵手柄拉出，此时与其联动的行程开关 SQ3、SQ4 相应动作，（当手柄拉出时 SQ3 不受压，SQ4 将受压，当变速手柄推合时，则情况相反）；然后转动进给变速操纵盘，选好进给速度；最后将变速操纵手柄推合。若推合不上，则电动机处于间歇的低速起制动状态，以获得低速变速冲动，有利于齿轮啮合，直至手柄推合，变速控制结束。

5. 镗头架、工作台快速移动的控制

为缩短辅助时间，提高生产效率，由快速电动机 M2 经传动机构拖动镗头架和工作台做各种快速移动。运动部件及其运动方向的预选应调动装设在工作台前方的操纵手柄来实现，而其控制则用镗头架上的快速操纵手柄进行。当扳动快速操纵手柄时，将相应压合行程开关 SQ7 或 SQ8，接触器 KM6 或 KM7 通电，实现 M2 的正、反转，再通过相应的传动机构使操纵手柄预选的运动部件按其选定方向做快速移动。当镗头架上的快速移动操纵手柄复位时，行程开关 SQ8 或 SQ7 不再受压，KM6 或 KM7 断电释放，M2 停止旋转，快速移动结束。

6. 机床的连锁保护

T68 卧式镗床具有较完善的机械和电气连锁保护。如当工作台或镗头架自动进给时，不允许主轴或平旋盘刀架进行自动进给，否则将发生事故，为此设置了两个连锁保护行程开关，SQ5 和 SQ6。其中 SQ5 是与工作台和镗头架自动进给手柄联动的行程开关，SQ6 是与主轴和平旋盘刀架自动进给手柄联动的行程开关。将 SQ5、SQ6 常闭触点并联后串接在控制电路中，若扳动两个自动进给手柄，将使触点 SQ5（3—4）与 SQ6（3—4）断开，切断控制电路，使主轴电动机停止，快速移动电动机也不能启动，实现连锁保护。

4.4　M7130 型卧轴矩台平面磨床电气控制电路

磨床是用砂轮的端面或周边对工件表面进行加工的精密机床。磨床的种类很多，根据其工作性质可分为平面磨床、内圆磨床、外圆磨床、工具磨床以及一些专用磨床，如齿轮磨床、螺纹磨床、球面磨床、花键磨床等。其中尤以平面磨床应用最为普遍，该磨床操作方便，磨削加工表面光洁且精度较高，在机械加工行业中得到广泛的应用。本节以 M7130 型卧轴矩台平面磨床为例进行分析与讨论。

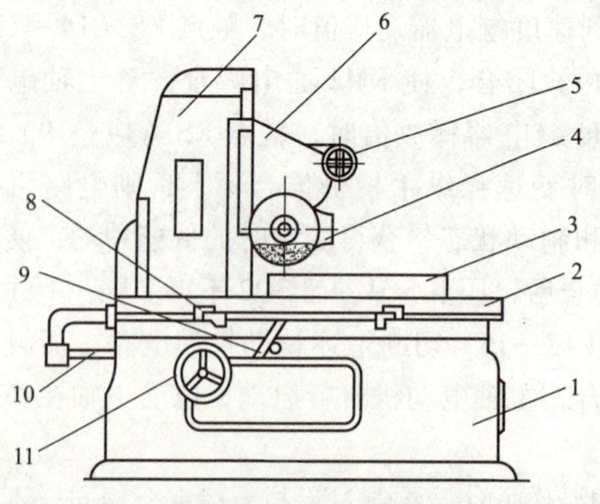

图 4-13　M7130 型卧轴矩台平面磨床外形图

1— 床身；2—工作台；3—电磁吸盘；
4—砂轮架；5—砂轮横向移动手轮；6—滑座；7—立柱；
8—工作台换向撞块；9—工作台往复运动换向手轮；
10—活塞杆；11—砂轮垂直进刀手轮

4.4.1　主要结构及运动形式

M7130 型卧轴矩台平面磨床主要是由立柱 7、滑座 6、砂轮架 4、电磁吸盘 3、工作台 2、床身 1 等组成。M7130 型卧轴矩台平面磨床外形如图 4-13 所示。

砂轮的旋转是主运动，工作台的左右移动为进给运动。砂轮架的上下、前后进给均为辅助运动。工作台每完成一次往复运动，砂轮架便做一次间断性的横向进给；当加工完整个平面后，砂轮架在立柱导轨上向下移

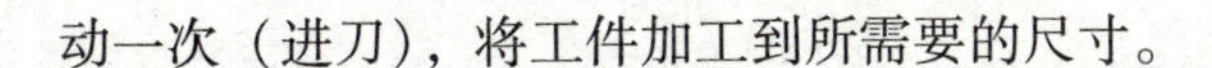
动一次（进刀），将工件加工到所需要的尺寸。

4.4.2　电力拖动特点及控制要求

1. 砂轮的旋转运动

砂轮电动机拖动砂轮旋转。为了使磨床结构简单并提高其加工精度，采用了嵌入式电动机，砂轮可以直接装在电动机轴上使用。由于砂轮的运动不需要调速，使用三相异步电动机拖动即可。

2. 砂轮架的横向进给

砂轮架上部的燕尾形导轨可沿着滑座上的水平导轨做横向移动。在加工过程中，工作台换向时，砂轮架就横向进给一次。在调整砂轮的前后位置或修正砂轮时，砂轮架可连续横向进给移动。砂轮架的横向进给运动可由液压传动，也可用手动操作。

3. 砂轮架的升降运动

滑座可沿着立柱导轨做垂直上下移动以调整砂轮架的高度，这一垂直进给运动是通过操作手轮控制机械传动装置实现的。

4. 工作台的往复运动

液压传动系统采用液压传动而换向平稳，易于实现无级调速，因此，工作台在纵向做往复运动时，是由液压传动系统完成的。由电动机拖动液压泵，工作台在液压泵作用下做纵向往复运动。当换向挡铁碰撞床身上的液压换向开关时，工作台就能自动改变运动方向。

5. 冷却液的供给

冷却泵电动机工作，供给砂轮和工件冷却液，同时冷却液还带走磨下的铁屑。要求砂轮电动机与冷却泵电动机之间实现顺序控制，冷却泵电动机启动后砂轮电动机才能启动。

6. 电磁吸盘的控制

在加工工件时，一般将工件吸持在电磁吸盘上进行加工。对于较大的工件也可将电磁吸盘取下，将工件用螺钉和压板直接固定在工作台上进行加工。电磁吸盘要有充磁和退磁控制环节。为了保证安全，电磁吸盘与电动机之间有电气连锁装置，即电磁吸盘充磁后电动机才能启动；电磁吸盘不工作或发生故障时，三台电动机均不能启动。

4.4.3　电气控制电路分析

M7130 型平面磨床控制电路如图 4-14 所示。其电气设备安装在床身后部的壁龛盒内，控制按钮安装在床身前部的电气操纵盒上。M7130 电气控制电路可分为主电路、控制电路、电磁吸盘控制电路及机床照明电路等部分。

1. 主电路

主电路由砂轮电动机 M1，液压泵电动机 M2 与冷却泵电动机 M3 组成。其中 M1、M2 由接触器 KM1 控制，再经插销 X1 供电给 M2，电动机 M3 由接触器 KM2 控制。

三台电动机共用熔断器 FU1 作短路保护，M1、M2、M3 分别由热继电器 FR1、FR2 作长期过载保护。

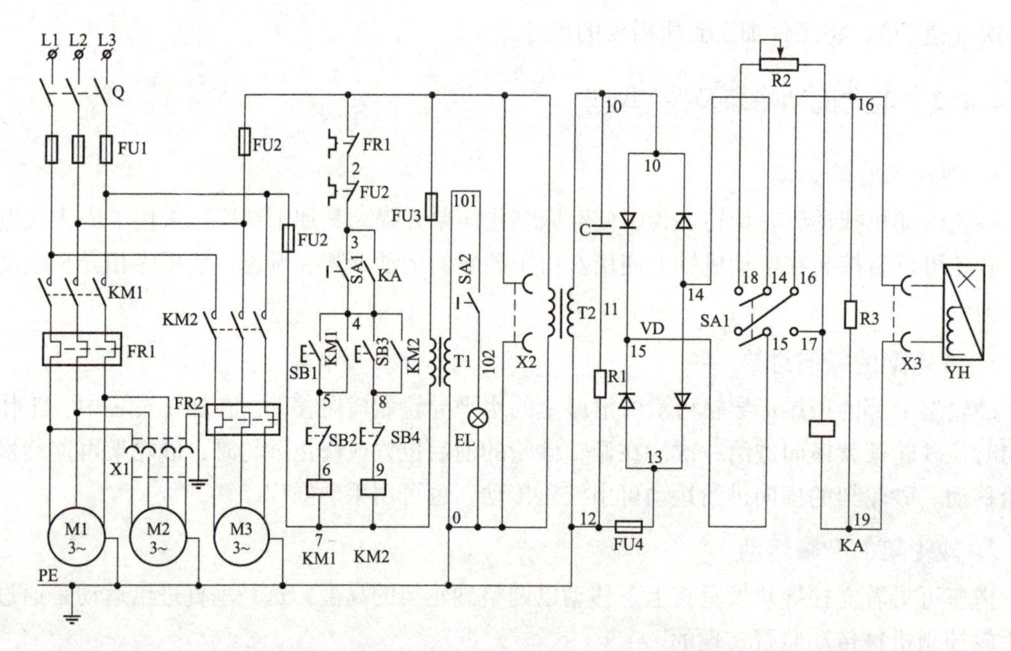

图 4-14　M7130 型平面磨床控制电路图

2. 电动机控制电路

由控制按钮 SB1、SB2 与接触器 KM1 构成砂轮电动机 M1 单方向旋转启动-停止控制电路；由 SB3、SB4 与 KM2 构成液压泵电动机单方向旋转启动-停止控制电路。但电动机的启动必须在电磁吸盘 YH 工作，且欠电流继电器 KA 通电吸合，触点 KA（3—4）闭合，或 YH 不工作，但转换开关 SA1 置于“去磁”位置，触点 SA1（3—4）闭合后方可进行。

3. 电磁吸盘控制电路

1）电磁吸盘构造及原理

电磁吸盘外形有长方形和圆形两种。卧轴矩台平面磨床采用长方形电磁吸盘，卧轴圆台平面磨床采用圆形电磁吸盘。电磁吸盘工作原理如图 4-15 所示。图中 1 为钢制吸盘体，在它的中部凸起的芯体 A 上绕有线圈 2，钢制盖板 3 被隔磁层 4 隔开。在线圈 2 中通入直流电流，芯体将被磁化，磁力线经由盖板、工件、盖板、吸盘体、芯体闭合，将工件 5 牢牢吸住。盖板中的隔磁层由铅、铜、黄铜以及巴氏合金等非磁性材料制成，其作用是使磁力线通过工件再回到吸盘体，不致直接通过盖板闭合，以增强对工件的吸持力。

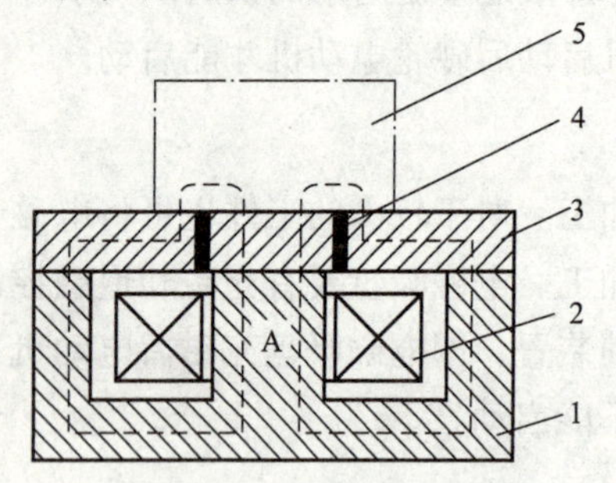

图 4-15　电磁吸盘工作原理图

1—钢制吸盘体；2—线圈；3—钢制盖板；4—隔磁层；5—工件

电磁吸盘与机械夹紧装置相比，具有夹紧迅速、不损伤工件、工作效率高、同时吸持多个小工件、在加工过程中工件发热可自由伸延、加工精度高等优点。但也有吸持力不及机械夹持、调节不便、需用直流电源供电和不能吸持非磁性材料工件等缺点。

2）电磁吸盘控制电路

它由整流装置、控制装置及保护装置等部分组成。

电磁吸盘整流装置由整流变压器 T2 与桥式全波整流器 VD 组成，输出 110 V 直流电压对电磁吸盘供电。

电磁吸盘集中由转换开关 SA1 控制。SA1 有三个位置：充磁、断电与去磁。当开关置于“充磁”位置时，触点 SA1（14-16）与触点 SA1（15-17）接通；当开关置于“去磁”位置时，触点 SA1（14-18）、SA1（16-15）及 SA1（4-3）接通；当开关置于“断电”位置时，SA1 所有触点都断开。对应开关 SA1 各位置，电路工作情况如下：

当 SA1 置于“充磁”位置，电磁吸盘 YH 获得 110 V 直流电压，其极性 19 号线为正，16 号线为负，同时欠电流继电器 KA 与 YH 串联，若吸盘电流足够大，则 KA 动作，触点 KA（3-4）闭合，电磁吸盘吸持力足以将工件吸牢，这时可分别操作按钮 SB1 与 SB3，启动 M1 与 M2 进行磨削加工。当加工完成，按下停止按钮 SB2 与 SB4，M1 和 M2 停止旋转，为便于从吸盘上取下工件，需对工件进行去磁，其方法是将开关 SA1 扳至“退磁”位置。

当 SA1 扳至“退磁”位置时，电磁吸盘中通入反方向电流，并在电路中串入可变电阻 R2，用以限制并调节反向去磁电流大小，达到既退磁又不致反向磁化的目的。退磁结束将 SA1 扳到“断电”位置，便可取下工件。若工件对去磁要求严格，在取下工件后，还要用交流去磁器进行处理。交流去磁器是平面磨床的一个附件，使用时，将交流去磁器插头插在床身的插座 X2 上，再将工件放在去磁器上即可去磁。

交流去磁器的构造和工件原理如图 4-16 所示。由硅钢片制成铁芯 1，在其上套有线圈 2 并通以交流电，在铁芯柱上装有极靴 3。再有由软钢制成的两个极靴之间隔有隔磁层 4。去磁时线圈通入交流电，将工件在极靴平面上来回移动若干次，即可完成去磁要求。

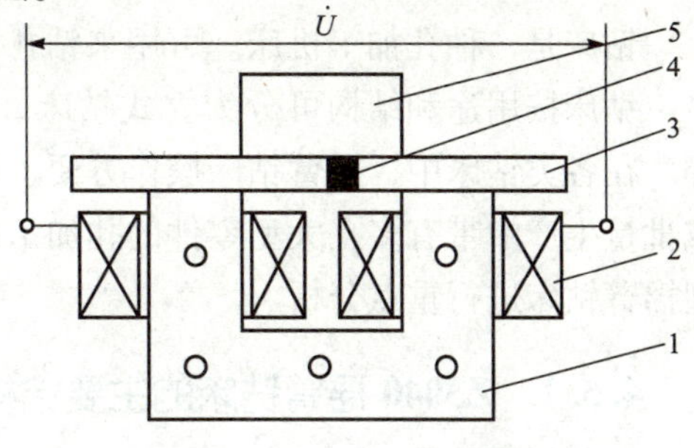

图 4-16　去磁器结构原理图

1—铁芯；2—线圈；3—极靴；4—隔磁层；5—工件

3）电磁吸盘保护环节

电磁吸盘具有欠电流保护、过电压保护及短路保护等。

（1）电磁吸盘的欠电流保护。为了防止平面磨床在磨削过程中出现断电事故或吸盘电流减小，致使电磁吸盘推动吸力或吸力减小，造成工件飞出，引起工件损坏或人身事故，故在电磁吸盘线圈中串入欠电流继电器 KA，只有当直流电压符合设计要求，吸盘具有足够吸力时，KA 才吸合，触点 KA（3-4）闭合，为启动 M1、M2 进行磨削加工作准备。否则不能开动磨床进行加工；若已在磨削加工中，KA 因电流过小而释放，触点 KA（3-4）断开，KM1、KM2 线圈断电，M1、M2 立即停止旋转，避免事故发生。

（2）电磁吸盘线圈的过电压保护。电磁吸盘匝数多，电感大，通电工作时储有大量磁场能量。当线圈断电时，在线圈两端将产生高电压，若无放电回路，将使线圈绝缘及其他电器设备损坏。为此，在吸盘线圈两端应设置放电装置以吸收断开电源后放出的磁场能量。该机床在电磁吸盘两端并联了电阻 $R3$，作为放电电阻。

（3）电磁吸盘的短路保护。在整流变压器 T2 二次侧或整流装置输出装置输出端装有熔断器作短路保护。

此外，在整流装置中还设有 R、C 串联支路并联在 T2 二次侧，用以吸收交流电路产生过电压和电流电路通断时在 T2 二次侧产生浪涌电压，实现整流装置的过电压保护。

4.4.4 平面磨床电气设备常见故障分析

平面磨床电气控制特点是采用电磁吸盘，在此仅对电磁吸盘的常见故障进行分析。

（1）电磁吸盘没有吸力。首先应检查三相交流电源是否正常，然后检查 FU1、FU2 与 FU4 是否完好，接触是否正常，再检查接插器 X3 接触是否良好。如上述检查均未发现故障，则进一步检查电磁吸盘电路，包括 KA 线圈是否断开，吸盘线圈是否断路等。

（2）电磁吸盘吸力不足。常见的原因有交流电源电压低，导致直流电压相应下降，以致吸力不足。若直流电压正常，则可能系 X3 接触不良。

另一原因是桥式整流电路的故障。如整流桥一臂发生开路，将使直流输出电压下降一半左右，使吸力减小。若有一臂整流元件击穿形成短路，则与它相邻的另一桥臂的整流元件会因过电流而损坏，此时 T2 也会因电路短路而造成过电流，致使吸力很小甚至无吸力。

（3）电磁吸盘退磁效果差，造成工件难以取下。其故障原因在于退磁电压过高或去磁回路断开，无法去磁或去磁时间掌握不好等。

4.5 摇臂钻床的电气控制

钻床是一种孔加工机床。可用来钻孔、扩孔、铰孔、攻丝及修刮端面等多种加工形式。

钻床按用途和结构可分为立式钻床、台式钻床、多轴钻床、摇臂钻床及其他专用钻床等。在各类钻床中，摇臂钻床操作方便、灵活，适用范围广，具有典型性，特别适用于单件或批量生产中带有多孔大型零件的孔加工，是一般机械加工车间常见的机床。下面对 Z3040 型摇臂钻床进行重点分析。

4.5.1 Z3040 摇臂钻床的主要结构及运动情况

Z3040 摇臂钻床主要由底座 1、内外立柱 9、摇臂 6、主轴箱 8 及工作台 2 等部分组成，如图 4-17 所示。内立柱固定在底座的一端，在它外面套有外立柱，外立柱可绕内立柱回转 360°，摇臂的一端为套筒，它套装在外立柱上，并借助丝杠的正反转可沿外立柱作上下移动，由于该丝杠与外立柱连成一体，而升降螺母固定在摇臂上。所以，摇臂不能绕外立柱转动，只能与外立柱一起绕内立柱回转。主轴箱是一个复合部件，它由主传动电动机、主轴和主轴传动机构、进给和变速机构以及机床的操作机构等部分组成，主轴箱安装在摇臂的水平导轨上，可以通过手轮操作使其在水平导轨上沿摇臂移动。当进行加工时，由特殊的夹紧装置将主轴箱紧固在摇臂导轨上，外立柱紧固在内立柱上，摇臂紧固在外立柱上，然后进行钻削加工。钻削加工时，钻头一面旋转进行切削，同时进行纵向进给。可见摇臂钻床的主运动为主轴的旋转运动；进给运动为主轴

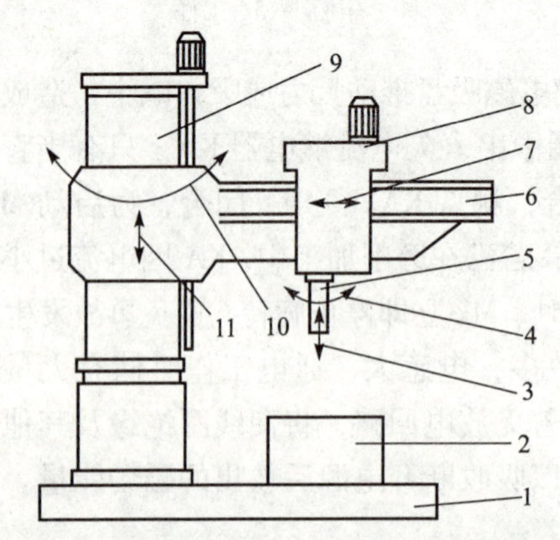

图 4-17 摇臂钻床结构及运动情况示意图

1—底座；2—工作台；3—主轴纵向进；4—主轴旋转主运动；5—主轴；6—摇臂；7—主轴箱沿摇臂径向运动；8—主轴箱；9—内外立柱；10—摇臂回转运动；11—摇臂垂直移动

的纵向进给；辅助运动有：摇臂沿外立柱的垂直移动；主轴箱沿摇臂长度方向的移动；摇臂与外立柱一起绕内立柱的回转运动。

4.5.2　Z3040 摇臂钻床的电力拖动特点及控制要求

根据摇臂钻床结构及运动情况，对其电力拖动和控制情况提出如下要求：

（1）摇臂钻床运动部件较多，为简化传动装置，采用多电动机拖动。通常设有主轴电动机、摇臂升降电动机、立柱夹紧放松电动机以及冷却泵电动机。

（2）摇臂钻床为适应多种形式的加工，要求主轴及进给有较大的调速范围。主轴一般速度下的钻削加工常为恒功率负载；而低速时主要用于扩孔、铰孔、攻丝等加工，这时则为恒转矩负载。

（3）摇臂钻床的主运动与进给运动皆为主轴的运动，为此这两个运动由一台主轴电动机拖动，分别经主轴与进给传动机构实现主轴旋转和进给。所以主轴变速机构与进给变速机构均装在主轴箱内。

（4）为加工螺纹，主轴要求正反转。摇臂钻床主轴正反转一般由机械方法获得，这样主轴电动机只需单方向旋转。

（5）具有必要的连锁与保护。

4.5.3　Z3040 摇臂钻床的电气控制电路

Z3040 摇臂钻床是在 Z35 型摇臂钻床基础上的更新产品。它取消了 Z35 汇流环的供电方式，改为直接由机床底座进线，由外立柱顶部引出再进入摇臂后面的电气壁龛；在内外立柱、主轴箱及摇臂的夹紧放松和其他一些环节上采用了先进的液压技术。由于 Z3040 在机械上有两种形式，所以其电气控制电路也有两种形式，下面以沈阳中捷友谊厂生产的 Z3040 型摇臂钻床为例进行分析。

该摇臂钻床具有两套液压控制系统，一个是操纵机构液压系统；一个是夹紧机构液压系统。前者安装在主轴箱内，用以实现主轴正反转、停车制动、空挡、预选及变速；后者安装在摇臂背后的电器盒下部，用以夹紧松开主轴箱、摇臂及立柱。

1. 液压系统简介

1）操纵机构液压系统

该系统压力油由主轴电动机拖动齿轮泵送出，由主轴变速、正反转及空挡操作手柄来改变两个操纵阀的相互位置，使压力油做不同的分配，获得不同的动作。操作手柄有五个空间位置：上、下、里、外和中间位置，其中上为“空挡”，下为“变速”，外为“正转”，里为“反转”，中间位置为“停车”。而主轴转速及主轴进给量各由一个旋钮预选，然后再操作手柄。

启动主轴时，首先按下主轴电动机启动按钮，主轴电动机启动，拖动齿轮泵，送出压力油，然后操纵手柄，扳至所需转向位置，于是两个操纵阀相互位置改变，使一股压力油将制动摩擦离合器松开，为主轴旋转创造条件；另一股压力油压紧正转（反转）摩擦离合器，接通主轴电动机到主轴的传动链，驱动主轴正转或反转。

在主轴正转或反转过程中，也可旋转变速旋钮，改变主轴转速或主轴进给量。

主轴停车时，将操作手柄扳回中间位置，这时主轴电动机仍拖动齿轮泵旋转，但此时整个液压系统为低压油，无法松开制动摩擦离合器，而在制动弹簧作用下将制动摩擦离合器压紧，使制动轴上的齿轮不能转动，主轴实现停车。主轴停车时主轴电动机仍然旋转，但不能将动力传到主轴。

主轴变速与进给变速：将操作手柄扳至“变速”位置，于是改变两个操纵阀的相互位置，使齿轮泵送出的压力油进入主轴转速预选阀和主轴进给量预选阀，然后进入各变速油缸。各变速油缸为差动油缸，具体哪个油缸上腔进压力油或回油，取决于所选定的主轴转速和进给量大小。与此同时，另一条油路系统推动拨叉缓慢移动，逐渐压紧主轴正转摩擦离合器，接通主轴电动机到主轴的传动链，使主轴缓慢转动，称为缓速。缓速的目的在于使滑移齿轮能比较顺利地进入啮合位置，避免出现齿顶齿现象。当变速完成，松开操作手柄，此时将在弹簧作用下由“变速”位置自动复位到主轴“停车”位置，这时便可操纵主轴正转或反转，主轴将在新的转速或进给量下工作。

主轴空挡：将操作手柄扳向“空挡”位置，这时由于两个操纵阀相互位置改变，压力油使主轴传动系统中滑移齿轮处于中间脱开位置。这时，可用手轻便地转动主轴。

2）夹紧机构液压系统

主轴箱、立柱和摇臂的夹紧与松开，是由液压泵电动机拖动液压泵送出压力油，推动活塞、菱形块来实现的。其中主轴箱和立柱的夹紧放松由一个油路控制，而摇臂的夹紧松开因与摇臂升降构成自动循环，所以由另一个油路单独控制。这两个油路均由电磁阀操纵。

欲夹紧或松开主轴箱及立柱时，首先启动液压电动机，拖动液压泵，送出压力油，在电磁阀操纵下，使压力油经二位六通阀流入夹紧或松开油腔，推动活塞和菱形块实现夹紧或松开。由于液压泵电动机是点动控制，所以主轴箱和立柱的夹紧与松开是点动的。

摇臂的松开与夹紧因与摇臂升降有关联，将在电气控制部分叙述。

2. 电气控制电路分析

图 4-18 为 Z3040 摇臂钻床电气控制电路。图中 M1 为主轴电动机，M2 为摇臂升降电动机，M3 为液压泵电动机，M4 为冷却泵电动机。

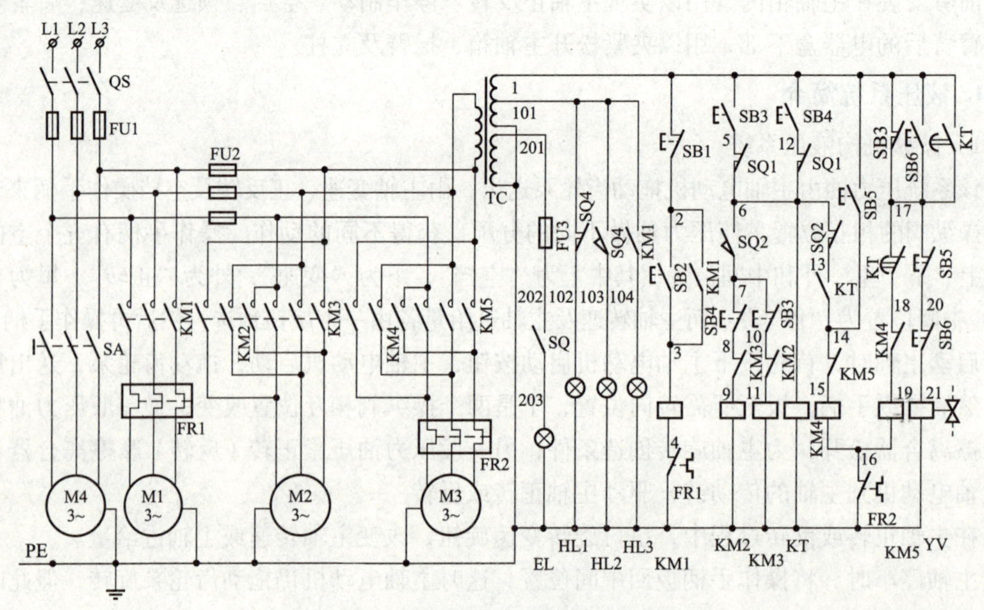

图 4-18　Z3040 摇臂钻床电气控制电路

Z3040 摇臂钻床原理图 1、2

1）主电路分析

M1 为单方向旋转，由接触器 KM1 控制，主轴的正反转则由机床液压系统操纵机构配合正反转摩擦离合器实现，并由热继电器 FR1 为电动机长期过载保护。

M2 由正、反转接触器 KM2、KM3 控制实现正反转。控制电路在操纵摇臂升降时，首先使液压泵电动机启动旋转，输出压力油，经液压系统将摇臂松开，然后才使电动机 M2 启动，拖动摇臂上升或下降。当移动到位后，控制电路又保证 M2 先停下，再自动通过液压系统将摇臂夹紧，最后液压泵电动机才停下。M2 为短时工作，不用设长期过载保护。

M3 由接触器 KM4、KM5 实现正反转控制，并有热继电器 FR2 为长期过载保护。

M4 电动机容量小，仅 0.125 kW，由开关 SA 控制。

2）控制电路分析

由按钮 SB1、SB2 与 KM1 构成主轴电动机 M1 的单方向旋转启动-停止电路。M1 启动后，指示灯 HL3 亮，表示主轴电动机在旋转。

由摇臂上升按钮 SB3、下降按钮 SB4 及正反转接触器 KM2、KM3 组成具有双重互锁的电动机正反转点动控制电路。由于摇臂的升降控制需与夹紧机构液压系统紧密配合，所以与液压泵电动机的控制有密切关系。下面以摇臂的上升为例分析摇臂升降的控制。

按下上升点动按钮 SB3，时间继电器 KT 线圈通电，触点 KT（1—17）、KT（13—14）立即闭合，使电磁阀 YV、KM4 线圈同时通电，液压泵电动机启动，拖动液压泵送出压力油，并经二位六通阀进入松开油腔，推动活塞和菱形块，将摇臂松开。同时，活塞杆通过弹簧片压下行程开关 SQ2，发出摇臂松开信号，即触点 SQ2（6—7）闭合，SQ2（6—13）断开，使 KM2 通电，KM4 断电。于是电动机 M3 停止旋转，油泵停止供油，摇臂维持松开状态；同时 M2 启动旋转，带动摇臂上升。所以 SQ2 是用来反映摇臂是否松开并发出松开信号的电器元件。

当摇臂上升到所需位置时，松开按钮 SB3，KM2 和 KT 断电，M2 电动机停止旋转，摇臂停止上升。但由于触点 KT（17—18）经 1~3 s 延时闭合，触点 KT（1—17）经同样延时断开，所以 KT 线圈断电经 1~3 s 延时后，KM5 通电，YV 断电。此时 M3 反向启动，拖动液压泵，供给压力油，经二位六通阀进入摇臂夹紧油腔，向反方向推动活塞和菱形块，将摇臂夹紧。同时，活塞杆通过弹簧片压下行程开关 SQ3，使触点 SQ3（1—17）断开，使 KM5 断电，油泵电动机 M3 停止旋转，摇臂夹紧完成。所以 SQ3 为摇臂夹紧信号开关。

时间继电器 KT 是为保证夹紧动作在摇臂升降电动机停止运转后进行而设置的，KT 延时长短依摇臂升降电动机切断电源到停止惯性大小来调整。

摇臂升降的极限保护由组合开关 SQ1 来实现。SQ1 有两对常闭触点，当摇臂上升或下降到极限位置时相应触点动作，切断对应上升或下降接触器 KM2 与 KM3，使 M2 停止旋转，摇臂停止移动，实现极限位置保护。SQ1 开关两对触点平时应调整在同时接通位置；一旦动作时，应使一对触点断开，而另一对触点仍保持闭合。

摇臂自动夹紧程度由行程开关 SQ3 控制。如果夹紧机构液压系统出现故障不能夹紧，那么触点 SQ3（1—17）断不开，或者 SQ3 开关安装调整不当，摇臂夹紧后仍不能压下 SQ3，这时都会使电动机 M3 处于长期过载状态，易将电动机烧毁，为此 M3 采用热继电器 FR2 为过载保护。

主轴箱和立柱松开与夹紧的控制。主轴箱和立柱的夹紧与松开是同时进行的。当按下松开按钮 SB5，KM4 通电，M3 电动机正转，拖动液压泵，送出压力油，这时 YV 处于断电状态，压力油经二位六通阀，进入主轴箱松开油腔与立柱松开油腔，推动活塞和菱形块，使主轴箱和立柱实现松开。在松开的同时通过行程开关 SQ4 控制指示灯发出信号，当主轴箱与立柱松开时，开关 SQ4 不受压，触点 SQ4（101—102）闭合，指示灯 HL1 亮，表示确已松开，可操作主轴箱和立柱移动。当夹紧时，将压下 SQ4，触点（101—103）闭合，指示灯 HL2 亮，可以进行钻削加工。

机床安装后，接通电源，可利用主轴箱和立柱的夹紧、松开来检查电源相序，当电源相序正确后，再调整电动机 M2 的接线。

3. Z3040 电气控制电路常见故障分析

摇臂钻床电气控制的特点是机、电、液的联合控制。下面仅以摇臂移动的常见故障作一分析。

（1）摇臂不能上升。由摇臂上升电气动作过程可知，摇臂移动的前提是摇臂完全松开，此时活塞杆通过弹簧片压下行程开关 SQ2，电动机 M3 停止旋转，M2 启动。下面以 SQ2 有无动作来分析摇臂不能移动的原因。

若 SQ2 不动作，常见故障为 SQ2 安装位置不当或发生移动。这样，摇臂虽已松开，但活塞杆仍压不上 SQ2，致使摇臂不能移动。有时也会出现因液压系统发生故障，使摇臂没有完全松开，活塞杆压不上 SQ2。为此，应配合机械、液压调整好 SQ2 位置并重新安装牢固。

有时电动机 M3 电源相序接反，此时按下摇臂上升按钮 SB3 时，电动机 M3 反转，使摇臂夹紧，更压不上 SQ2，摇臂也不会上升。所以，机床大修或安装完毕，必须认真检查电源相序及电动机正反转是否正确。

（2）摇臂移动后夹不紧。摇臂升降后，摇臂应自动夹紧，而夹紧动作的结束由开关 SQ3 控制。若摇臂夹不紧，说明摇臂控制电路能够动作，只是夹紧力不够。这是由于 SQ3 动作过早，使液压泵电动机 M3 在摇臂还未充分夹紧时就停止旋转。这往往是由于 SQ3 安装位置不当或松动移位，过早地被活塞杆压下而提前动作之故。

（3）液压系统的故障。有时电气控制系统工作正常，而电磁阀芯卡住或油路堵塞，造成液压控制系统失灵，也会造成摇臂无法移动。因此，在维修工作中应正确判断是电气控制系统还是液压系统的故障，然而这两者之间相互联系，应相互配合共同排除故障。

4.6 组合机床电气控制电路

组合机床通常用多刀、多面、多工序、多工位同时加工，是由通用部件和专用部件组成的工序集中的高效率专用机床。它的电气控制电路是将各个部件的工作组合成一个统一的循环系统。在组合机床上可以完成钻孔、扩孔、铰孔、镗孔、攻丝、车削、铣削等工序。组合机床主要用于大批量生产。

组合机床的通用部件有：动力部件，如动力头和动力滑台；支承部件，如滑座、床身、立柱和中间底座；输送部件，如回转分度工作台、回转鼓轮、自动线工作回转台及零件输送装置；控制部件，如液压元件、控制板、按钮台及电气挡铁；其他部件，如机械扳手、排屑装置和润滑装置等。通用部件已标准化、系列化和通用化。

组合机床的控制系统大多采用机械、液压或气压、电气相结合的控制方式。其中电气控制又起着中枢的连接作用。因此，应注意分析组合机床电气控制系统、机械、液压或气动部件的相互关系。

组合机床电气控制系统的特点是它的基本电路可根据通用部件的典型控制电路和一些基本控制环节组成，再按加工、操作要求以及自动循环过程，无须或只需作少量修改综合而成。

以下以采用一个液压动力滑台和两个铣削动力头以实现两面加工的组合机床电气控制电路为例进行说明。

4.6.1　组合机床的主要结构与运动形式

如图 4-19 所示，该组合机床由底座 11、立柱 7、液压动力滑台 1、6、10 等通用部件以及有关专用部件组成。组合机床的工作循环见图 4-20。

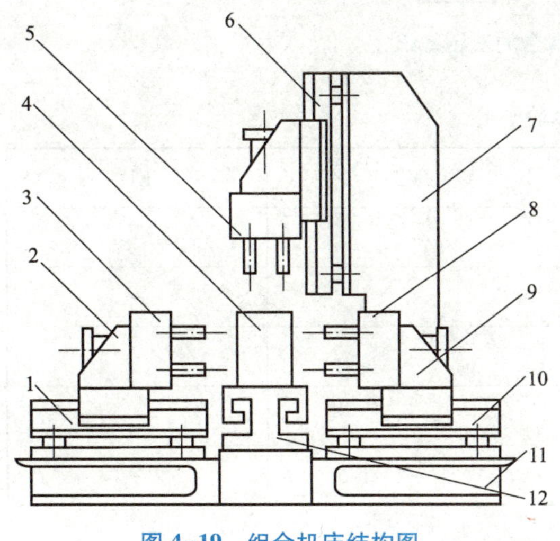

图 4-19　组合机床结构图

1，6，10—液压动力滑台；2，9—动力头；3，5，8—变速箱；4—工件；7—立柱；11—底座；12—工作台

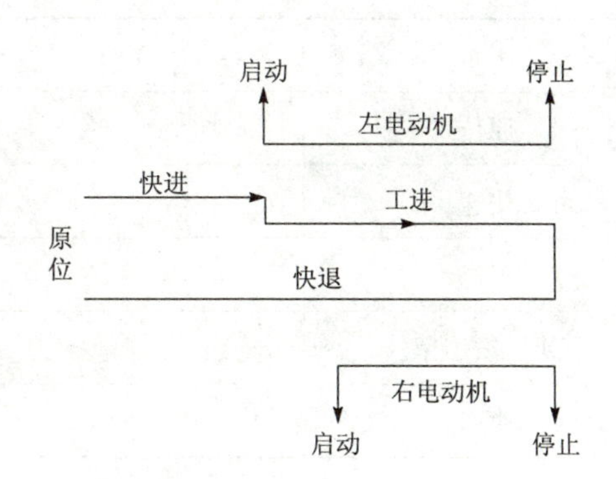

图 4-20　组合机床工作循环

加工时，工件随夹具安装在液压动力滑台上，当发出加工指令后，工作台作快速移动，工件接近动力头时，工作台改为工作进给速度进给；同时，左铣削动力头启动加工，当进给到一定位置时，右动力头也启动，两面同时加工，直至终点时工作进给停止，两动力头停转，经死挡铁停留后，液压动力滑台快速退回至原位停止，工作循环结束。

4.6.2　组合机床的电气控制

图 4-21（图中 1~11 为油路）为液压动力滑台只有一次进给的液压系统图，表 4-1 为元件动作表。图 4-22 为组合机床电气控制电路。

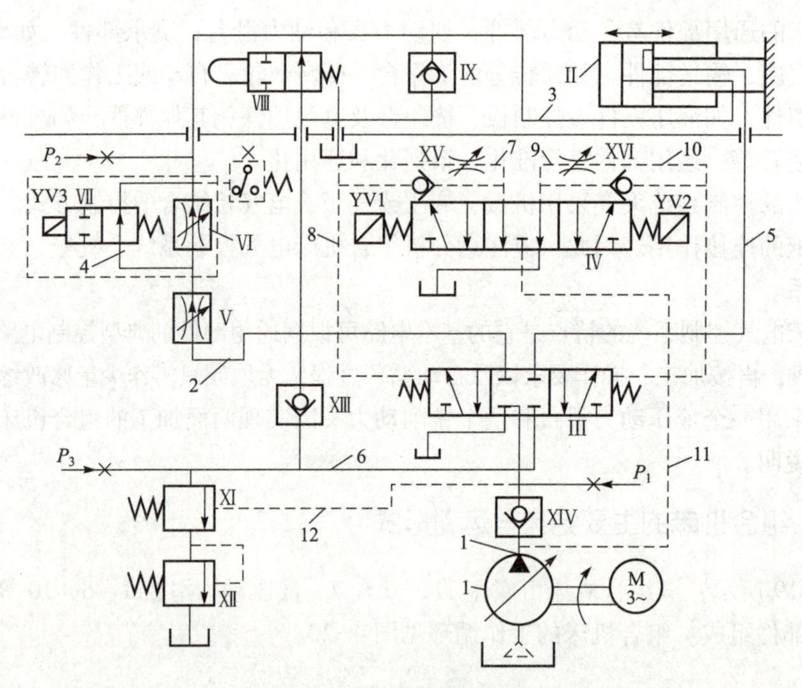

图 4-21　液压动力滑台的液压系统

表 4-1　元件动作表

工步	YV1	YV2	KP
原位	−	−	−
快速	+	−	−
工进	+	−	−
死挡铁停留	+	−	−/+
快退	−	+	−

1. 液压系统工作过程

1）快速趋近

液压泵电动机启动后，按 SB3 按钮发出滑台快速移动信号，电磁铁 YV1 得电，三位五通电磁阀Ⅳ右位接通油路，控制油路开通，三位五通液控换向阀Ⅲ右位接通油路，接通工作油路，压力油经过行程阀进入油缸Ⅱ大腔，而小腔内回油经过阀Ⅲ、阀Ⅺ、阀Ⅵ再进入油缸Ⅱ大腔，油缸体、滑台、工件获得向前快速移动。

2）工作进给

液压动力滑台快速移动到工件接近铣削动力头时，滑台上的挡铁压下行程阀Ⅵ，切断压力油通路，此时压力油只能通过调速阀Ⅴ进入油缸大腔，减少进油量，降低滑台移动速度，滑台转为工作进给。此时由于负载增加，工作油路油压升高，顺序阀Ⅶ打开，油缸小腔的回油不再经单向阀Ⅺ流入油缸大腔，而是经顺序阀Ⅶ流回油箱。

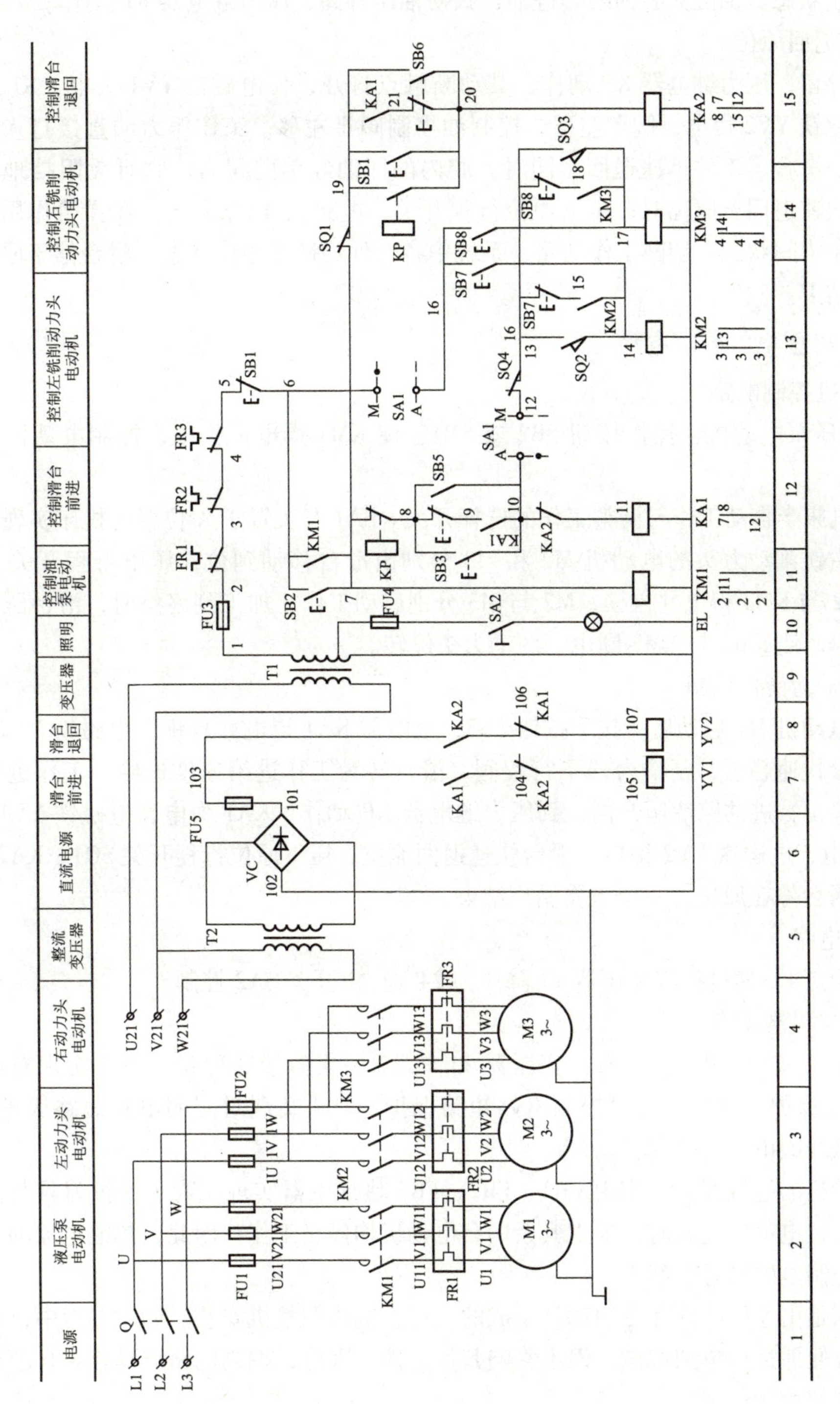

图4–22　组合机床电气控制电路图

3）死挡铁停留

液压动力滑台工作进给终了时（铣削加工结束），滑台撞上死挡铁停止前进，但油路仍处于工作进给状态，油缸大腔内继续进油，致使油压升高，压力继电器 KP 动作。

4）快速返回原位

死挡铁停留，压力继电器 KP 动作，其动断触点打开，使电磁铁 YV1 失电，KP 动合触点闭合，电磁铁 YV2 得电，阀Ⅳ左移，控制油控制阀Ⅲ左移，工作压力油直接打入油缸小腔，使缸体、滑台、工件迅速退回。同时大腔内的回油经单向阀Ⅶ、阀Ⅲ无阻挡地流回油箱。工作台快速退回至原位时，压下原位行程开关，电磁铁 YV2 失电，在弹簧作用下，液控换向阀处于中间状态，切断工作油路，系统中各元件均恢复原位状态，滑台停于原位，一个工作循环结束。

2. 组合机床电气控制电路

1）电动机控制电路

M1 为液压泵电动机，操作按钮 SB2 或 SB1，使 KM1 得电或失电，控制电动机启动或停止。

SA1 为机床半自动工作与调整工作的选择开关。SA1 开关置于 A 位置时机床实现半自动工作，左、右铣削动力头的电动机 M2 和 M3 分别由滑台移动到位，压下行程开关 SQ2 和 SQ3，使 KM2 与 KM3 得电并自锁，M2 与 M3 分别启动工作。加工到终点时，滑台压下终点行程开关 SQ4，使 KM2 与 KM3 断电，两动力头停转。

2）液压动力滑台控制

液压泵电动机 M1 启动后，按下按钮 SB3，继电器 KA1 得电并自锁，电磁铁 YV1 得电，按制液压滑台快速趋近，至滑台压下行程阀，滑台转为工作进给速度进给。工作进给至终点，死挡铁停留，进油路油压升高，到压力继电器 KP 动作，KA1 失电，电磁铁 YV1 失电，同时 KA2 得电，电磁铁 YV2 得电，滑台快速退回原位，压下原位行程开关 SQ1，KA2 失电，YV2 失电，滑台停在原位，一个工作循环结束。

3）照明电路

机床照明灯 EL 通过控制变压器 T1 降压为 24 V，由开关 SA2 控制。

4）保护与调整环节

熔断器 FU1 实现对电动机 M1、变压器 T1 与 T2 一次侧短路保护。FU2 实现对电动机 M2 与 M3 短路保护。FU3 实现对控制电路短路保护。FU4 实现对照明电路短路保护。FU5 实现对电磁铁线圈电路短路保护。

三台电动机的过载保护分别由 FR1、FR2、FR3 热继电器实现。为了保护刀具与工件安全，当其中一台电动机过载时，要求其余两台电动机均停止工作。因此，热继电器的动断触点均应接在控制电路的总电路中。

组合机床是由通用部件和专用部件组成的。组合机床在整机安装、调试过程中，希望各部件能灵活方便地进行单独调试，而不影响其他部件。因此，控制电路应具有对自动加工与调整工作状态的控制作用。

左、右动力头调整点动对刀时，通过操作转换开关 SA1 于调整位置 M，分别按下按钮 SB7 和 SB8 实现左、右动力头点动对刀的调整。

液压动力滑台前进、后退的调整是将 SA1 开关置于 M 位置，切断 KM2 与 KM3 线圈电路，使滑台移动到SQ2 与SQ3 位置时，左、右铣削动力头不应启动工作。按下点动按钮 SB5 或 SB6，分别使 KA1 与 KA2 得电，获得滑台前进与后退的点动调整工作。

4.7 CW6163 型卧式车床电气原理图设计

4.7.1 课题概述和设计要求

CW6163 型卧式车床是性能优良、应用广泛的普通小型车床，工件最大车削直径为 630 mm，工件最大长度 1 500 mm，其主轴运动的正反转依靠两组机械式摩擦片离合器完成，主轴的制动采用液压制动器，进给运动的纵向左右运动、横向前后运动及快速移动都集中由一个手柄操作。对电气控制的要求是：

（1）由于工件的最大长度较长，为了减少辅助工作时间，除了配备一台主轴运动电动机以外，还应配备一台刀架快速运动电动机，主轴运动的启、停要求两地操作。

（2）由于车削时会产生高温，故需配备一台普通冷却泵电动机。

（3）需要一套局部照明装置及一定的工作状态指示灯。

4.7.2 电动机的选择

根据课题概述和设计要求，可知需配备三台电动机：主轴电动机，设为 M1；冷却泵电动机，设为 M2；快速电动机，设为 M3。通常电动机的选择在机械设计时确定。

（1）主轴电动机 M1 选定为 Y160M—4（11 kW，380 V，22.6 A，1 460 r/min）。

（2）冷却泵电动机 M2 选定为 JCB—22（0.125 kW，0.43 A，2 790 r/min）。

（3）快速电动机 M3 选定为 Y90S—4（1.1 kW，2.7 A，1 400 r/min）。

4.7.3 电气控制线路图的设计

1. 主电路设计

（1）主轴电动机 M1。M1 的功率较大，超过 10 kW，但是由于车削在机器启动以后才进行，并且主轴的正反转通过机械方式进行，所以 M1 采用单向直接启动控制方式，用接触器 KM 进行控制。在设计时还应考虑到过载保护，并采用电流表 PA 监视车削量，就可得到控制 M1 的主电路，如4-23 所示。从图中可看到 M1 未设置短路保护，它的短路保护可由机床的前一级配电箱中的熔断器担任。

（2）冷却泵电动机 M2 和快速电动机 M3。由于电动机 M2 和 M3 的功率都较小，额定电流分别为 0.43 A 和 2.7 A，为了节省成本和缩小体积，可分别用交流中间继电器 KA1 和 KA2（额定电流都为 5 A，常开常闭触点各为 4 对）替代接触器进行控制。由于快速电动机 M3 短时运行，故不设过载保护，这样可得到控制 M2 和 M3 的主电路如图 4-23 所示。

2. 控制电源的设计

考虑到安全可靠和满足照明及指示灯的要求，采用控制变压器 TC 供电，其一次侧为交

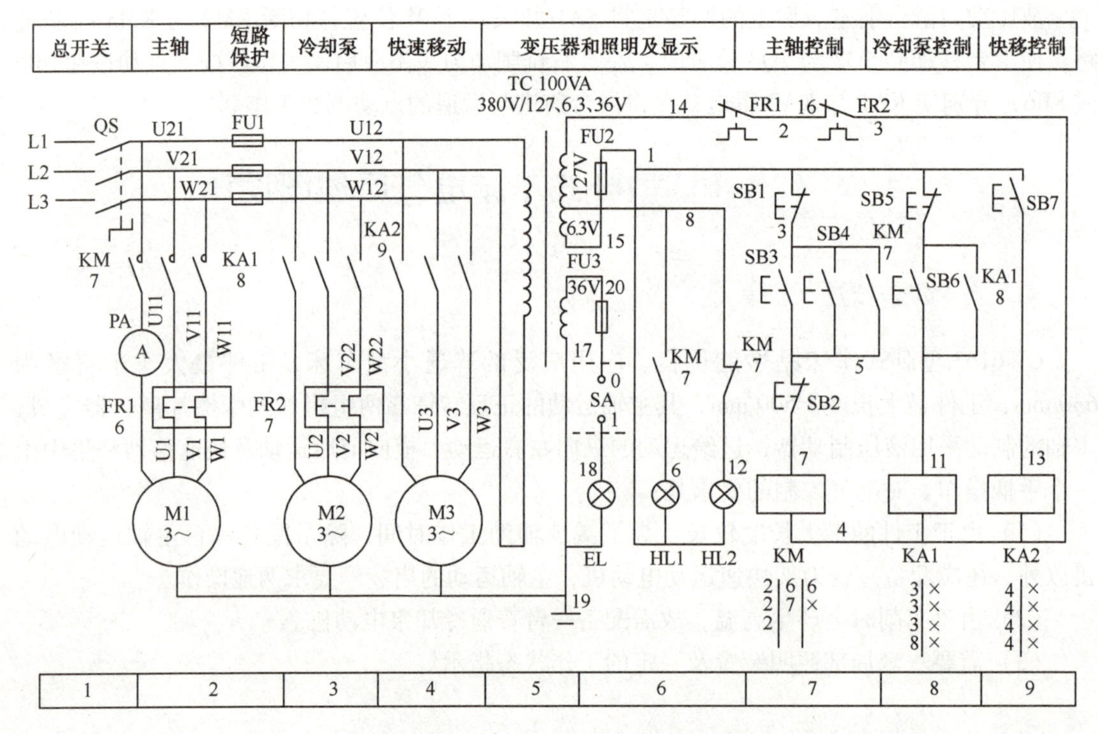

图 4-23　CW6163 型卧式车床电气原理图

流 380 V，二次侧为交流 127 V、36 V 和 6.3 V，其中 127 V 提供给接触器 KM 和中间继电器 KA1 及 KA2 的线圈，36 V 交流安全电压提供给局部照明电路，6.3 V 提供给指示灯电路，具体接线情况如图 4-23 所示。

3. 控制电路的设计

主轴电动机 M1 的控制。由于机床比较大，考虑到操作方便，主电动机 M1 可在机床床头操作板上和刀架拖板上分别设置启动和停止按钮 SB3、SB1 和 SB4、SB2 进行操纵，实现两地控制，可得到 M1 的控制电路如图 4-23 所示。

冷却泵电动机 M2 和快速电动机 M3 的控制。M2 采用单向启停控制方式，而 M3 采用点动控制方式，具体电路如图 4-23 所示。

4. 局部照明与信号指示电路的设计

设置照明灯 EL、灯开关 SA 和照明回路熔断器 FU3，具体电路如图 4-23 所示。

可设二相电源接通指示灯 HL2（绿色），在电源开关 QS 接通以后立即发光显示，表示机床电气线路已处于供电状态。另外，设置指示灯 HL1（红色）表示主轴电动机是否运行。此两指示灯 HL1 和 HL2 可分别由接触器 KM 的常开和常闭触点进行切换通电显示，电路如如图 4-23 所示。

在操作板上设有交流电流表 PA，它被串联在主轴电动机的主回路中（如图 4-23 所示），用以指示机床的工作电流。这样可根据电动机工作情况调整切削用量使主电动机尽量满载运行，以提高生产效率，并能提高电动机的功率因数。

4.7.4　电器元件的选择

电动机的选择，实际上是在机电设计密切配合并进行实际实验的情况下定型的。现在，来进行其他电器元件的选择。

1. 电源开关的选择

电源开关 QS 的选择主要考虑电动机 M1—M3 的额定电流和启动电流，而在控制变压器 TC 二次侧的接触器及继电器线圈、照明灯和显示灯在 TC 一次侧产生的电流相对来说较小，因而可不做考虑。已知 M1、M2 和 M3 的额定电流分别为 22.6 A、0.43 A、2.7 A，可算得额定电流之和为 25.73 A，由于只有功率较小的冷却泵电动机 M2 和快速移动电动机 M3 为满载启动，如果这两台电动机的额定电流之和放大 5 倍，也不超过 15.65 A，而功率最大的主轴电动机 M1 为轻载启动，并且电动机 M3 短时工作，因而电源开关的额定电流就选 25 A 左右，具体选择 QS 为：三极转换开关（组合开关），HZ10—25/3 型，额定电流 25 A。

2. 热继电器的选择

根据电动机 M1 和 M2 的额定电流，选择如下：

FR1 应选用 JR0—40 型热继电器。热元件额定电流为 25 A，额定电流的调节范围为 16~25 A，工作时调整在 22.6 A。

FR2 也应选用 JR0—40 型热继电器，但热元件额定电流为 0.64 A，额定电流的调节范围为 0.40~0.64 A，工作时调整在 0.43 A。

3. 接触器的选择

因主轴电动机 M1 的额定电流为 22.6 A，控制回路电源 127 V，需主触点三对，辅助常开触点两对，辅助常闭触点一对，所以接触器 KM 应选用 CJ10—40 型接触器，主触点额定电流 40 A，线圈电压 127 V。

4. 中间继电器的选择

冷却泵电动机 M2 和快速电动机 M3 的额定电流都较小，分别为 0.43 A 和 2.7 A，所以 KA1 和 KA2 都可以选用普通的 JZ7—44 型交流中间继电器代替接触器进行控制，每个中间继电器常开、常闭触点各有 4 个，额定电流为 5 A，线圈电压为 127 V。

5. 熔断器的选择

熔断器 FU1 对 M2 和 M3 进行短路保护，M2 和 M3 的额定电流分别为 0.43 A 和 2.7 A，可选用 RL—15，配用 10 A 熔体，FU2、FU3 选择同控制变压器相结合，可选用 RL—15。

6. 按钮的选择

三个启动按钮 SB3、SB4 和 SB6 可选择 LA—18 型按钮，黑色；三个停止按钮 SB1、SB2 及 SB5 也选择 LA—18 型按钮，颜色为红色；点动按钮 SB7 型号相同，绿色。

7. 照明灯及灯开关的选择

照明灯 EL 和灯开关 SA 成套购置，EL 可选用 JC2 型，交流 36 V、40 W。

8. 指示灯的选择

指示灯 HL1 和 HL2，都选 ZSD—0 型，6.3 V，0.25 A，分别为红色和绿色。

9. 电流表 PA 的选择

电流表 PA 可选用 62T2 型，0~50 A。

10. 控制变压器的选择

控制变压器可实现高低压电路隔离，使得控制电路中的电器元件，如按钮、行程开关和接触器及继电器线圈等同电网电压不直接相接，提高了安全性。另外，各种照明灯、指示灯和电磁阀等执行元件的供电电压有多种，有时也需要用控制变压器降压提供。常用的控制变器有 BK—50、100、150、200、300、400 和 1000 等型号，其中的数字为额定功率（VA），一次侧电压一般为交流 380 V 和 220 V（220 V 电压抽头适合于单相供电时的情况），二次侧电压一般为交流 6.3 V、12 V、24 V、36 V 和 127 V（12 V 电压也可通过 12 V 和 36 V 抽头提供）。控制变压器具体选用时要考虑所需电压的种类和进行容量的计算。

控制变压器的容量 P 可以根据由其供电的最大工作负载所需要的功率来计算，并留有一定的余量。

对本实例而言，接触器 KM 的吸持功率为 12 W，中间继电器 KA1 和 KA2 的吸持功率都为 12 W，照明灯 EL 的功率为 40 W，指示灯 HL1 和 HL2 的功率都为 1.575 W，可算得总功率为 79.15 W，若取 K 为 1.25，则算得 P 约等于 99 W，因此控制变压器 TC 可选用 BK—100 VA，380、220 V/127、36、6.3 V。易算得 KM、KA1 和 KA2 线圈电流及 HL1、HL2 电流之和小于 2 A，EL 的电流也小于 2 A，故熔断器 FU2 和 FU3 均选 RL1—15 型，熔体 2 A。这样，就可在电气原理图上做出电器元件目录表，见表 4-2。

表 4-2 CW6163 型卧式车床电器元件目录表

序号	符　　号	名　　称	型　　号	规　　格	数量
1	M1	三相异步电动机	Y160M—4	11 kW，380 V，22.6 A，1 460 r/min	1
2	M2	冷却泵电动机	JCB—22	0.125 kW，0.43 A，2 790 r/min	1
3	M3	三相异步电动机	Y90S—4	1.1 kW，2.7 A，1 400 r/min	1
4	QS	三极转换开关	HZ10—25/3	三极，500 V，25 A	
5	KM	交流接触器	CJ10—40	40 A，线圈电压 127 V	1
6	KA1、KA2	交流中间继电器	JZ7—44	5 A，线圈电压 127 V	2
7	FR1	热继电器	JR0—40	热元件额电流 25 A，整定电流 22.6 A	1
8	FR2	热继电器	JR0—40	热元件额电流 0.64 A，整定电流 0.3 A	1
9	FU1	熔断器	RL1—15	500 V，熔体 10 A	3
10	FU2、FU3	熔断器	RL—15	500 V，熔体 2 A	2

续表

序号	符 号	名 称	型 号	规 格	数量
11	TC	控制变压器	BK—100	100 VA，380 V/127、36、6.3 V	1
12	SB3、SB4、SB6	控制按钮	LA—18	5 A，黑色	3
13	SB1、SB2、SB5	控制按钮	LA—18	5 A，红色	3
14	SB7	控制按钮	LA—18	5 A，绿色	1
15	HL1、HL2	指示灯	ZSD—0	6.3 V，绿色1，红色1	2
16	EL、SA	照明灯及灯开关		36 V，40 W	各1
17	PA	交流电流表	62T2	0~50 A，直接接入	1

4.7.5 电气接线图的绘制

电气接线图是根据电气原理图及电器元件布置图绘制的，一方面表示出各电气组件（电器板、电源板、控制面板和机床电器）之间的接线情况；另一方面表示出各电气组件板上电器元件之间的接线情况。因此，它是电气设备安装、进行电器元件配线和检修时查线的依据。

机床电器（电动机和行程开关等）可先接线到装在机床上的分线盒，再从分线盒接线到电气箱内电器板上的接线端子板上（也可不用分线盒直接接到电气箱）。电气箱上各电器板、电源板和控制面板之间要通过接线端子板接线。接线图的绘制还应注意以下几点。

（1）电器元件按外形绘制，并与布置图一致，偏差不要太大。与电气原理图不同，在接线图中同一电器元件的各个部分（线圈、触点等）必须画在一起。

（2）所有电器元件及其引线应标注与电气原理图相一致的文字符号及接线回路标号。

（3）电器元件之间的接线可直接连接，也可采用单线表示法绘制，实现几根线可从电器元件上标注的接线间路标号数看出来。当电器元件数量较多和接线较复杂时，也可不画各元件间的连线，但是在各元件的各接线端子回路标号处，应标注另一元件的文字符号，以便识别，方便接线。电气组件之间的接线也采用单线表示法绘制，含线数可从端子板上的回路标号数看出来。

（4）接线图中应标出配线用的各种导线的型号、规格、截面积及颜色等。规定交流或直流动力电路用黑色线，交流辅助电路为红色，直流辅助电路为蓝色，地线为黄绿双色，与地线连接的电路导线及电路中的中性线用白色线。还应标出组件间连线的护套材料，如橡套或塑套、金属软管、铁管和塑料管等。对于图4-23所示的CW6163型卧式车床电气原理图，其接线图如图4-24所示。接线图中，管内敷线见表4-3。

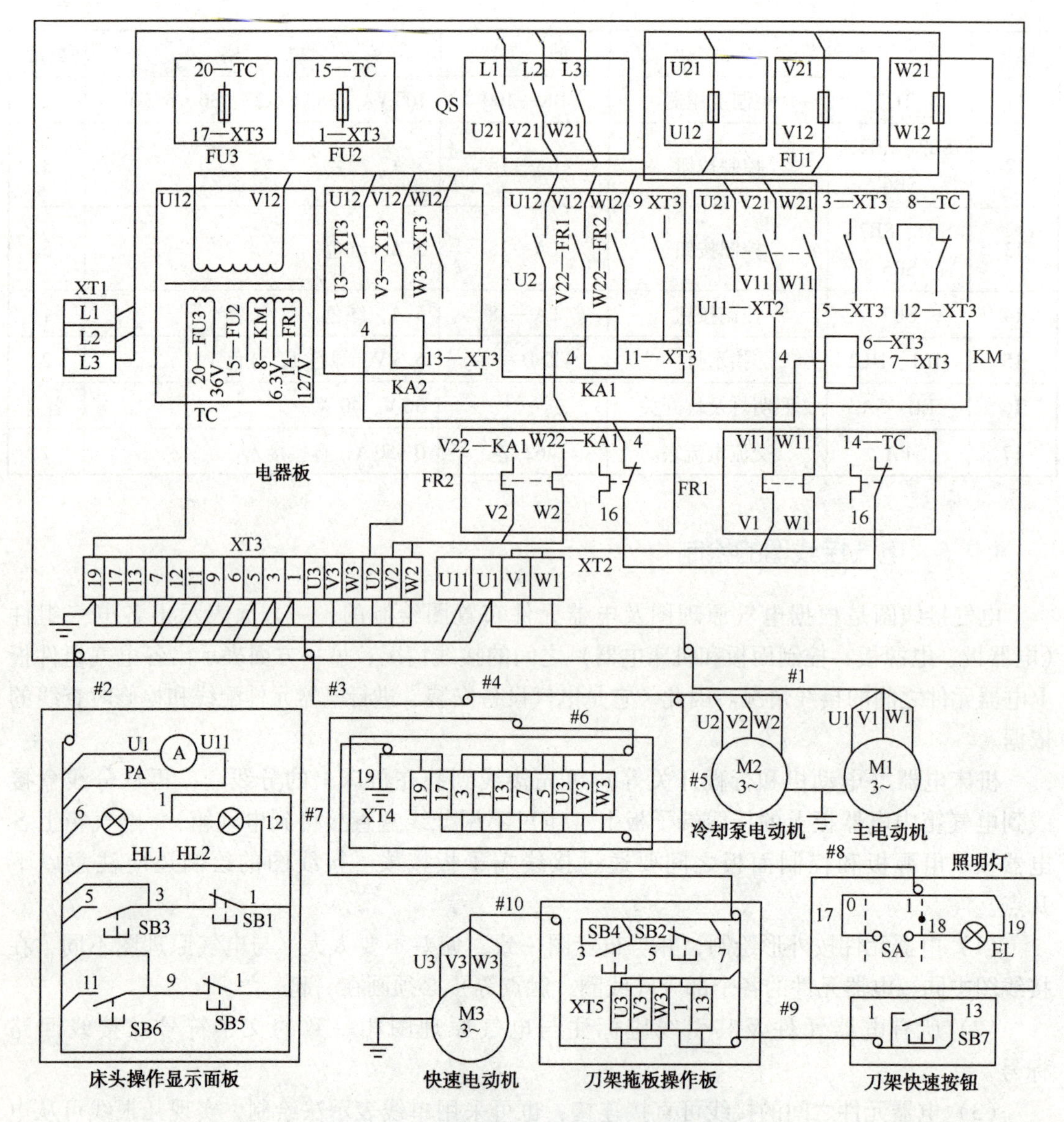

图 4-24　CW6163 型卧式车床电气接线图

表 4-3　CW6163 型卧式车床电气接线图中管内敷线明细表

代号	穿线用管（或电缆类型）内径/mm	电线		接线号
		截面/mm²	根数	
#1	内径 15 聚氯乙烯软管	4	3	U1，V1，W1
#2	内径 15 聚氯乙烯软管	4	2	U1，U11
		1	7	1，3，5，6，9，11，12

由于图 4-24 也反映出了电气组件间的接线情况，故在总体配置设计中所述的总装配图与总接线图也可省略。

本章小结

本章在前三章的基础上，讨论了卧式车床、卧式升降台铣床、镗床、摇臂钻床、平面磨床等普通机床的电气控制线路。这些机床使用广泛，因此其电气电路显得比较重要。

在分析机床等机械设备的电气控制电路时，有以下一些规律可以借鉴：

（1）分析机械设备的运转、操作与电气控制系统之间的联系。

例如该设备可能有数个电动机，每个电动机在该设备运转时的用途、传动方式等会有所区别和联系。

（2）设备电气控制线路的分析方法和具体步骤可以利用查线分析法对主电路——控制电路——辅助电路——连锁、保护环节——特殊控制环节进行逐步地分析，最后总体检查。

（3）设备电气控制电路是在前三章的基础上进行学习讨论的，所以如果在分析设备电气开展线路时，可以将每台电动机分为若干具体的控制环节，每个环节单独进行分析。

（4）为了更深一步学习，学生可以借阅一些电气方面的书籍（如《电动机拖动》等），以加深对本课程的学习和理解。

在学习机床控制线路设计时，重点是方案设计，而方案设计的重点是根据机床的使用要求明确控制思路；在方案确定后再确定电动机和电器元件型号、规格和数量等。

思考与练习

4.1　试分析 C650 普通车床的控制电路中速度继电器有何作用？照明灯电压是安全电压，但是为什么灯泡的一端还要接地？

4.2　C650 普通车床有何控制特点？试分析主轴电动机不能停车的原因。

4.3　X6132 铣床电气控制电路是由哪几个基本控制环节所组成的？

4.4　X6132 铣床电气控制电路中具有哪些连锁与保护？为什么要有这些连锁与保护？它们是如何实现的？

4.5　试述 X6132 主轴变速的操作过程，在主轴转与主轴不转时，进行主轴变速，电路工作情况有何不同？

4.6　试述 X6132 进给变速冲动是如何实现的？在进给与不进给时，进行进给变速，电路工作情况有何不同？

4.7　X6132 铣床主轴停车时不能迅速停车，故障何在？如何检查？

4.8　如果 X6132 铣床工作台只能实现左右和前下运动，不能进行后上运动，故障原因是什么？如果工作台只能实现左右前后运动，不能进行上下运动，故障原因是什么？

4.9　试述 X6132 工作台的控制原理。

4.10　分析 T68 卧式镗床主轴电动机高低速控制电路的工作原理。

4.11　分析 T68 卧式镗床刀具运动和电气控制系统之间的联系。

4.12　分析 T68 卧式镗床主轴电动机有哪些控制环节。

4.13　分析M7130电磁吸盘上磁和去磁电路的工作原理。

4.14　分析Z3040摇臂钻床有几台电动机，每台电动机的用途是什么。

4.15　分析Z3040摇臂钻床控制电路中摇臂升降运动的工作原理。

4.16　分析Z3040摇臂钻床立柱和主轴箱夹紧与松开的电气控制电路的原理。

4.17　设计一控制电路控制两台电动机，要求M1启动后M2再启动，M2停止后M1再停止。两电动机分别有短路保护和过载保护。

4.18　机床电气设计为什么要与机械设计同步进行？

4.19　在一般机床中，为什么笼型感应电动机用得最广？

4.20　设计电气控制电路主要满足哪些方面的要求？

4.21　怎么样提高控制电路的可靠性？设计电路应注意哪些问题？

4.22　两个吸引线圈额定电压为110 V的交流接触器，串联后接到220 V的交流电源上，能否正常工作？为什么？

第 5 章

可编程控制器

5.1 可编程序控制器概述

5.1.1 可编程序控制器的产生和发展

PLC（Programmable logic Controller）是一种专门为在工业环境下应用而设计的数字运算操作的电子装置。它采用可以编制程序的存储器，用来在其内部存储执行逻辑运算、顺序运算、计时、计数和算术运算等操作的指令，并能通过数字式或模拟式的输入和输出，控制各种类型的机械或生产过程。PLC 及其有关的外围设备都应该按易于与工业控制系统形成一个整体，易于扩展其功能的原则而设计。

国际电工委员会（IEC）于 1987 年 2 月颁布 PLC 的标准草案（第 3 稿），草案对 PLC 定义：“可编程序控制器是一种数字运算操作的电子装置，专为在工业环境下应用而设计。它采用可编程序的存储器，用来在其内部存储执行逻辑运算、顺序控制、定时、计数和算术运算等操作的指令，并通过数字式或模拟式的输入和输出，控制各种类型的机械或生产过程。可编程序控制器及其有关的外围设备都应按易于工业控制系统连成一个整体，易于扩充其功能的原则设计。”

定义强调了可编程控制器是“数字运算操作电子系统”，即是一种能完成逻辑运算、顺序控制、定时、计数和算术操作等功能的计算机，还具有数字量或模拟量的输入/输出控制的能力。

定义还强调了可编程控制器直接应用于工业环境，须具有很强的抗干扰能力，广泛的适应能力和应用范围。这也是区别于一般微型计算机控制系统的一个重要特征。定义说明了 PLC 是一种工业控制装置。

20 世纪 60 年代，继电器-接触器控制系统在工业控制领域占主导地位，应用非常广泛。该系统按照一定的逻辑关系对开关量进行控制。采用固定接线的控制系统耗电多、体积大、可靠性差、通用性和灵活性差，迫切地需要新型控制技术的出现。与此同时，计算机技术开始广泛应用于工业控制领域，但因价格高、I/O 电路不匹配、编程难度大及难以适应恶劣工业环境等原因，未能在工业控制领域获得推广。

三菱外形

1968 年，美国最大的汽车制造商—通用汽车公司为了适应汽车型号的不断更新、生产工艺不断变化需要，希望一种比继电器更可靠、功能更齐全、响应速度更快的新型工业控制器。实际上是将继电器控制的使用方便、简单易懂、价格低等优点，与计算机的功能完善、灵活性及通用性好的优点结合起来，将继电器—接触器控制系统的硬接线逻辑转变为计算机软件逻辑编程的设想。

1969年，美国数字设备公司（DEC公司）研制出了第一台可编程控制器，并在美国通用汽车公司的生产线上试用成功，并取得了满意效果，可编程控制器自此诞生。

PLC自问世以来，以其编程方便、可靠性高、通用灵活、体积小、使用寿命长等一系列优点，很快在世界各国的工业领域推广应用。1971年，日本从美国引进了这项新技术，研制出日本第一台可编程控制器DSC-18。1973年，欧洲各国也研制和生产PLC。到现在，世界各国著名的电气工厂几乎都在生产PLC装置。PLC已作为一种独立的工业设备被列入生产中，成为当代工业自动化领域中最重要、应用最广泛的控制装置。

20世纪70年代中后期，随着微处理器和微型计算机的出现，将微型计算机技术应用于PLC中。PLC的工作速度提高了，功能也不断完善，在进行开关量逻辑控制的基础上还增加了数据传送、比较和对模拟量进行控制的功能，产品初步形成系列化和规模化。

20世纪80年代以来，随着大规模集成电路技术的迅猛发展，以16位和32位微处理器为核心的PLC也得到迅猛发展，其功能增强、工作速度加快、体积减小、可靠性提高、编程和故障检测更为灵活方便。现代的PLC不仅能实现开关量的顺序逻辑控制，而且还具有了高速计数、中断技术、PID调节、模拟量控制、数据处理、数据通信及远程I/O、网络通信和图像显示等功能。全世界有上百家PLC制造厂商，其中著名的制造厂商有：美国Rockwell自动化公司所属的A-B（Allen & Bradly）公司，德国的西门子（SIEMENS）公司和日本的欧姆龙（OMRON）和日本的三菱公司等。

5.1.2 可编程序控制器的特点和分类

1. PLC的特点

1）编程简单、操作方便

PLC有多种程序设计语言可以使用。主要有梯形图、语句表（指令表）、功能图等，其中，梯形图语言与继电器控制电路极为相似，直观易懂，深受现场电气技术人员的欢迎，指令表程序与梯形图程序有一一对应的关系，同样有利于技术人员的编程操作；功能图语言是一种面向对象的顺控流程图语言（Sequential Function Chart，SFC），它以过程流程为主线，使编程简单、方便。对于用户来说，即使没有专门的计算机知识，也可以在短时间内掌握PLC编程语言，当生产工艺发生变化时，修改程序即可。

2）高可靠性高、抗干扰能力强

PLC采用集成度很高的微电子控制器件，大量的开关动作由无触点的半导体电路完成，其可靠程度是机械触点的继电器所无法比拟的。为保证PLC在恶劣的工业环境下可靠工作，其设计和制造过程中采取了一系列硬件和软件方面的抗干扰措施，使其可以直接安装于工业现场而稳定可靠地工作。

软件方面，设置故障检测与诊断程序，每次扫描都对系统状态、用户程序、工作环境和故障进行检测与诊断，发现出错信息后，立即自动处理，如报警、保护数据和封锁输出等。对用户程序及动态数据进行电池后备，以保障停电后有关状态及信息不会因此丢失。

硬件方面，PLC采用可靠性高的工业元件和先进的电子加工工艺制造，对干扰采用屏

蔽、隔离和滤波等技术，有效地抑制了外部干扰源对 PLC 内部电路的影响。

3）功能完善、应用灵活

目前 PLC 产品已经标准化、系列化和模块化，功能更加完善，不仅具有逻辑运算、计时、计数和顺序控制等功能，还具有 D/A、A/D 转换、算术运算及数据处理、通信联网和生产监控等功能。模块式的硬件结构使组合和扩展方便，用户可根据需要灵活选用相应的模块，以满足系统大小不同及功能繁简各异的控制系统要求。

4）使用简单、调试维修方便

PLC 接线非常方便，只需将产生输入信号的设备（如按钮、开关、各种传感器信号等）与 PLC 的输入端连接，将接收输出信号的被控设备（如接触器、电磁阀、信号灯）与 PLC 的输出端连接。PLC 用户程序可以在实验室模拟调试，输入信号用开关来模拟，输出信号用 PLC 的发光二极管显示。调试通过后，再将 PLC 在现场安装调试。调试工作量比继电器控制系统小得多。PLC 有完善的自诊断和运行故障指示装置，一旦发生故障，工作人员通过它可以查出故障原因，迅速排除故障。

2. 可编程序控制器的分类

1）按硬件的结构类型分类

PLC 按结构形式分类，可以分为整体式、模块式、叠装式等。

（1）整体式又称为单元式或箱体式。整体式 PLC 的 CPU 模块、I/O 模块和电源装在一个箱体机壳内，结构非常紧凑，体积小，价格低。小型 PLC 一般采用整体式结构。整体式 PLC 一般配有许多专用的特殊功能单元，如模拟量 I/O 单元、位置控制单元、数据 I/O 单元等，使 PLC 的功能得到扩展。整体式 PLC 一般用于规模较小，I/O 点数固定，以后也少有扩展的场合。

（2）模块式又称为积木式。PLC 的各部分以模块形式分开，如电源模块、CPU 模块、输入模块、输出模块等。这些模块插在模块插座上，模块插座焊接在框架中的总线连接板上。这种结构配置灵活、装配方便、便于扩展。一般大、中型 PLC 采用模块式结构。如图 5-1 为模块式 PLC 示意图。模块式 PLC 一般用于规模较大，I/O 点数较多且比例比较灵活的场合。

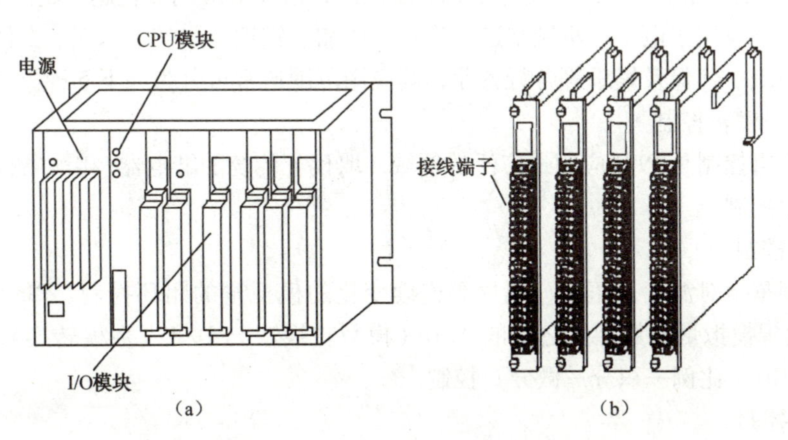

图 5-1　模块式 PLC 示意图

（a）模块插入机箱时的情形；（b）模块插板

（3）叠装式结构是整体式和模块式相结合的产物。电源也可做成独立的，不使用模块式PLC中的母板，采用电缆连接各个单元，在控制设备中安装时可以一层层地叠装，如图5-2为叠装式PLC示意图。叠装式PLC兼有整体式和模块式的优点，根据近年来的市场情况看，整体式及模块式有结合为叠装式的趋势。

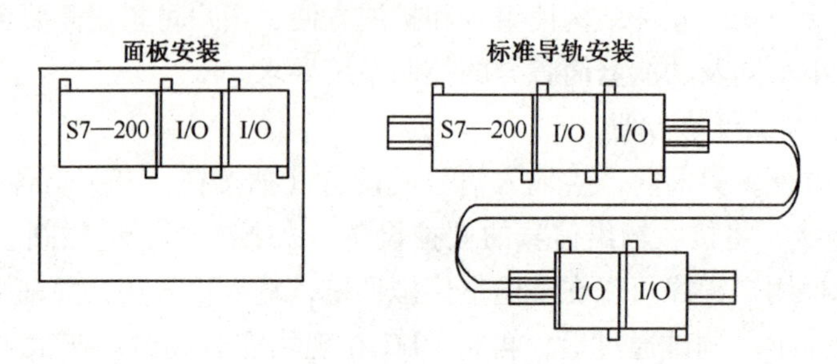

图5-2　叠装式PLC

2）按规模和功能分类

按I/O点数和存储容量分类，PLC大致可以分为大型、中型、小型3种类型。小型PLC的I/O点数在256点以下，用户程序存储容量在4 KB左右。中型PLCI/O总点数为256~2 048点，用户程序存储容量在8 KB左右。大型PLC I/O总点数在2 048点以上，用户程序存储容量在16 KB以上。PLC还可以按功能分为低档机、中档机和高档机。低档机以逻辑运算为主，具有计时、计数、移位等功能。中档机一般有整数和浮点运算、数制转换、PID调节功能、中断控制及联网功能，可用于复杂的逻辑运算及闭环控制。高档机具有更强的数字处理能力，可进行矩阵运算、函数运算，完成数据管理工作，有较强的通信能力，可以和其他计算机构成分布式生产过程综合控制管理系统。一般大型、超大型机都是高档机。

5.1.3　可编程序控制器的应用范围及发展趋势

1. PLC的应用范围

随着PLC功能的不断完善、性价比的不断提高，PLC的应用面也越来越广。目前，PLC在国内外已广泛应用于电子、机械制造、汽车、船舶、钢铁、采矿、水泥、石油、化工、装卸、造纸、纺织、环保及娱乐等各行各业，其应用范围通常可分为如下5种类型。

1）开关量逻辑控制

开关量逻辑控制是PLC应用最广泛的领域，取代了传统的继电器-接触器控制。实行逻辑控制、顺序控制。

2）过程控制

过程控制是指对温度、压力、流量等连续变化的模拟量的闭环控制。PLC通过模拟量I/O模块，实现模拟量和数字量之间的A/D（模数转换）与D/A（数模转换）转换，并对模拟量闭环PID（比例—积分—微分）控制。

3）运动控制

PLC使用专用的指令或运动控制模块，对旋转运动或直线运动进行控制，可实现单轴、双轴、三轴和多轴位置控制，使运动控制与顺序控制功能有机地结合在一起。PLC的运动控制功能广泛地用于各种机械设备。

4）数据处理

现代的PLC具有数学运算、数据传送、转换、排序和查表、位操作等功能，可以完成数据的采集、分析和处理。

5）计数控制

为了满足计数的需要，不同的PLC提供不同数量、不同类型的计数器。例如FX1S提供16位增量计数C0-C15（一般用）、C16-C31（保持用），32位高速可逆计数器C235-C245（单相输入）、C246-C250（单相双输入）、C251-C255（双相双输入）共26个计数器。

6）通信和联网

通信和联网是指PLC与PLC之间、PLC与上位计算机或其他智能设备（如变频器、数控装置）之间的通信，利用PLC和计算机的RS-232或RS-422接口、PLC的专用通信模块，用同轴电缆或光缆将它们连成网络，实现信息交换，构成“集中管理、分散控制”的多级分布式控制系统，建立自动化网络。

2. 可编程序控制器的发展趋势

PLC的发展有两个主要趋势：一是向体积更小、速度更快、功能更强和价格更低的微小型化方面发展。二是向大型网络化、智能化、高可靠性、操作简单化、兼容性如和多功能方面发展。

大型PLC自身向着大存储容量、高速度、高性能、增加I/O点数的方向发展。网络化和强化通信能力是大型PLC的一个重要发展趋势。PLC构成的网络向下可将多个PLC、多个I/O模块相连，向上可与工业计算机、以太网等结合，构成整个工厂的自动控制系统。PLC采用了计算机信息处理技术、网络通信技术和图形显示技术，使PLC系统的生产控制功能和信息管理功能融为一体，满足现代化大生产的控制与管理的需要。为了满足特殊功能的需要，各种智能模块层出不穷。例如，通信模块、位置控制模块、闭环控制模块、模拟量I/O模块、高速计数模块、数控模块、计算模块、模糊控制模块和语言处理模块等。

小型PLC的目的是为了占领广大分散的中小型的工业控制场合，使PLC不仅成为继电器控制柜的替代物，而且超过继电器控制系统的功能。小型、超小型、微小型PLC不仅便于实现机电一体化，也是实现家庭自动化的理想控制器。

5.2 可编程序控制器的组成及工作原理

5.2.1 可编程序控制器的基本组成

PLC的结构多种多样，但其组成的一般原理基本相同，都是采用以微处理器为核心的结构，其基本组成包括硬件系统和软件系统。

硬件系统主要包括PLC主要由中央处理单元（CPU）、存储器（RAM、ROM）、输入/输出电路（I/O）、电源和外部设备等组成，PLC硬件系统结构如图5-3所示。

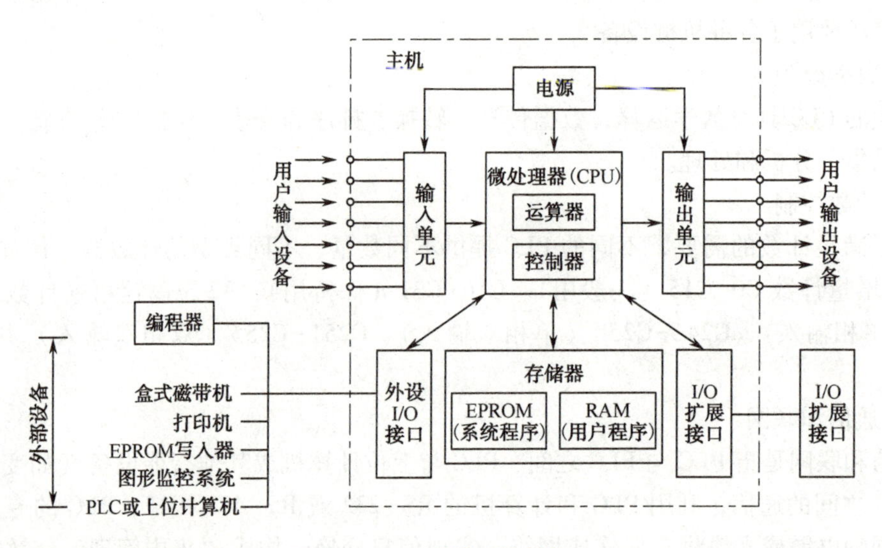

图 5-3　PLC 硬件系统结构

1. 中央处理单元 CPU

CPU 是 PLC 核心组件。CPU 一般由控制器、运算器和寄存器等组成，电路一般都集成在一个芯片内。CPU 通过数据总线、地址总线和控制总线与存储单元、输入/输出电路相连接。PLC 所使用的 CPU 多为 8 位字长的单片机。为增加控制功能和提高实时处理速度，16 位或 32 位单片机也在高性能 PLC 设备中使用。不同型号 PLC 的 CPU 芯片是不同的，有的采用通用 CPU，如 8031、8051、8086、80826 等；有的采用厂家自行设计的专用 CPU（如西门子公司的 S7-200 系列 PLC）等。CPU 芯片的性能关系到 PLC 处理控制信号的能力与速度，CPU 位数越高，系统处理的信息量越大，运算速度也越快。随着 CPU 芯片技术的不断发展，PLC 所用的 CPU 芯片也越来越高档。FX_{2N} 可编程控制器使用的微处理器是 16 位的 8096 单片机。

与普通微型计算机一样，CPU 按系统程序赋予的功能指令 PLC 有条不紊地进行工作，完成运算和控制任务。CPU 的主要用途如下：

（1）接收从编程器（计算机）输入的用户程序和数据，送入存储器存储。

（2）用扫描工作方式接收输入设备的状态信号，并存入相应数据区（输入映像寄存器）。

（3）监测和诊断电源、PLC 内部电路的工作状态和用户编程过程中的语法错误等。

（4）执行用户程序，从存储器逐条读取用户指令，完成各种数据的运算、传送和存储等功能。

（5）根据数据处理的结果，刷新有关标志位的状态和输出映像寄存器表的内容，再经过输出部件实现输出控制、制表打印或数据通信等功能。

2. 存储器

存储器主要用来存放程序和数据，PLC 的存储器可以分为系统程序存储器、用户程序存储器及工作数据存储器 3 种。

1）系统程序存储器

系统程序存储器用来存放由 PLC 生产厂家编写的系统程序，并固化在 ROM 内，用户不

能直接更改。它使 PLC 具有基本的智能，能够完成 PLC 设计者规定的各项工作。系统程序质量的好坏在很大程度上决定了 PLC 的性能，其内容主要包括 3 部分：第一部分为系统管理程序，主要控制 PLC 的运行，使整个 PLC 按部就班地工作；第二部分为用户指令解释程序，通过用户指令解释程序，将 PLC 的编程语言变为机器语言指令，再由 CPU 执行这些指令；第三部分为标准程序模块与系统调用程序，包括许多不同功能的子程序及其调用管理程序，如完成输入、输出及特殊运算等子程序。PLC 的具体工作都是由这部分程序来完成的，这部分程序的多少决定了 PLC 性能的强弱。

2）用户程序存储器

根据控制要求而编制的应用程序称为用户程序。用户程序存储器用来存放用户针对具体控制任务，用规定的 PLC 编程语言编写的各种用户程序。用户程序存储器根据所选用的存储器单元类型的不同，可以是 RAM（用锂电池进行掉电保护）、EPROM 或 E^2PROM，其内容可以由用户任意修改或增删。目前较为先进的 PLC 采用可随时读/写的快闪存储器作为用户程序存储器，快闪存储器不需要后备电池，掉电时数据也不会丢失。

3）工作数据存储器

工作数据存储器用来存储工作数据，即用户程序中使用的 ON/OFF 状态、数位数据等。在工作数据区中开辟有元件映像寄存器和数据表。其中，元件映像寄存器用来存储开关量、输出状态以及定时器、计数器、辅助继电器等内部器件的 ON/OFF 状态。数据表用来存放各种数据，存储用户程序执行时的变换参数值及 A/D 转换得到的数字量和数学运算的结果等。在 PLC 断电时能保持数据的存储器区称为数据保持区。用户程序存储器和用户存储器容量的大小关系到用户程序容量的大小和内部器件的多少，是反映 PLC 性能的重要指标之一。

3. I/O 电路

I/O 模块是 PLC 与工业控制现场各类信号连接的部分，在 PLC 被控对象间传递 I/O 信息。

实际生产过程中产生的输入信号多种多样，信号电平各不相同，而 PLC 只能对标准电平进行处理。通过输入模块，可以将来自被控制对象的信号转换成 CPU 能够接收和处理的标准电平信号。同样，外部执行元件所需的控制信号电平也有差别，也必须通过输出模块将 CPU 输出的标准电平信号转换成这些执行元件所能接收的控制信号。I/O 接口电路还具有良好的抗干扰能力，因此接口电路一般都包含光电隔离电路和 RC 滤波电路，用以消除输入触点的抖动和外部噪声干扰。

4. 电源

PLC 配有开关式稳压电源模块。电源模块将交流电源转换成供 PLC 的 CPU、存储器等内部电路工作所需要的直流电源，使 PLC 正常工作。PLC 的电源部件有很好的稳压措施，因此对外部电源的稳定性要求不高，一般允许外部电源电压的额定值为+10% ~ +15%。有些 PLC 的电源部件还能向外提供直流 24 V 稳压电源，用于对外部传感器供电。为了防止在外部电源发生故障的情况下 PLC 内部程序和数据等重要信息丢失，PLC 用锂电池做停电时的后备电源。

5. 外围设备

1）编程器

编程器是可将用户程序输入到 PLC 的存储器。可以用编程器检查程序、修改程序；还可以利用编程器监视 PLC 的工作状态。编辑器通过接口与 CPU 联系，完成人机对话。

2）其他外部设备

PLC 还可以配有生产厂家提供的其他外部设备，如存储器卡、EPROM 写入器、盒式磁带机、打印机等。

5.2.2　可编程序控制器的编程语言

PLC 是一种工业控制计算机，其功能的实现不仅基于硬件的作用，更要靠软件的支持。PLC 的软件包含系统软件和应用软件。

1. 梯形图

梯形图是一种图形语言，是从继电器控制电路图演变过来的。它将继电器控制电路图进行了简化，同时加进了许多功能强大、使用灵活的指令，将微型计算机的特点结合进去，使编程更加容易，实现的功能却大大超过传统继电器控制电路图，是目前应用最普通的一种可编程控制器编程语言。如图 5-4 为继电器控制电路与 PLC 控制的梯形图，两种方式都能实现三相异步电动机的自锁控制。梯形图及符号的画法应遵循一定规则，各厂家的符号和规则虽然不尽相同，但是基本上是大同小异。

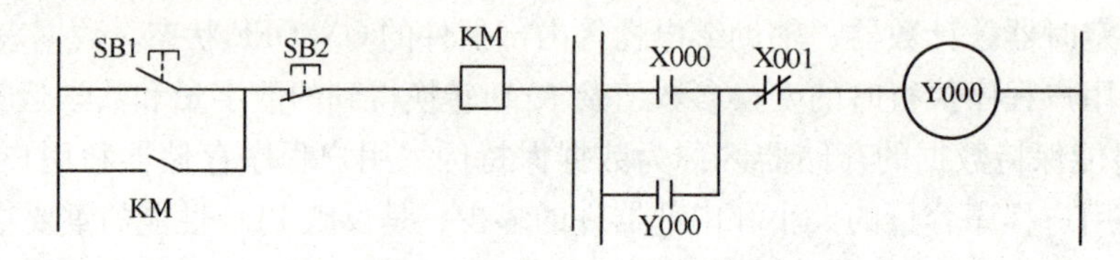

图 5-4　继电器控制电路与 PLC 控制的梯形图

2. 语句表

梯形图编程语言的优点是直观、简便，但要求用带 CRT 屏幕显示的图形编程器才能输入图形符号。小型的编程器一般无法满足，而是采用经济便携的编程器将程序输入到可编程控制器中，这种编程方法使用指令语句，类似于微型计算机中的汇编语言。

语句是指令语句表编程语言的基本单元，每个控制功能由一个或多个语句组成的程序来执行。每条语句规定可编程控制器中 CPU 如何动作的指令，是由操作码和操作数组成的。

3. 其他

随着 PLC 的飞速发展，如果许多高级功能还是用梯形图来表示就会很不方便。为了增强 PLC 的数字运算、数据处理、图表显示、报表打印等功能，方便用户的使用，许多大中型 PLC 都配备了 Pascal、Basic、C 等高级编程语言。这种编程方式叫做结构文本。与梯形图相比，结构文本有两大优点：一是能实现复杂的数学运算，二是非常简洁和紧凑。用结构文本编制极其复杂的数学运算程序只占一页纸，结构文本用来编制逻辑运算程序也很容易。

5.2.3　可编程序控制器的工作原理

1. PLC 的内部等效电路

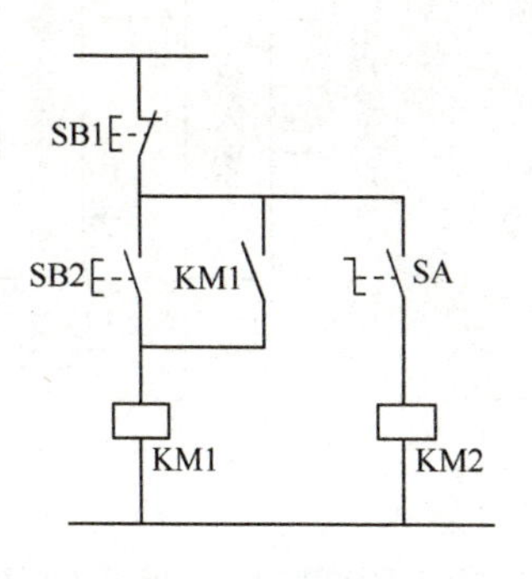

图 5-5　两台电动机启动的继电器—接触器控制

以图 5-5 的两台电动机启动控制为例，用 PLC 控制的内部等效电路图如图 5-6 所示。

图 5-6 中，PLC 的输入部分是用户输入设备，通过输入端子（I 接口）与 PLC 连接。PLC 的输出部分是用户输出设备，通过输出端子（O 接口）与 PLC 连接。

内部控制（梯形图）可视为由内部继电器、接触器等组成的等效电路。

三菱 FX 系列的 PLC 输入 COM 端，一般是机内电源 24 V 的负极端，输出 COM 端接用户负载电源。

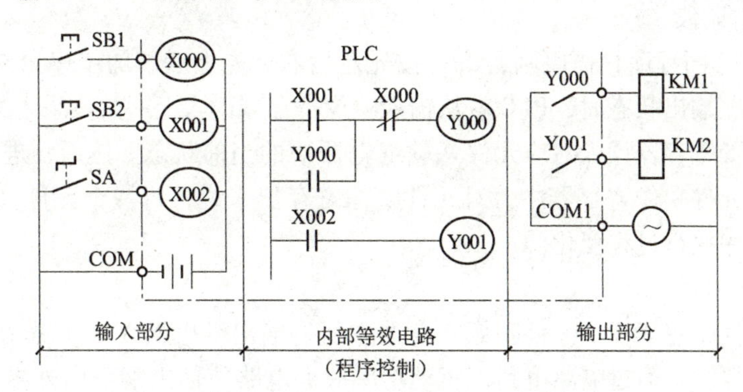

图 5-6　两台电动机启动的 PLC 内部等效电路图

2. PLC 的工作过程

PLC 有两种工作方式，即 RUN（运行）模式与 STOP（停止）模式，如图 5-7 所示。

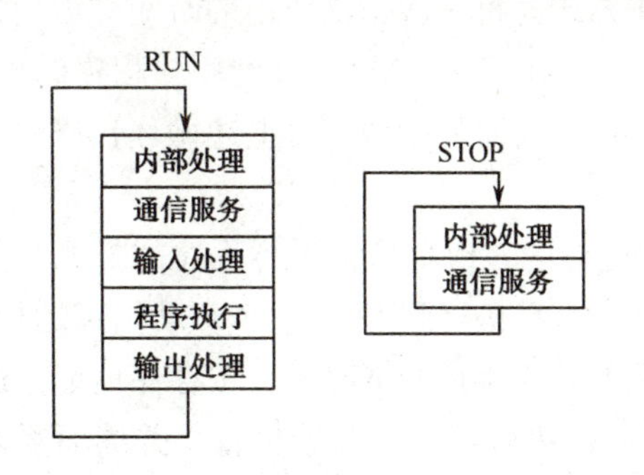

图 5-7　PLC 的基本工作方式

在 RUN 模式阶段，PLC 除进行内部处理和通信服务外，还要完成输入采样、程序执行和输出刷新 3 个阶段的扫描周期的工作。简单地说，运行模式是执行应用程序的模式，停止模式一般用于程序的编制与修改，扫描周期过程如图 5-8 所示。

在 STOP 模式阶段，PLC 只进行内部处理和通信服务工作。在内部处理阶段，PLC 检查 CPU 模块内部的硬件是否正常，还对用户程序的语法进行检查，定期复位监控定时器等，以确保系统可靠运行。在通信服务阶段，PLC 可与外部智能装置进行通信，如进行 PLC 之间及 PLC 与计算机之间的信息交换。

1）输入采样阶段

在输入采样阶段，PLC 首先扫描所有输入端子，并将各输入状态存入内存中各对应的输入映像寄存器中。此时，输入映像寄存器被刷新。接着，进入程序执行阶段。在程序执行阶

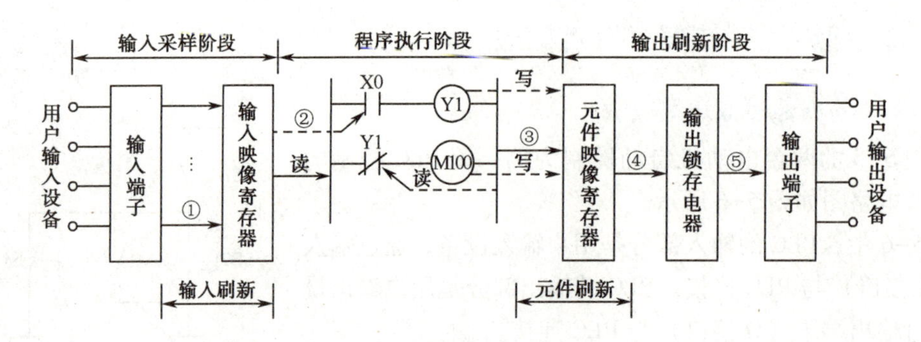

图 5-8　循环周期扫描过程

段和输出刷新阶段，输入映像寄存器与外界隔离，无论输入信号如何变化，其内容保持不变，直到下一个扫描周期的输入采样阶段，才重新写入输入端的新内容。

2）程序执行阶段

根据 PLC 梯形图程序扫描原则，CPU 按先左后右、先上后下的步序语句逐句扫描。当指令中涉及输入、输出状态时，PLC 就从输入映像寄存器读入上一阶段采入的对应输入端子状态，从元件映像寄存器读入对应元件（软继电器）的当前状态。然后，进行相应的运算，运算结果再存入元件映像寄存器中。对元件映像寄存器来说，每一个元件（软继电器）的状态都会随着程序执行过程变化。

3）输出刷新阶段

当所有指令执行完毕后，元件映像寄存器中所有输出继电器 Y 的状态在输出刷新阶段转存到输出锁存器中，通过隔离电路，驱动功率放大电路使输出端子向外界发出控制信号，驱动外部负载。

3. PLC 的工作方式

1）周期性循环扫描的工作方式

PLC 的工作方式是一个不断循环的顺序扫描工作方式。每一次扫描所用的时间称为扫描周期或工作周期。CPU 从第一条指令开始，按顺序逐条地执行用户程序直到用户程序结束，然后返回第一条指令，开始新一轮的扫描，PLC 就是这样周而复始地重复上述循环扫描的。

2）PLC 与其他控制系统工作方式的区别

PIC 对用户程序的执行是以周期性循环扫描方式进行的。PLC 这种运行程序的方式与微型计算机相比有较大的不同。微型计算机运行程序时，一旦执行到 END 指令，就结束运行。PLC 从存储地址所存放的第一条用户程序开始，在无中断或跳转的情况下，按存储地址号递增的方向顺序逐条执行用户程序，直到 END 指令结束。然后再从头开始执行，并周而复始地重复，直到停机或从 RUN（运行）切换到 STOP（停止）工作状态。PLC 每扫描完一次程序就构成一个扫描周期。

5.2.4　FX 系列可编程序控制器的型号介绍

FX 系列 PLC 是由三菱电动机公司研制开发的。三菱 FX 系列小型 PLC 将 CPU 和输入/输出一体化，使用更为方便。为进一步满足不同用户的要求，FX 系列有多种不同的型号供选择。此外，还有多种特殊功能模块提供给不同的用户。

FX 系列 PLC 型号命名的基本格式如图 5-9 所示。

FX□—□□□□

特殊品种的区别

输出形式

单元类型

I/O总点数

系列序号

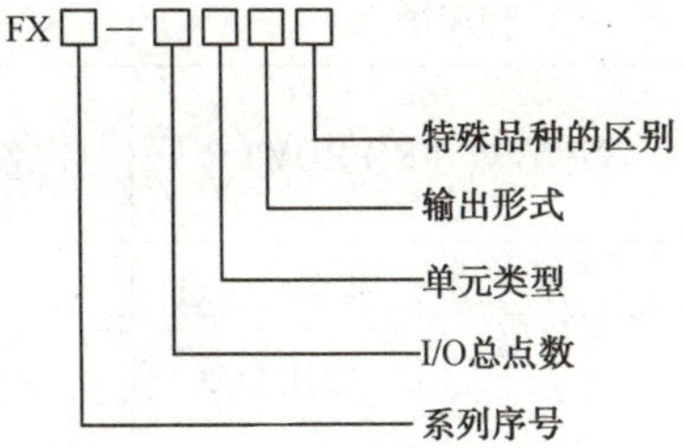

图 5-9　FX 系列 PLC 型号命名的基本格式

系列序号：0，0S，0N，1，2，2C，1S，1N，2N，2NC。

I/O 总点数：14~256。

单元类型：M—基本单元；E—I/O 混合扩展模块；EX—输入专用扩展模块；

EY—输出专用扩展模块。

输出形式：R—继电器输出；T—晶体管输出；S—晶闸管输出。

特殊品种区别：

D：DC 电源，DC 输入；

A1：AC 电源，AC 输入（AC 100~120 V）或 AC 输入模块；

H：大电流输出扩展模块；V：立式端子排的扩展模式；C：接插口输入/输出方式；F：输入滤波器 1 ms 的扩展模块；L：TTL 输入型模块；S：独立端子（无公共端）扩展模块。

例如，FX_{2N}—48ETD 的含义是：FX_{2N} 系列，输入/输出总点数为 48 点，扩展单元，晶体管输出，DC 电源，DC 输入的基本单元。

FX 系列 PLC 具有庞大的家族。基本单元（主机）有 FX_0、FX_{0S}、FX_{0N}、FX_1、FX_2、FX_{2C}、FX_{1S}、FX_{1N}、FX_{2N}、FX_{2NC} 等系列。

5.3　可编程序控制器的编程元件和指令系统

编程元件是 PLC 的重要元素之一，是各种指令的操作对象。基本指令是 PLC 中应用最频繁的指令，是程序设计的基础。本节主要介绍三菱 FX_{2N} 系列 PLC 的基本编程元件和基本指令及其编程的使用情况。

5.3.1　可编程序控制器的内部资源

1. FX 系列 PLC 的主要指标

FX 系列 PLC 的一般技术指标包括基本性能指标参数、输入主要技术参数及输出主要技术参数，各种性能指标见表 5-1~表 5-3。

表 5-1　FX 系列 PLC 的基本性能指标参数

项目		FX_{1S}	FX_{1N}	FX_{2N} 和 FX_{2NC}
运算控制方式		存储程序、反复运算		
I/O 控制方式		批处理方式（在执行 END 指令时），可以使用 I/O 刷新指令		
运算处理速度	基本指令	0.55 微秒/指令~0.7 微秒/指令		0.88 微秒/指令
	应用指令	3.7 微秒/指令~数百微秒/指令		1.52 微秒/指令~数百微秒/指令

续表

项　　目		FX_{1S}	FX_{1N}	FX_{2N}和FX_{2NC}
程序语言		逻辑梯形图和指令表，可以用步进梯形指令来生成顺序控制指令		
程序容量（E^2PROM）		内置 2 KB 步	内置 8 KB 步	内置 8 KB 步， 用存储盒可达 16 KB 步
指令数量	基本、步进	基本指令 27 条，步进指令 2 条		
	应用指令	85 条	89 条	128 条
I/O 设置		最多 30 点	最多 128 点	最多 256 点

表 5-2　FX 系列 PLC 的输入主要技术参数

输 入 电 压	DC（24 V±10%）V	
元件号	X0～X7	其他输入点
输入信号电压	DC（24 V±10%）V	
输入信号电流	DC 24 V，7 mA	DC 24 V，5 mA
输入开关电流 OFF→ON	大于 5.5 mA	大于 3.5 mA
输入开关电流 ON→OFF	小于 1.5 mA	
输入响应时间	10 ms	
可调节输入响应时间	X000～X007 为 0～60 ms（FX_{2N}），其他系列 0～15 ms	
输入信号形式	无电压触点，或 NPN 集电极开路输出晶体管	
输入状态显示	输入 ON 时 LED 灯亮	

表 5-3　FX 系列 PLC 的输出主要技术参数

项　　目		继电器输出	晶闸管输出（仅 FX_{2N}）	晶体管输出
外部电源		最大 AC 240 V 或 DC 30 V	AC 85～242 V	DC 5～30 V
最大负载	电阻负载	2 A/1 点，8 A/COM	0.3 A/1 点， 0.8 A/COM	0.5 A/1 点， 0.8 A/COM
	感性负载	80 VA，120/240 V AC	36 VA/240 V AC	12 W/24 V DC
	灯负载	100 W	30 W	0.9 W/240 V DC （FX_{1S}），其他系列 1.5 W/24 V DC
最小负载		电压<5 V DC 时 2 mA 电压<24 V DC 时 5 mA（FX_{2N}）	2.3 VA/240 V AC	…

续表

项目		继电器输出	晶闸管输出（仅 FX_{2N}）	晶体管输出
响应时间	OFF→ON	10 ms	1 ms	小于 0.2 ms；小于 5 μs（仅 Y000，Y001）
	ON→OFF	10 ms	10 ms	小于 0.2 ms；小于 5 μs（仅 Y0，Y1）
开路漏电流		…	2 mA/240 V AC	0.1 mA/30 V DC
电路隔离		继电器隔离	光电晶闸管隔离	光耦合器隔离
输出动作显示		线圈通电时 LED 亮		

2. 可编程序控制器的编程软元件

FX_{2N}系列 PLC 的编程元件及编号见表 5-4。编程元件的编号由数字和字母组成，其中输入继电器和输出继电器采用八进制数字编号规则，其他编程元件采用十进制数字编号规则。

表 5-4 FX_{2N}系列 PLC 的编程元件及编号

型号 元件	FX_{2N}—16M	FX_{2N}—32M	FX_{2N}—48M	FX_{2N}—64M	FX_{2N}—80M	FX_{2N}—128M	扩展时	合计
输入 继电器 X	X000~X007 8 点	X000~X017 16 点	X000~X027 24 点	X000~X037 32 点	X000~X047 40 点	X000~X077 64 点	X000~X267 184 点	输入与输出合计 256 点
输出 继电器 Y	Y000~Y007 8 点	Y000~Y017 16 点	Y000~Y027 24 点	Y000~Y037 32 点	Y000~Y047 40 点	Y000~Y077 64 点	Y000~Y267 184 点	
辅助 继电器 M	M0~M499 500 点一般用[1]		【M500~M1023】 524 点保持用[2]		【M1024~M3071】 2048 点保持用[3]		M8000~M8255 256 点特殊用[4]	
状态 继电器 S	S000~S499 500 点一般用[1] 初始化用 S0~S9 原点回归用 S10~S19			【S500~S899】 400 点 保持用[2]		【S900~S999】 100 点 信号报警用[2]		
定时器 T	T0~T199 200 点 100 ms 子程序用…… T192~T199		T200~T245 46 点 10 ms		【T246~T249】 4 点 1 ms 累计[2]		【T250~T255】 6 点 100 ms 累计[3]	
计数器 C	16 位增量计数		32 位可逆		32 位高速可逆计数器最大 6 点			
	C000~C099 100 点 一般用[1]	【C100~C199】 100 点 保持用[2]	【C200~C219】 20 点 一般用[2]	【C220~C234】 15 点 保持用[2]	【C235~C245】 1 相 1 输入[2]	【C246~C250】 1 相 2 输入[2]	【C251~C255】 2 相输入[2]	

续表

<table>
<tr><td>数据
存取器
D、V、Z</td><td colspan="2">D000~D199
200点
一般用[1]</td><td>【D200~D511】
312点保持用[2]</td><td>【D512~D7999】
7488点
保持用[3]
文件用……
D1000以后可
设定作为文件
寄存器使用</td><td>【D8000~D8195】
256点
特殊用[3]</td><td>V007~V000
Z007~Z000
16点
变址用[1]</td></tr>
<tr><td>嵌套
指针</td><td colspan="2">N0~N7
8点
主控用</td><td>P0~P127
128点
跳跃，子程序用，
分支式指针</td><td>100* ~150*
6点
输入中断用指针</td><td>16* ~18**
3点
定时器中断用指针</td><td>1 010~1 060
6点
计时器中断用指针</td></tr>
<tr><td rowspan="2">常数</td><td>K</td><td colspan="3">16位—32，768~32，767</td><td colspan="2">32位—2，147，483，648~2，147，483，647</td></tr>
<tr><td>H</td><td colspan="3">16位—0~FFFFH</td><td colspan="2">32位—0~FFFFFFFFH</td></tr>
</table>

说明：1. 非停电保持领域。根据设定的参数，可停电保持领域。

2. 停电保持领域。根据设定的参数，可变更停电保持领域。

3. 固定的停电保持领域，不可变更领域的特性。

4. 不同系列的PLC特殊软元件用继电器数量不一样。

“【 】”内的软元件为停电保持领域。

5.3.2 可编程序控制器的编程元件

1. PLC编程元件

PLC内部有许多具有不同功能的编程元件，如输入继电器、输出继电器、定时器、计数器等，它们不是物理意义上的实物继电器，而是由电子电路和存储器组成的虚拟器件，其图形符号和文字符号与传统继电器符号也不同，所以又称为软元件或软继电器。每个软元件都有无数对常开/常闭触点，供PLC内部编程使用。

不同厂家不同型号的PLC，编程元件的数量和种类有所不同。三菱系列PLC的图形符号和文字符号如图5-10所示。

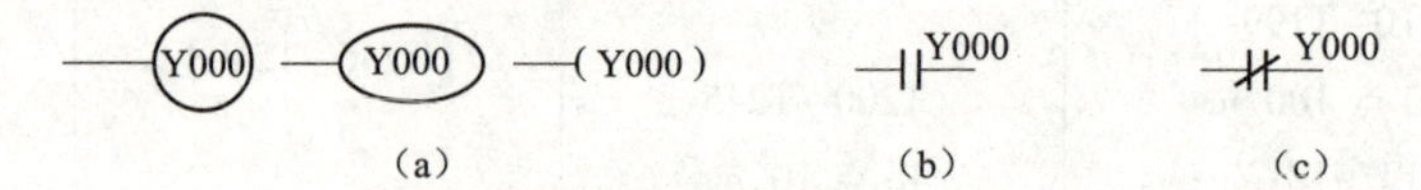

图5-10 三菱系列PLC的图形符号和文字符号

(a) 图形符号；(b) 常开触点；(c) 常闭触点

2. 输入继电器（X）

输入继电器是PLC专门用来接收外界输入信号的内部虚拟继电器。通常是借助输入接口组件完成的，输入接口组件能接受被控设备的信号，如按钮、行程开关和各种传感器信号等。它在PLC内部与输入端子相连，有无数的常开触点和常闭触点，可在PLC编程时随意使用。输入继电器不能用程序驱动，只能由输入信号驱动。

FX 系列 PLC 的输入继电器采用八进制编号。FX_{2N}系列 PLC 带扩展时最多可达 184 点输入继电器，其编号为 X000~X267。其编程编号规则可以表示为：

X000-X007　X010-X017……X070-X077　X100-X107　X110-X117……X170-X177……

3. 输出继电器（Y）

输出继电器是 PLC 专门用来将程序执行的结果信号经输出接口电路及输出端子，送达并控制外部负载的虚拟继电器。它在 PLC 内部直接与输出接口电路相连，有无数的常开触点与常闭触点，可在 PLC 编程时随意使用。输出继电器只能由程序驱动。输出接口组件通常用于控制接触器、电磁阀、信号灯等。

FX 系列 PLC 的输出继电器采用八进制编号。FX_{2N}系列 PLC 带扩展时最多可达 184 点输出继电器，其编号为 Y000~Y267。其编程编号规则可以表示为：

Y000-Y007　Y010-Y017……Y070-Y077　Y100-Y107　Y110-Y117……Y170-Y177……

1）输入、输出继电器控制梯形图举例：分配 I/O 地址，绘制 PLC 的 I/O 接线图

一个输入设备原则上占用 PLC 一个输入点（I），一个输出设备原则上占用 PLC 一个输出点（O）。如图 5-11 I/O 接线图。

特别注意时间继电器、中间继电器转化为 PLC 梯形图时，其触点和线圈是 PLC 内部调用的，在 I/O 接线图中并不画出来，地址分配如下：

停止按钮 SB1—X000；启动按钮 SB2—X001；热继电器 FR 触点—X002；接触器 KM—Y000。

将选择的 I/O 设备和分配好的 I/O 地址一一对应连接，形成 PLC 的 I/O 接线图，如图 5-11所示。

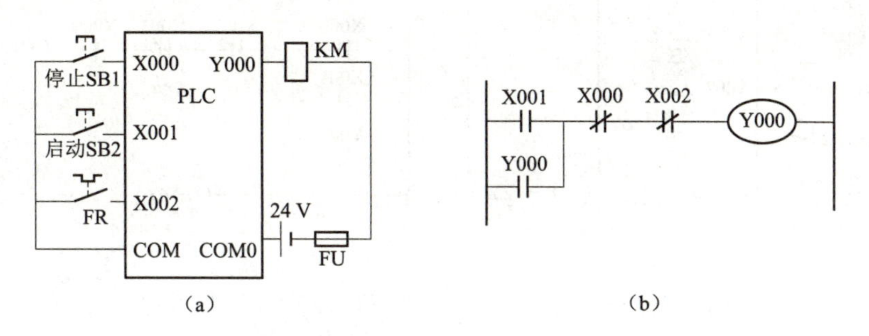

图 5-11　电动机启-保-停控制的 I/O 接线图和梯形图

（a）I/O 接线图；（b）对应的梯形图

2）I/O 接线图中输入信号为常闭触点的处理方法

PLC 输入端口可以与输入设备不同类型的触点连接，但不同的触点状态设计出的梯形图程序不一样。

（1）实际教学中 PLC 的输入触点经常使用常开触点，便于进行原理分析。但在实际控制中，停止按钮、限位开关及热继电器等要使用常闭触点，以提高安全保障。

（2）PLC 外部的输入触点既可以接常开触点，也可以接常闭触点。接常闭触点时，梯

形图中的触点状态与继电器、接触器控制图中的状态相反。

（3）为了节省成本，应尽量少占用PLC的I/O点，通常将FR常闭触点串接在其他常闭输入或负载输出回路中，如图5-12所示。

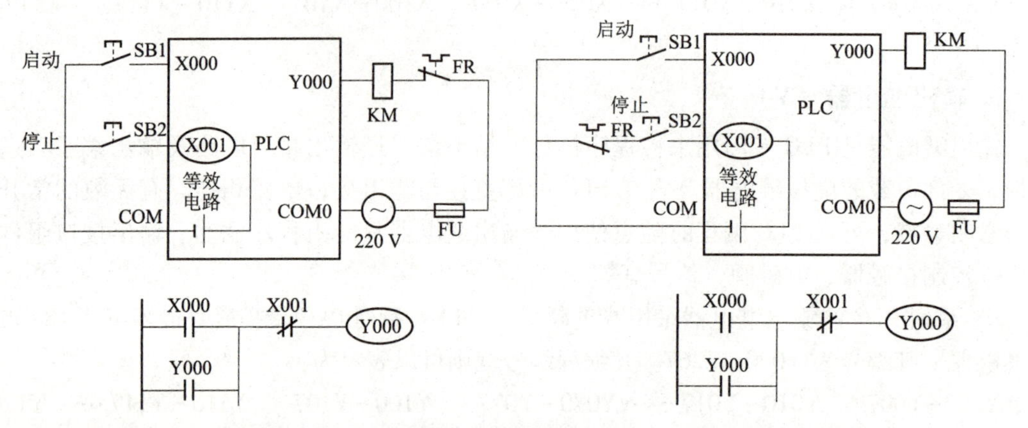

图5-12 不同触点状态的接线图与梯形图程序比较

为了更好地理解输入继电器和输出继电器的应用，通过例题5-1和例题5-2进行分析和说明。

例题5-1 输入继电器和输出继电器的应用

设计某台电动机的两地控制。其控制要求：按下甲地的启动按钮SB1或乙地的启动按钮SB2均可以启动电动机；按下甲地的停止按钮SB3或乙地的停止按钮SB4均可以停止电动机运行，如例题5-1图所示。

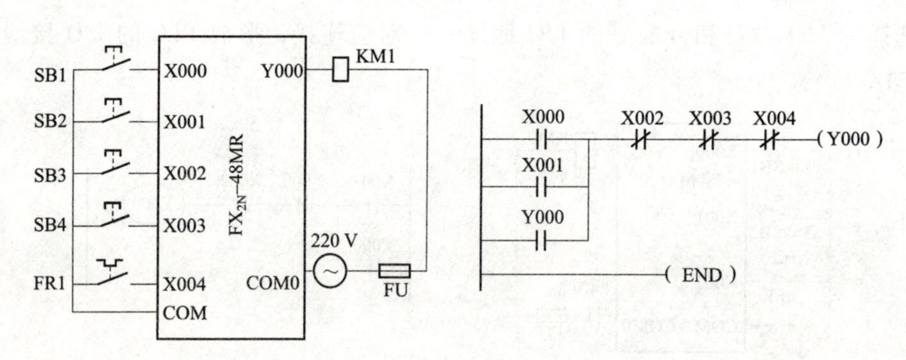

例题5-1图 电动机两地控制PLC的接线图和梯形图

例题5-2 输入继电器和输出继电器的应用

三相电动机的正反转PLC控制线路设计

例题5-2图（a）所示为正反转继电器-接触器控制线路图，例题5-2图（b）所示为相同的PLC控制系统的外部接线图，例题5-2（c）图所示为正反转控制梯形图，其中KM1和KM2分别是控制正转运行和反转运行的交流接触器。

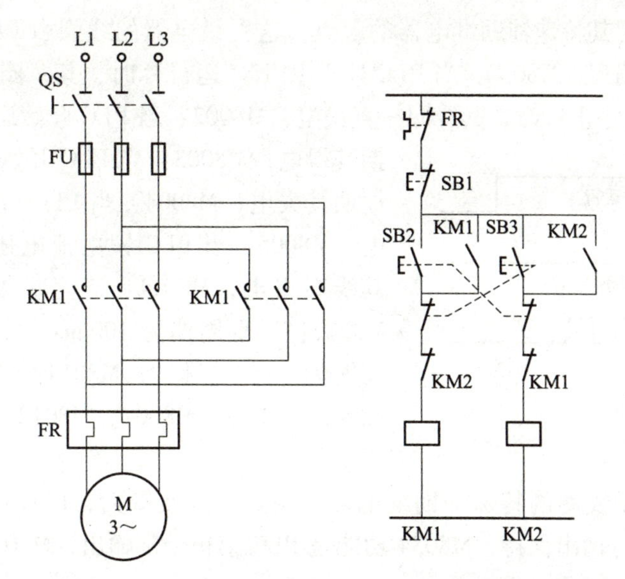

例题 5-2（a）图　正反转继电器-接触器控制线路图

在 PLC 梯形图中，用两个启动-保持-停止程序分别来控制电动机的正转和反转。按下正向启动按钮 SB2，X000 变为 ON，X000 常开触点接通，Y000 线圈得电并且保持，使得接触器 KM1 线圈通电，电动机开始正转运行。按下停止按钮 SB1，X002 变为 ON，其常闭触点断开，Y000 线圈失电，电动机停止运转。同理，按下反向启动按钮 SB3 后电动机开始反向运行。

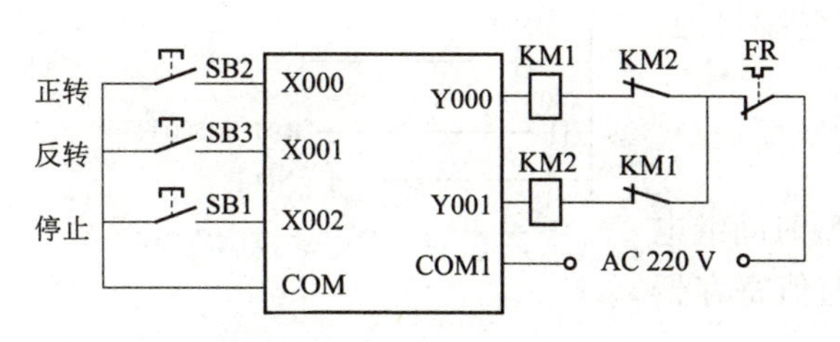

例题 5-2（b）图　I/O 接线图

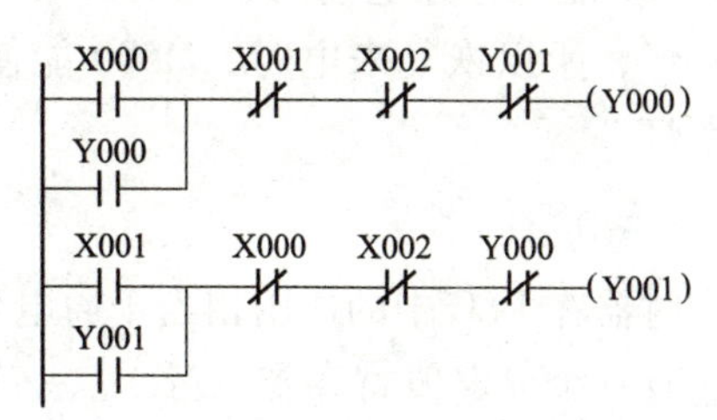

例题 5-2（c）图　正反转控制梯形图

4. 辅助继电器 M

PLC 正反转

辅助继电器不能直接对外输入、输出，但经常用做状态暂存、中间运算等作用。其常开和常闭触点可以无限次在程序中调用，但不能直接驱动外部负载，外部负载的驱动必须由输出继电器进行。

辅助继电器用字母 M 表示，并采用十进制地址编号。辅助继电器按用途分为以下几类。

（1）通用辅助继电器 M000～M499（500 点）。

（2）断电保持辅助继电器 M500～M1023（524 点），断电保持辅助继电器用于保存停电前的状态，并在运行时再现该状态的情形。停电保持由内装的后备电池支持。

（3）特殊辅助继电器 M8000～M8255（256 点）。PLC 内部有很多特殊辅助继电器。这些特殊辅助继电器各具有特定的功能，一般分为两大类。

一类是只能运用其特殊辅助继电器的触点，这类继电器的线圈由PLC自动驱动，用户只能利用触点进行编程。M8000：当PLC处于RUN（运行）时，其线圈一直得电；M8001：当线圈处于STOP（停止）时，其线圈一直得电；M8002：当PLC开始运行的第一个扫描周期其得电；M8003：当PLC开始运行的第一个扫描周期其失电；M8004：当PLC有错误时，其线圈得电；M8005：当PLC锂电池电压下降到规定值时，其线圈得电；M8011：产生周期为10 ms的脉冲；M8012：产生周期为100 ms的脉冲；M8013：产生周期为1 ms的脉冲；M8014：产生周期为1 min的脉冲。M8000、M8002、M8012波形图如图5-13所示。

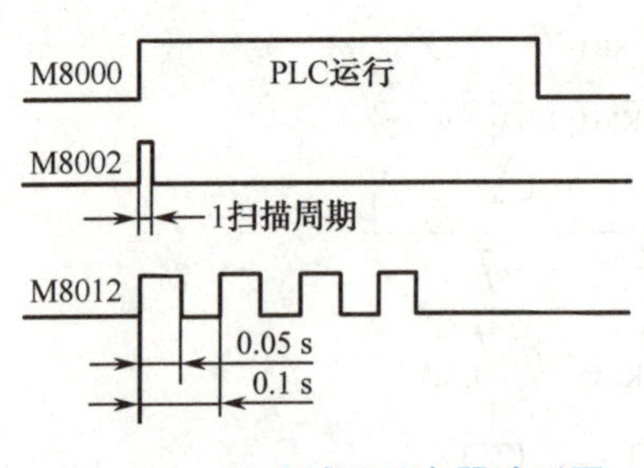

图5-13　特殊辅助继电器波形图

另一类是可驱动线圈的特殊辅助继电器，用户驱动线圈后，PLC做特定动作。例如，M8033指PLC停止时输出保持，M8034功能是PLC禁止全部输出，M8039功能是PLC定时扫描等。

辅助继电器的应用：设计路灯的控制程序。

要求：每晚7点由工作人员按下按钮（X000），点亮路灯Y000，次日凌晨X001停止。特别注意的是，如果夜间出现意外停电，则要求恢复来电后继续点亮路灯。

如图5-14为路灯的控制程序，其中M500是断电保持型辅助继电器。出现意外停电时，Y0断电路灯熄灭。由于M500能保存停电前的状态，并在运行时再现该状态的情形，所以恢复来电时，M500能使Y0继续接通，点亮路灯。

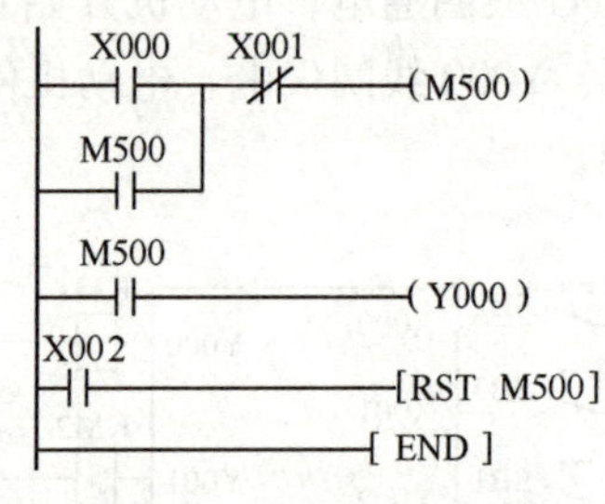

图5-14　路灯的控制程序

5. 通用定时器T

定时器在PLC中的作用相当于通电延时型时间继电器，它有一个设定值寄存器（字）、一个当前值寄存器（字）、一个线圈及无数个触点（位）。通常在一个PLC中有几十至数百个定时器，可用于定时操作，起延时接通或断开电路作用。

在PLC内部，定时器是通过对内部某一时钟脉冲进行计数来完成定时。常用计时脉冲有3类，即1 ms、10 ms和100 ms。不同的计时脉冲，其计时精度不同。用户需要定时操作时，可通过设定脉冲的数量来完成，用常数K设定（1~32 767），也可用数据寄存器D设定。

FX_{2N}系列PLC的定时器采用十进制编号，如FX_{2N}系列的定时器编号为T000~T255。

通用定时器的地址范围为T000~T245，有两种计时脉冲，分别是100 ms和10 ms，其对应的设定值分别为0.1~3 276.7 s和0.01~327.67 s。

通用定时器的地址编号和设定值如下：

100 ms定时器T000到T199（200点）设定值1~32 767，设定定时范围0.1到3 276.7 s

10 ms定时器T200到T245（46点）设定值1~32 767，设定定时范围0.01到327.67 s

1）通用定时器的用法

现以图 5-15 的梯形图程序为例，说明通用定时器工作原理和工作过程。当驱动线圈信号 X000 接通时，定时器 T000 的当前值对 100 ms 脉冲开始计数，达到设定值 30 个脉冲时，T000 的输出触点动作使输出继电器 Y000 接通并保持，即输出是在驱动线圈后的 3 s（100 ms×30 = 3 s）时动作。当驱动线圈的信号 X000 断开或发生停电时，通用定时器 T0 复位（触点复位、当前值清 0），输出继电器 Y000 断开。当 X000 第二次接通时 T000 又开始重新定时，因还没到达设定值时 X000 就断开了，因此 T000 触点不会动作，Y000 也就不会接通。

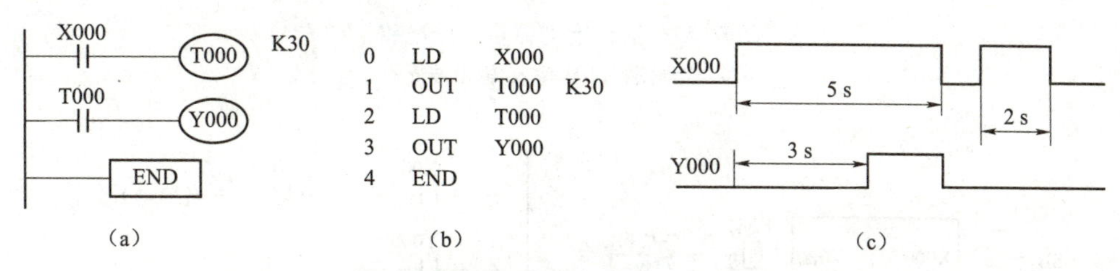

图 5-15 通用定时器的用法

（a）梯形图；（b）指令表；（c）输入/输出波形图

2）振荡电路

如图 5-16 为用定时器组成的振荡电路梯形图及输入/输出波形图。当输入 X000 接通时，输出 Y000 以 1 s 周期闪烁变化（如果 Y000 接指示灯，则灯光灭 0.5 s 亮 0.5 s，交替进行），如图 5-16（b）所示。改变 T000、T001 的设定值，可以调整 Y000 的输出脉冲宽度。

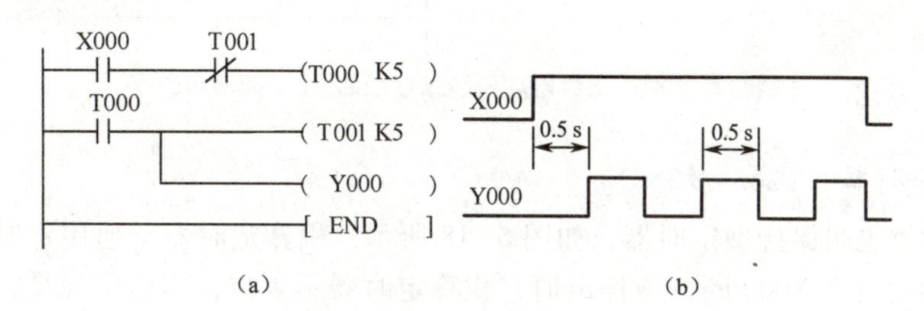

图 5-16 通用定时器组成的振荡电路梯形图及输入/输出波形图

（a）梯形图；（b）输入/输出波形图

3）定时器的自复位电路

图 5-17 定时器的自复位电路要分析前后 3 个扫描周期才能真正理解它的自复位工作过程。定时器的自复位电路用于循环定时。其工作过程分析如下：X000 接通 1 s 时，T0 常开触点动作使 Y000 接通，常闭触点在第二个扫描周期中使 T000 线圈断开，Y000 跟着断开；第三个扫描周期 T000 线圈重新开始定时，重复前面的过程。

例题 5-3 定时器的应用

设计三台电动机顺序启动的 PLC 控制电路。控制要求：当按下启动按钮 SB1，第一台电动机启动，同时开始计时，10 s 第二台电动机启动，再过 10 s 第三台电动机启动。按下停止按钮 SB，三台电动机都停止。

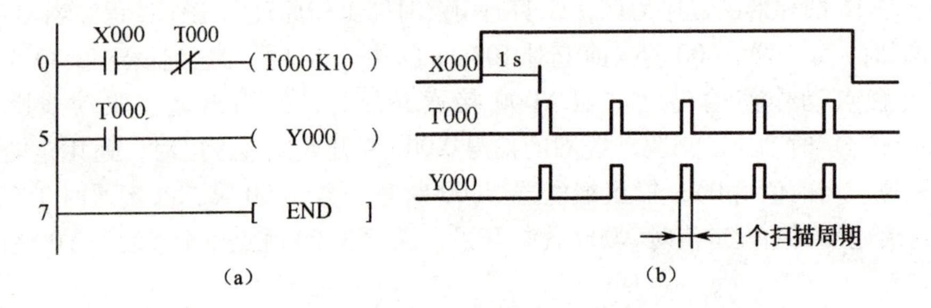

图 5-17　通用定时器自复位电路

（a）梯形图；（b）输入/输出波形图

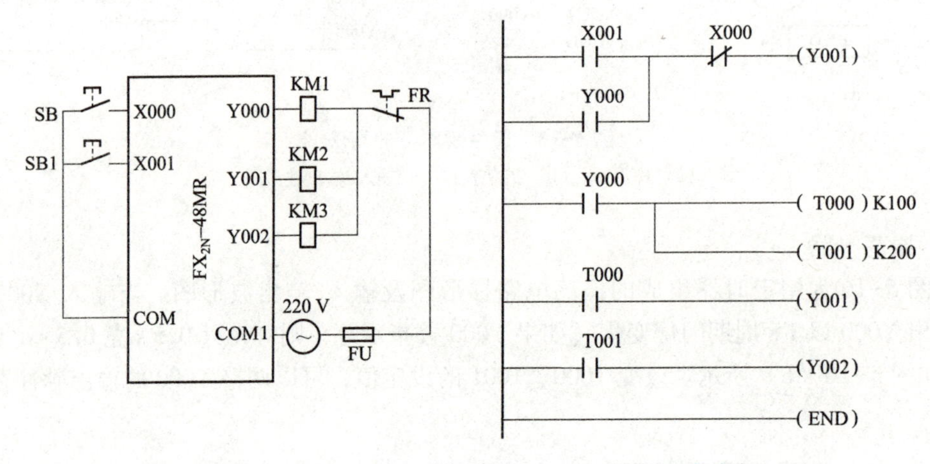

例题 5-3 图　三台电动机顺序启动的 PLC 控制电路

6. 积算定时器（T246~T255）

积算定时器也叫保持型定时器，如图 5-18 所示，积算定时器与通用定时器的区别在于：线圈的驱动信号 X000 断开或停电时，积算定时器不复位，当前值保持，当驱动信号 X000 再次被接通或恢复来电时积算定时器累计计时。当前值达到设定值时，输出触点动作。需要注意的是，必须要用复位信号才能对积算定时器复位。当复位信号 X001 接通时，积算定时器处于复位状态，输出触点复位，当前的值清 0。

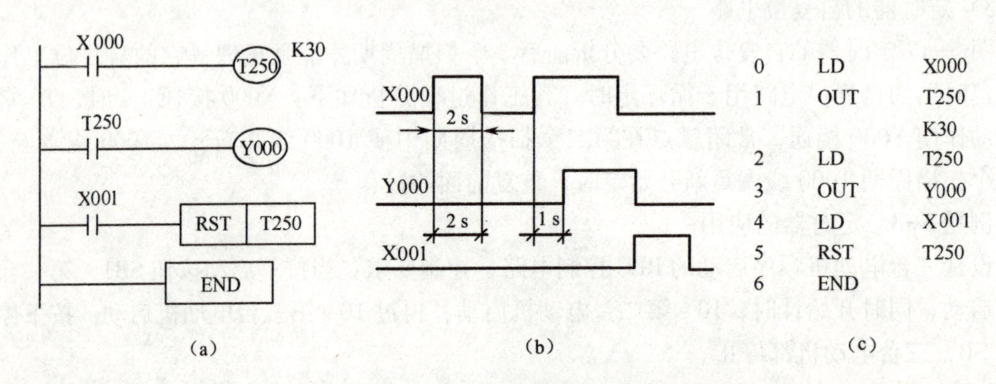

图 5-18　积算定时器基本用法

（a）梯形图；（b）输入/输出波形图；（c）指令表

积算定时器也有两种计时脉冲，分别是 1 ms 和 100 ms，对应的设定范围分别为 0.001～32.767 s 和 0.1～3 276.7 s。设定值均为 1～32 767。

积算定时器的地址编号和设定定时范围如下：

1 ms 积算定时器 T246～T249（4 点）　　设定值 0.001 到 32.767 s

100 ms 积算定时器 T250～T255（6 点）　设定值 0.1 到 3 276.7 s

积算定时器应用：合上开关 K1（X000），红灯（Y000）亮 1 s 灭 1 s，累计点亮 30 min 自行关闭系统。

如图 5-19 为其梯形图程序。该程序中红灯间歇点亮，其点亮的累计时间要用积算定时器计时。当 X000 断开时积算定时器复位。

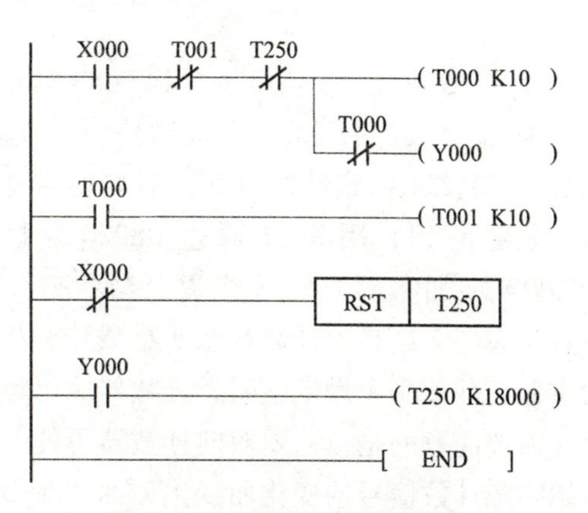

图 5-19　积算定时器应用实例

7. 计数器 C

计数器主要记录脉冲个数或根据脉冲个数设定某一时间，计数值通过编程来设定。FX 系列 PLC 的计数器也采用十进制编号，如 FX_{2N} 系列的低速计数器编号为 C000～C234。计数器的设定值也与定时器的设定值一样，既可用常数 K 设定，也可用数据寄存器 D 设定。例如，指定为 D10，而 D10 中的内容为 123，则与设定 K123 等效。

1）FX 系列 PLC 的计数器 C

计数器是 PLC 的重要内部元件，在 CPU 执行扫描操作时对内部元件（X、Y、M、S、T、C）的信号进行计数。计数器同定时器一样，也有一个设定值寄存器（字）、一个当前值寄存器（字）、一个线圈及无数个常开/常闭触点（位）。当计数次数达到其设定值时，计数器触点动作，用于控制系统完成相应功能。

2）16 位低速计数器

通常情况下，PLC 的计数器分为加计数器和减计数器，FX 系列的 16 位计数器都是加计数器。其地址编号如下：

（1）通用加计数器：C000～C099（100 点）；设定值区间为 K1～K32 767。

（2）停电保持加计数器：C100～C199（100 点）；设定区间为 K1～K32 767。

停电保持计数器的特点是在外界停电后能保持当前计数值不变，恢复来电时能累计数。

从图 5-20 中可看出 16 位通用加计数器的计数原理：当复位信号 X000 断开时，计数信号 X001 每接通一次（上升沿到来），加计数器的当前值加 1，当前值达到设定值时，计数器触点运作且不再计数。当复位信号接通时计数器处于复位状态，此时，当前值清 0，触点复位，并且不计数。

3）32 位加/减计数器、通用计数器的自复位电路

（1）32 位加/减计数器。

FX 系列的低速计数器除了前面已讲解的 16 位计数器外，还有 32 位通用加/减双向计数器（地址编号 C200～C219，共 20 点）及 32 位停电保持加/减双向计数器（地址编号 C220～

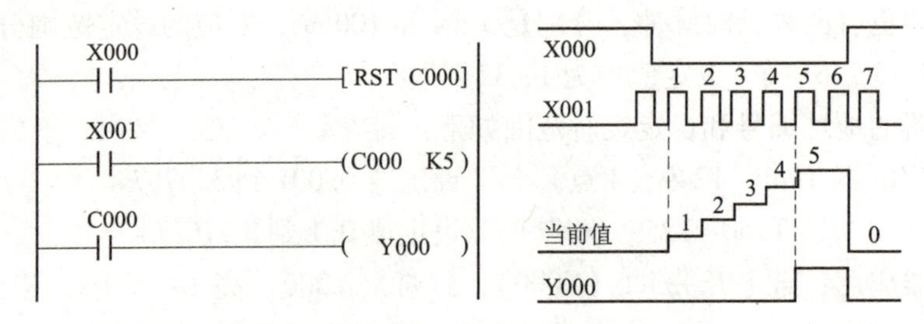

图 5-20 通用型 16 位加计数器计数过程

C234，共 15 点），设定值为-2 147 483 648~2 147 483 647。

加/减计数器的设定值可正可负，计数过程中当前值可加可减，分别用特殊辅助继电器 M8200~M8234 指定计数方向，对应的特殊辅助继电器 M 断开时为加计数，接通时为减计数。如图 5-21，用 X001 通过 M8200 控制双向计数器 C200 的计数方向。当 X001=1 时，M8200=1，计数器 C200 处于减计数状态；当 X001=0 时，M8200=0，计数器 C200 处于加计数状态。无论是加计数状态还是减计数状态，当前值大于等于设定值时，计数器输出触点动作；当前值小于设定值时，计数器输出触点复位。

需要注意的是，只要双向计数器不处于复位状态，无论当前值是否达到设定值，其当前值始终随计数信号的变化而变化，如图 5-21 所示。

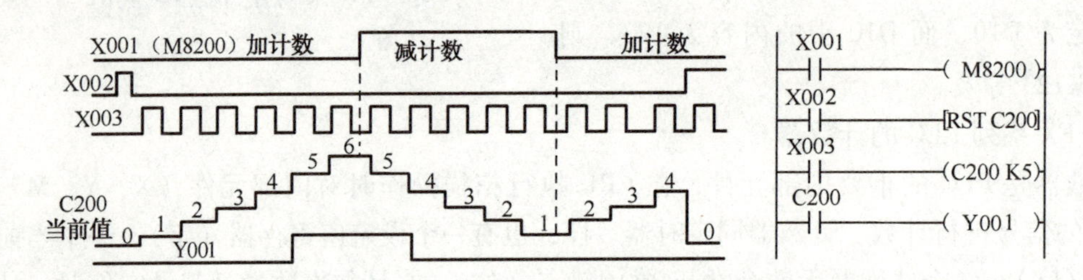

图 5-21 32 位加/减计数器计数原理图

与通用计数器一样，当复位信号到来时，双向计数器就处于复位状态。此时，当前值清 0，触点复位，并且不计数。

进/出库物品的统计监控程序设计：仓库的货物每天既有进库的，也有出库的，为了实现对进出仓库的货物都能计数统计，可以对图 5-21 的程序做一些修改，修改后的程序如图 5-22所示。当货物需要出库时将 X002 合上，接通 M8200 和 M8201，使 C200、C201 处于减计数方式。货物进库时将 X002 断开，使 C200、C201 处于加计数方式。无论处于何种方式，其当前值始终随计数信号的变化而变化，准确反映了库存货物的数量。

（2）通用计数器的自复位电路——主要用于循环计数。

如图 5-23 的程序，C000 对计数脉冲 X004 进行计数，计到第 3 次的时候，C000 的常开触点动作使 Y000 接通。而在 CPU 的第二轮扫描中，由于 C000 的另一常开触点也动作使其线圈复位，后面的常开触点也跟着复位，因此在第二个扫描周期中 Y000 又断开。在第三个扫描周期中，由于 C000 常开触点复位解除了线圈的复位状态，因此使 C000 又处于计数状态，重新开始下一轮计数。

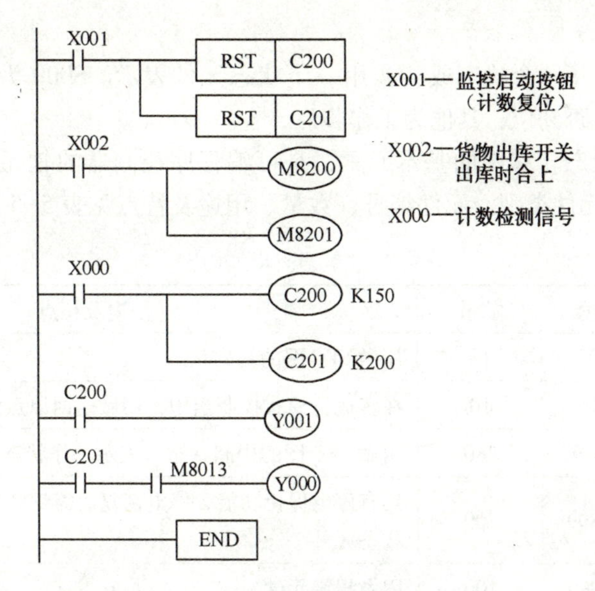

图 5-22 进/出库物品的统计监控程序

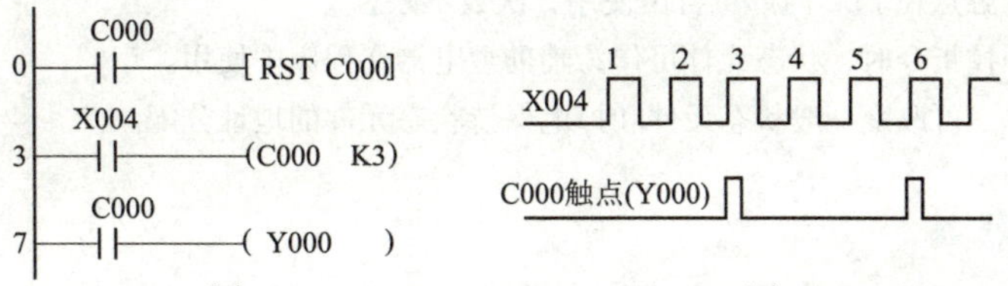

```
0  C000   [RST C000]
3  X004   (C000  K3)
7  C000   ( Y000   )
```

X004 1 2 3 4 5 6

C000触点(Y000)

（a） （b）

图 5-23 通用计数器的自复位电路

（a）梯形图；（b）波形图

与定时器自复位电路一样，计数器的自复位电路也要分析前后 3 个扫描周期，才能真正理解它的自复位工作过程。计数器的自复位电路主要用于循环计数。定时器计数器的自复位电路在实际中应用非常广泛，要深刻理解才能熟练应用。

时钟电路程序设计：如图 5-24 为时钟电路程序。采用特殊辅助继电器 M8013 作为秒脉冲并送入 C000 进行计数。C000 每计 60 次（1 min）向 C001 发出一个计数信号，C001 计 60 次（1 h）向 C002 发出一个计数信号。C000、C001 分别计 60 次（00~59），C002 计 24 次（00~23）。

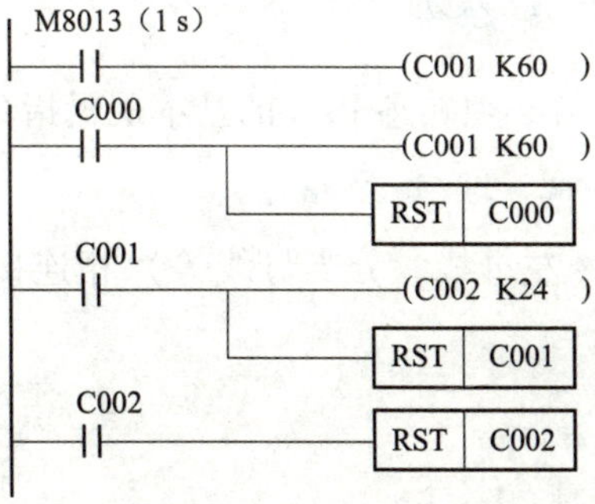

```
M8013（1 s）  (C001 K60 )
C000          (C001 K60 )
              RST C000
C001          (C002 K24 )
              RST C001
C002          RST C002
```

0	LD	M8013	
1	OUT	C000	K60
2	LD	C000	
3	OUT	C001	K60
4	RST	C000	
5	LD	C001	
6	OUT	C002	K24
7	RST	C001	
8	LD	C002	
9	RST	C002	

图 5-24 时钟电路程序

8. 状态元件 S

在 FX 系列 PLC 中每一个状态或者步用一个状态元件表示。S000 为初始步，也称为准备步，表示初始准备是否到位；其他为工作步。

状态元件是构成状态转移图的基本元素，是可编程序控制器的软元件之一。FX_{2N} 共有 1 000 个状态元件，其元件类别、元件编号、数量、用途及特点见表 5-5。

表 5-5　FX_{2N} 的状态元件

类别	元件编号	数量	用途及特点
初始状态	S0～S9	10	用做 SFC 图的初始状态
返回状态	S10～S19	10	在多运行模式控制当中，用做返回原点的状态
通用状态	S20～S499	480	用做 SFC 图的中间状态，表示工作状态
掉电保持状态	S500～S899	400	具有停电保持功能，停电恢复后需继续执行的场合可用这些状态元件
信号报警状态	S900～S999	100	用做报警元件

注：① 状态的编号必须在指定范围内选择。

② 各状态元件的触点在 PLC 内部可自由使用，次数不限。

③ 在不用步进顺控指令时，状态元件可作为辅助继电器在程序中使用。

④ 通过参数设置，可改变一般状态元件和掉电保持状态元件的地址分配。

9. 数据寄存器 D

用来存储 PLC 仅需输入/输出处理、模拟量控制、位置量控制时的数据和参数。数据寄存器为 16 位，最高位是符号位。可采用两个寄存器合并起来存放 32 位数据，最高位为符号位。

1）通用数据寄存器：D000～D199

通用数据寄存器在 PLC 由 RUN（运行）到 STOP（停止）时，其数据全部清 0。

如果将特殊继电器 M8033 置 1，则 PLC 由 RUN 到 STOP 时，数据可以保持。

2）断电保持数据寄存器：D200～D511

断电保持数据寄存器只要不被改写，原有数据就不会丢失，不论电源接通与否，PLC 运行与否，都不会改变寄存器的内容。

5.3.3　可编程序控制器 FX 系列 PLC 基本指令

要用指令表语言编写 PLC 控制程序，就必须熟悉 PLC 的基本逻辑指令。

1. LD（LOAD）/LDI（Load Inverse）取/取反指令

功能：取单个常开/常闭触点与母线（左母线、分支母线等）相连接，操作元件有 X、Y、M、T、C、S。

2. OUT 驱动线圈（输出）指令

功用：驱动线圈，操作元件有 Y、M、T、C、S。

LD/LDI 指令及 OUT 指令的用法如图 5-25 所示。

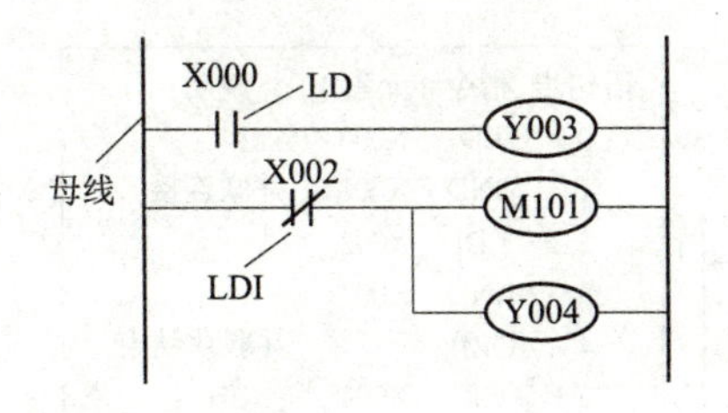

语句步	指令	元素	说明
0	LD	X000	
1	OUT	Y003	线圈输出
2	LDI	X002	
3	OUT	M101	线圈输出
4	OUT	Y004	线圈输出

图 5-25 LD/LDI 及 OUT 指令的用法

3. AND/ANI 与/与反指令

功用：串联单个常开/常闭触点。

4. OR/ORI 或/或反指令

功用：并联单个常开/常闭触点。

AND/ANI 和 OR/ORI 指令的基本用法如图 5-26 和图 5-27 所示。

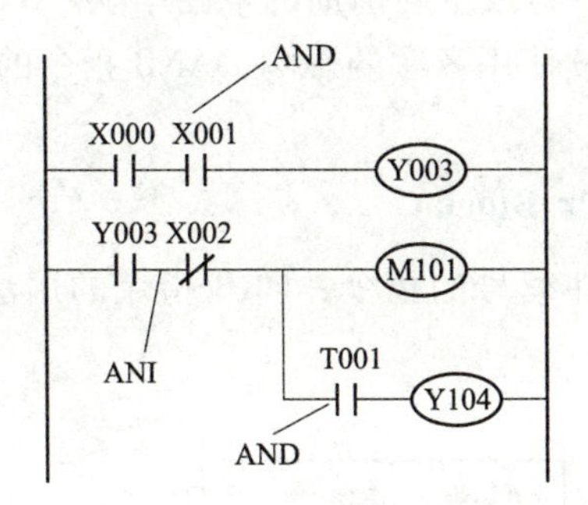

语句步	指令	元素	说明
0	LD	X000	
1	AND	X001	串联触点
2	OUT	Y003	
3	LD	Y003	
4	ANI	X002	串联触点
5	OUT	M101	
6	AND	T001	串联触点
7	OUT	Y004	

图 5-26 AND/ANI 指令的基本用法

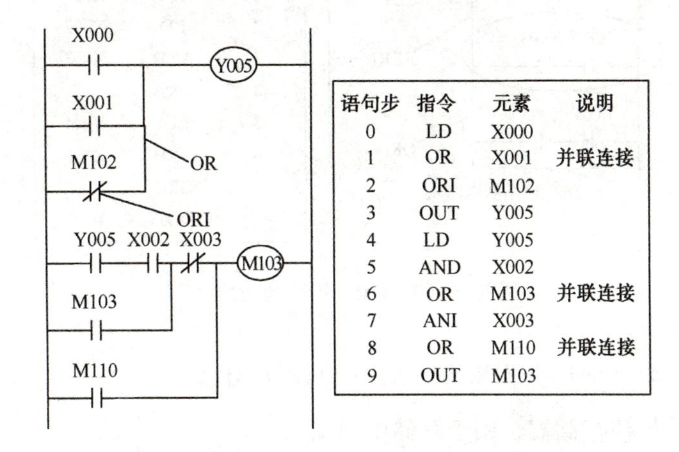

语句步	指令	元素	说明
0	LD	X000	
1	OR	X001	并联连接
2	ORI	M102	
3	OUT	Y005	
4	LD	Y005	
5	AND	X002	
6	OR	M103	并联连接
7	ANI	X003	
8	OR	M110	并联连接
9	OUT	M103	

图 5-27 OR/ORI 指令的基本用法

5. 块与指令，块与块的串联指令 ANB（And Block）

功能：串联一个并联电路块，ANB 指令的用法如图 5-28 所示。

ANB 指令是不带操作元件编号的指令，两个或两个以上触点并联连接的电路称为并联电路块。当分支电路并联电路块与前面的电路串联连接时，使用 ANB 指令。即分支起点用

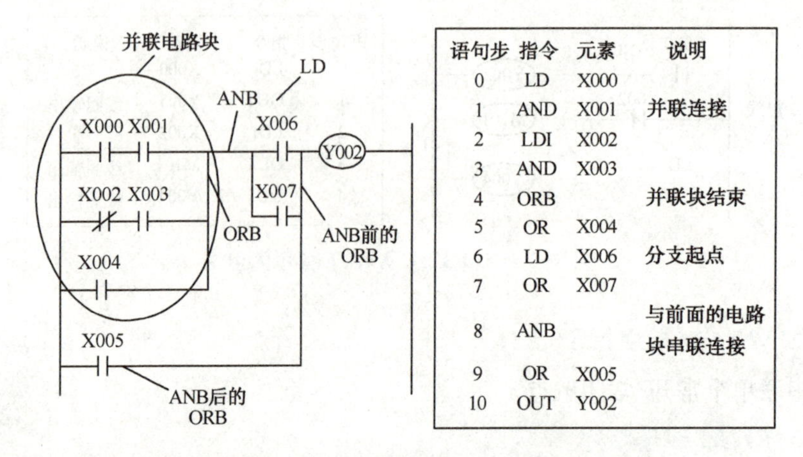

语句步	指令	元素	说明
0	LD	X000	
1	AND	X001	并联连接
2	LDI	X002	
3	AND	X003	
4	ORB		并联块结束
5	OR	X004	
6	LD	X006	分支起点
7	OR	X007	
8	ANB		与前面的电路块串联连接
9	OR	X005	
10	OUT	Y002	

图 5-28　ANB 指令的用法

LD、LDI 指令，并联电路块结束后使用 ANB 指令，表示与前面的电路串联。ANB 指令原则上可以无限制使用，但受 LD、LDI 指令只能连续使用 8 次的影响，ANB 指令的使用次数也应限制在 8 次。

6. 块或指令，块与块的并联指令 ORB（Or Block）

功能：并联一个串联电路块是不带操作元件编号的指令，ORB 指令的用法如图 5-29 所示。

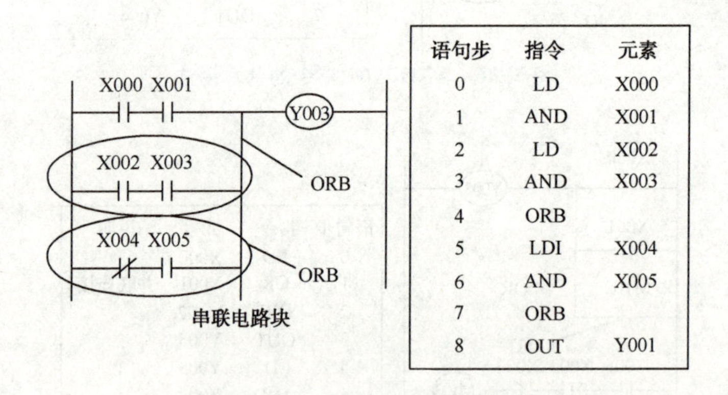

语句步	指令	元素
0	LD	X000
1	AND	X001
2	LD	X002
3	AND	X003
4	ORB	
5	LDI	X004
6	AND	X005
7	ORB	
8	OUT	Y001

图 5-29　ORB 指令的用法

7. 多重输出指令（堆栈操作指令）MPS/MRD/MPP

PLC 中有 11 个堆栈存储器，用于存储中间结果。

堆栈存储器的操作规则是：先进栈的后出栈，后进栈的先出栈。

MPS—进栈指令，数据压入堆栈的最上面一层，栈内原有数据依次下移一层。

MRD—读栈指令，用于读出最上层的数据，栈中各层内容不发生变化。

MPP—出栈指令，弹出最上层的数据，其他各层的内容依次上移一层。

MPS、MRD、MPP 指令不带操作元件。MPS 与 MPP 的使用成对出现，并且不能超过 11 次，多重输出指令的用法如图 5-30 所示。

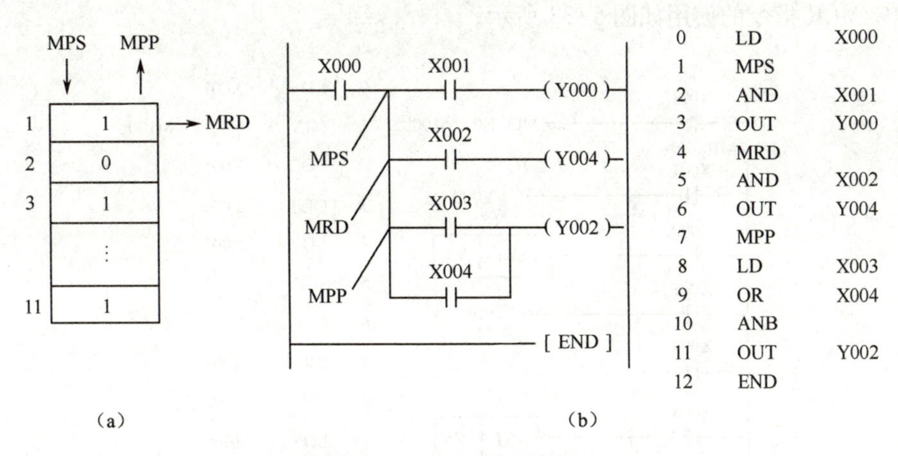

图5-30　多重输出指令的用法

（a）存储器；（b）多重输出电路的梯形图与指令表图

8. 置位SET/复位RST（RESET）指令

功能：SET使操作元件置位（接通并自保持），RST使操作元件复位。当SET和RST信号同时接通时，写在后面的指令有效，如图5-31所示。

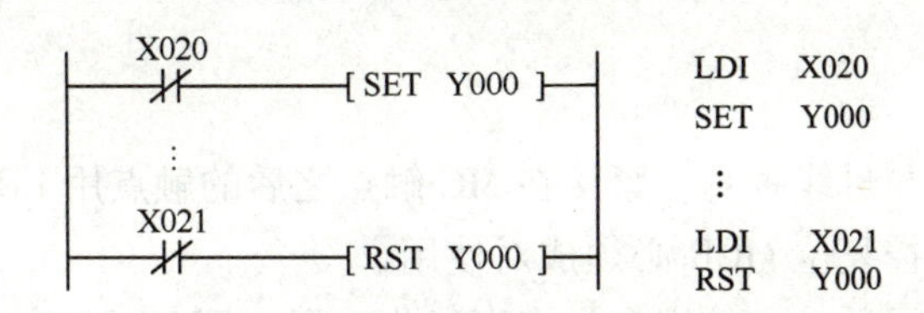

图5-31　置位/复位指令用法

SET/RST与OUT指令的用法比较如图5-32所示。

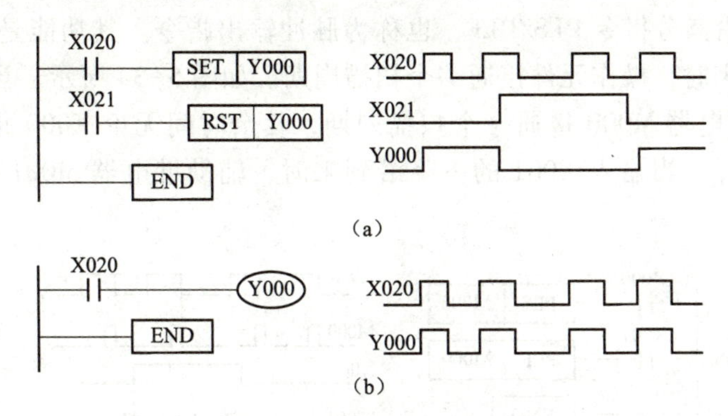

图5-32　SET/RST与OUT指令的用法比较

（a）SET/RST指令；（b）OUT指令

9. 主控触点指令/主控返回指令MC/MCR

功能：用于公共触点的连接。当驱动MC的信号接通时，执行MC与MCR之间的指令；当驱动MC的信号断开时，OUT指令驱动的元件断开，SET/RST指令驱动的元件保持当前状态。MC/MCR 指令的使用如图 5-33 所示。

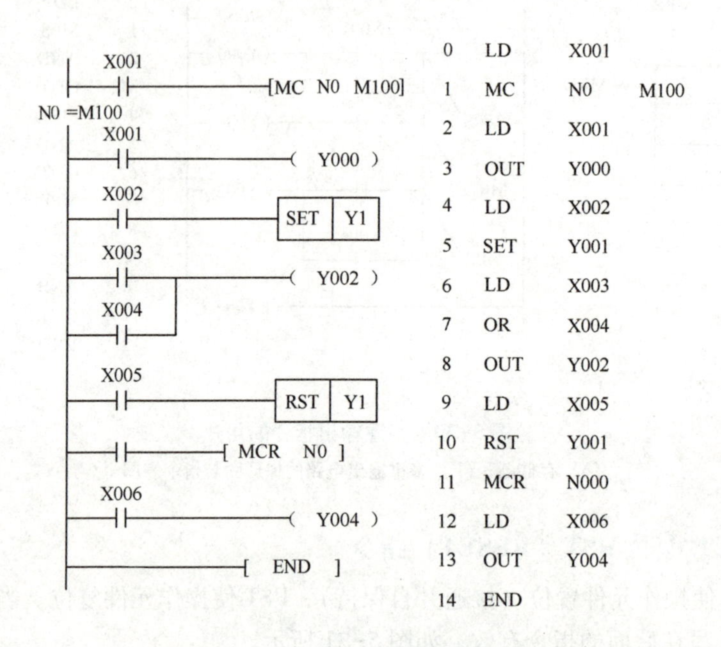

图 5-33 MC/MCR 指令的使用

要求：

（1）主控 MC 触点与母线垂直，紧接在 MC 触点之后的触点用 LD/LDI 指令。

（2）主控 MC 与主控复位 MCR 必须成对使用。

（3）N 表示主控的层数。主控嵌套最多可以为 8 层，用 N0~N7 表示。

（4）M100 是 PLC 的辅助继电器，每个主控 MC 指令对应用一个辅助继电器表示。

10. 微分指令 PLS/PLF（脉冲输出指令）

上升沿/下降沿微分指令 PLS/PLF，也称为脉冲输出指令。其功能是：当驱动信号的上升沿/下降沿到来时，操作元件接通一个扫描周期。如图 5-34 所示，当输入 X000 的上升沿到来时辅助继电器 M000 接通一个扫描周期，其余时间无论 X000 是接通还是断开，M000 都断开。同样，当输入 X001 的下降沿到来时，辅助继电器 M001 接通一个扫描周期，然后断开。

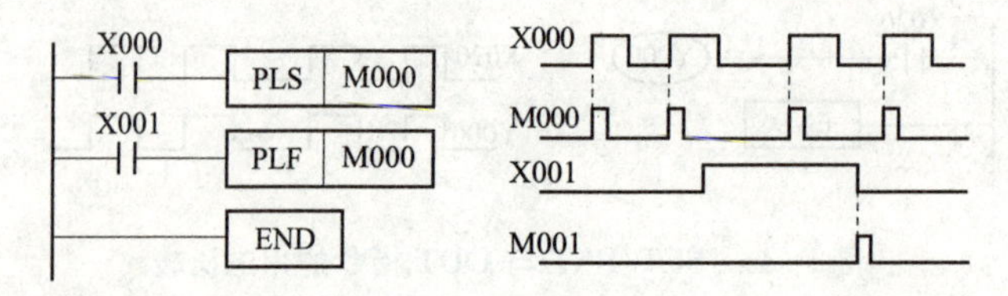

图 5-34 脉冲输出指令用法

1）微分指令基本应用 1

设计用单按钮控制台灯两挡发光亮度的控制程序。

要求：按钮（X020）第一次合上，Y000 接通；X020 第二次合上，Y000 和 Y001 都接

通；X020 第三次合上，Y000、Y001 都断开。

梯形图控制程序如图 5-35（a），波形图如图 5-35（b），指令表如图 5-35（c）。当 X020 第一次合上时，M000 接通一个扫描周期。由于此时 Y000 还是初始状态没有接通，因此 CPU 从上往下扫描程序时 M001 和 Y001 都不能接通，只有 Y000 接通，台灯低亮度发光。在第二个扫描周期里，虽然 Y000 的常开触点闭合，但 M000 却又断开了，因此 M001 和 Y001 仍不能接通。直到 X020 第二次合上时，M000 又接通一个扫描周期。此时 Y000 已经接通，故其常开触点闭合使 Y001 接通，台灯高亮度发光。X020 第三次合上时，M000 接通，因 Y001 常开触点闭合使 M001 接通，切断 Y000 和 Y001，台灯熄灭。

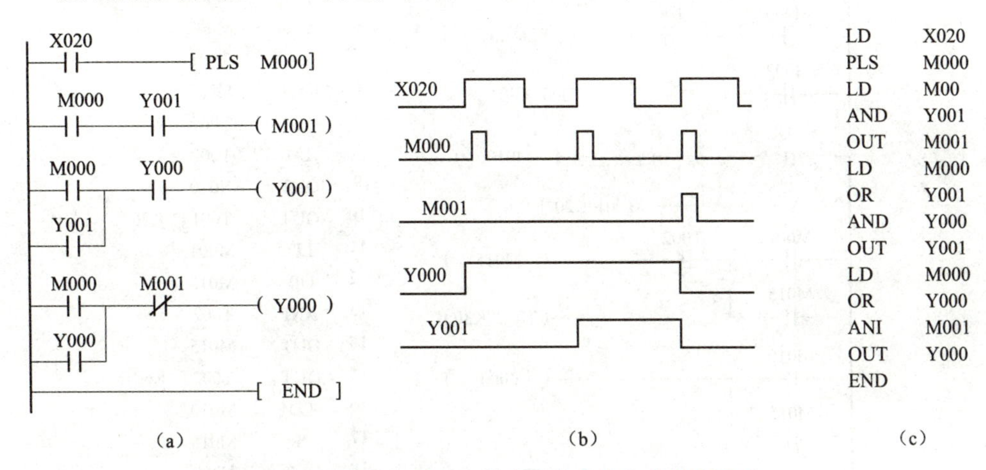

图 5-35　单按钮控制两挡发光亮度台灯的控制程序

（a）梯形图控制程序；（b）波形图；（c）指令表

要求：单按钮（X020）第一次合上，电动机（Y000）启动；X020 第二次合上 Y000 停止。

2）微分指令基本应用 2

某宾馆洗手间的控制要求为：当有人进去时，光电开关使 X000 接通，3 s 后 Y000 接通；使控制水阀打开，开始冲水，时间为 2 s；使用者离开后，再一次冲水，时间为 3 s。

根据本任务的控制要求，可以画出输入 X0000 与输出 Y0000 的波形图关系，如图 5-36 所示。

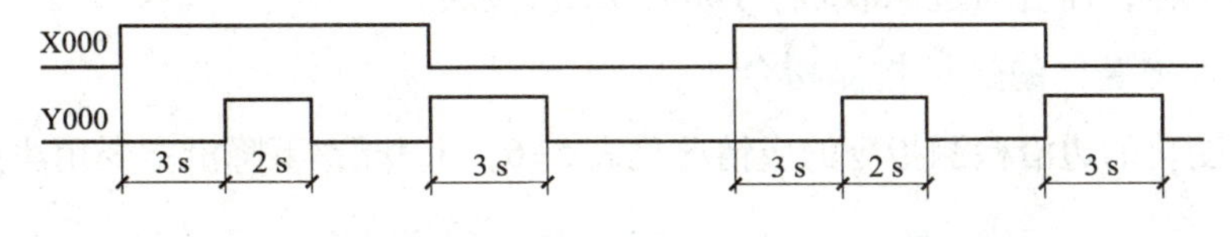

图 5-36　洗手间冲水控制的输入/输出波形图

从波形图上看出，有人进去一次（X000 接通一次）则输出 Y000 要接通 2 次。X000 接通后延时 3 s 后将 Y000 第一次接通，这用定时器就可以实现。然后是当人离开（X000 的下降沿到来）时 Y000 第二次接通，且前后两次接通的时间长短不一样，分别是 2 s 和 3 s。这需要用到 PLC 的边沿指令或微分指令 PLS/PLF。

设计洗手间的冲水清洗程序时，可以分别采用 PLS 和 PLF 指令作为 Y000 第一次接通前的开始定时信号和第二次接通的启动信号。同一编号的继电器线圈不能在梯形图中出现两次，否则称为“双线圈输出”，是违反梯形图设计规则的，所以 Y000 前后两次接通要用辅助继电器（M010）和（M015）进行过渡和“记录”，再将 M010 和 M015 的常开触点并联后驱动 Y000 输出，如图 5-37 所示。

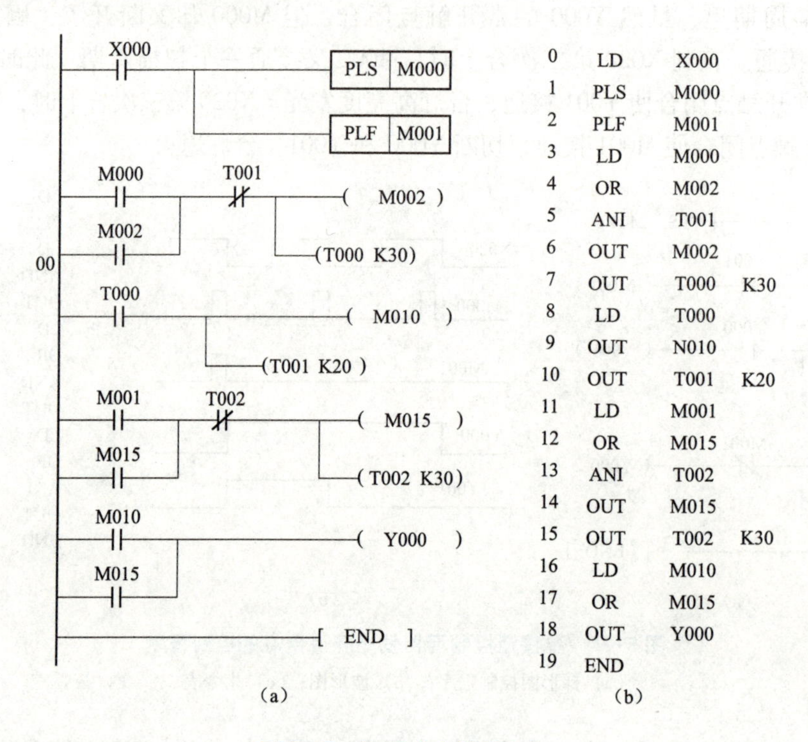

图 5-37　洗手冲水控制程序

（a）梯形图；（b）指令表图

M000 和 M001 都是微分短信号，要使定时器正确定时，就必须设计成启-保-停电路。而 PLC 的定时器只有在设定时间到的时候其触点才会动作，换句话说，PLC 的定时器只有延时触点而没有瞬时触点。因此用 M000 驱动辅助继电器 M002 接通并自保，给 T000 定时 30 s 提供长信号保证，再通过 M010 将输出 Y000 接通。同样，M015 也是供 T002 完成 30 s 定时的辅助继电器，而且通过 M015 将 Y000 第二次接通。

11. 触点状态变化的边沿检测指令

触点状态变化的边沿检测指令的应情况见表 5-6，上升沿/下降沿指令用法见图 5-38。

表 5-6　触点状态变化的边沿检测指令

符号、名称	功　能	电路表示	操作元件	程序步
LDP 取上升沿脉冲	取上升沿脉冲 与母线连接	X, Y, M, S, T, C　(Y, M, S)	X, Y, M, S, T, C	2
LDF 取下降沿脉冲	取下降沿脉冲 与母线连接	X, Y, M, S, T, C　(Y, M, S)	X, Y, M, S, T, C	2

续表

符号、名称	功 能	电路表示	操作元件	程序步
ANDP 与上升沿脉冲	串联连接上升沿脉冲	X, Y, M, S, T, C Y,M,S	X,Y,M,S,T,C	2
ANDP 与下降沿脉冲	串联连接下降沿脉冲	X, Y, M, S, T, C Y,M,S	X,Y,M,S,T,C	2
ORP 或上升沿脉冲	并联连接上升沿脉冲	Y, M, S X, Y, M, S, T, C	X,Y,M,S,T,C	2
ORF 或下降沿脉冲	并联连接下降沿脉冲	Y,M,S X, Y, M, S, T, C	X,Y,M,S,T,C	2

使用说明：

（1）这是一组与 LD、AND、OR 指令相对应的脉冲式触点指令。

（2）对 LDP、ANDP 及 ORP 指令检测触点状态变化的上升沿，当上升沿到来时，使其操作像接通一个扫描周期。LDF、ANDF 及 ORF 指令检测触点变化的下降沿，当下降沿到来时，使其操作像接通一个扫描周期。

（3）这组指令只是在某些场合为编程提供方便，当以辅助继电器 M 为操作元件时，M 序号会影响程序的执行情况（注：M0~M2799 和 M2800~M3071 两组动作有差异）。

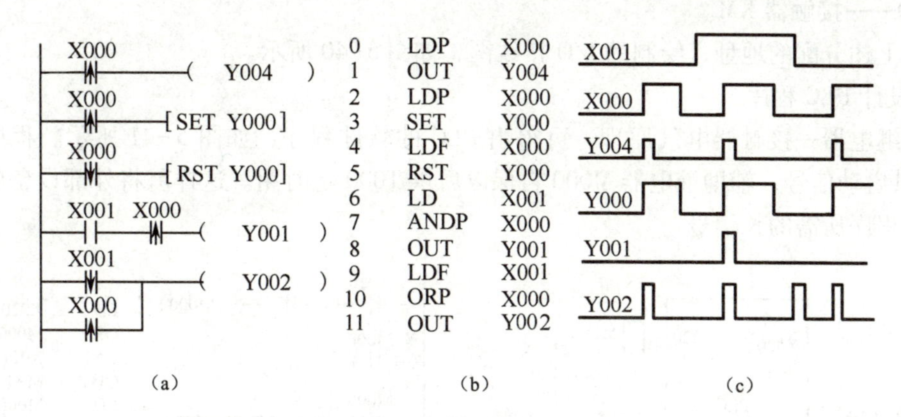

（a）　　　　（b）　　　　（c）

图 5-38　上升沿/下降沿指令用法

（a）梯形图；（b）指令表；（c）波形图

5.3.4　可编程序控制器的基本指令应用举例

1. 定时器运用

1）继电器-接触器控制原理图分析

如图 5-39 为三相电动机延时启动的继电器—接触器控制原理图。按下启动按钮 SB1，延时继电器 KT 得电并保持，延时一段时间后接触器 KM 线圈得电，电动机启动运行。按下停止按钮SB2，电动机停止运行。延时继电器KT使电动机完成延时启动的控制任务。

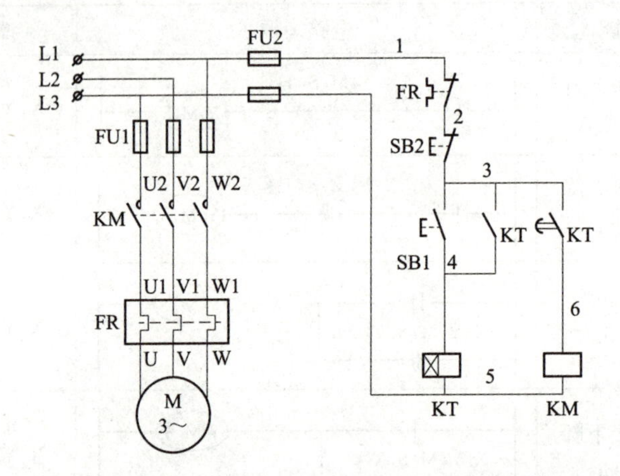

图5-39　三相电动机延时启动的继电器—接触器控制原理图

2）分配I/O地址，绘制I/O接线图

根据控制任务，要实现电动机延时启动，只需选择发送控制信号的启动、停止按钮和传送热过载信号的FR常闭触点作为PLC的输入设备；选择接触器KM作为PLC输出设备，控制电动机的主电路即可。时间控制功能由PLC的内部元件（T）完成，不需要在外部考虑。根据选定的I/O设备分配PLC地址如下：

X020——SB1启动按钮；

X021——SB2停止按钮；

Y020——接触器KM。

根据上述分配的地址，绘制的I/O接线图，如图5-40所示。

3）设计PLC程序

根据继电器—接触器电气原理，可得出PLC的软件程序，如图5-41所示。程序采用X020提供启动信号，辅助继电器M000自保以后供T000定时用。这样就将外部设备的短信号变成了程序所需的长信号。

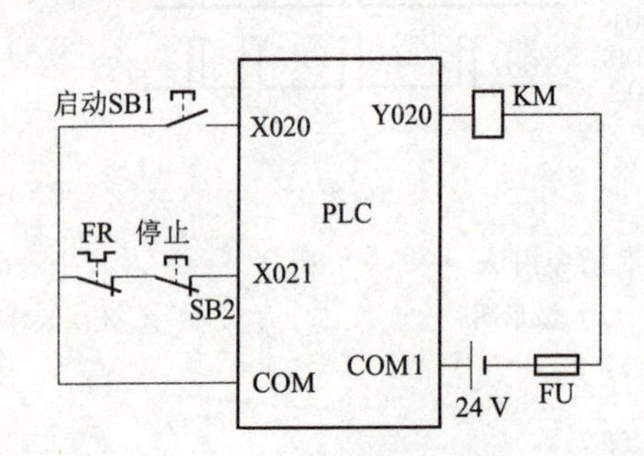

图5-40　电动机延时启动的I/O接线图

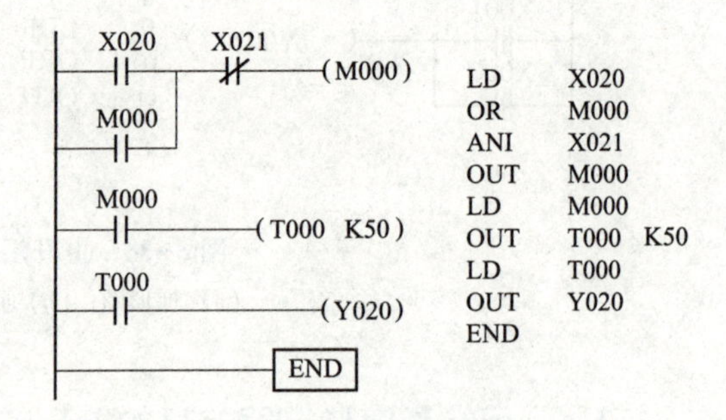

图5-41　电动机延时启动的PLC程序

2. 进库物品的统计监控计数器C的应用

1）设计任务分析

有一个小型仓库，需要对每天存放进来的货物进行统计。当货物达到150件时，仓库监控室的绿灯亮；当货物数量达到 200 件时，仓库监控室红灯以 1 s 频率闪烁报警。

控制任务的关键是要对进库物品进行统计计数。解决的思路是在进库口设置传感器检测是否有物品进库，然后对传感器检测信号进行计数。这需要用到 PLC 的另一编程元件——计数器。

2）分配地址，绘制 I/O 接线图

如图 5-42 所示，根据控制任务要求，需要在进库口设置传感器，检测是否有进库物品到来，这是输入信号。传感器检测到信号以后送给计数器进行统计计数，但计数器是 PLC 的内部元件，不需要选择相应的外部设备。但计数器需要有复位信号，从控制任务来看，需要单独配置一个按钮供计数器复位，同时也作为整个监控系统的启动按钮。本控制任务的输出设备，就是两个监控指示灯（红灯和绿灯），分配地址如下：

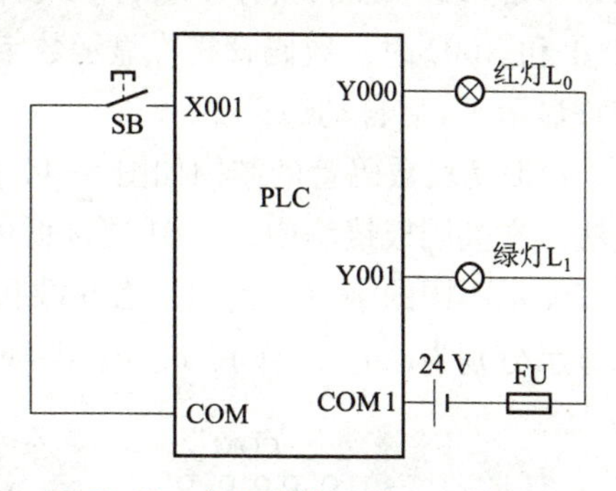

图 5-42 仓库监控系统 I/O 接线图

X000：进库物品检测传感器；

X001：监控系统启动按钮（计数复位按钮）SB；

Y000：监控室红灯 L_0；

Y001：监控室绿灯 L_1。

3）设计 PLC 程序

如图 5-43 为监控系统的梯形图控制程序。当有一件物品进库时，传感器就通过 X000 输入一个信号，计数器 C000、C001 分别计数一次，C000 计数满 150 件时其触点动作，使绿灯（Y001）点亮；C001 计数满 200 件时其触点动作，与 M8013（1 s 时钟脉冲）串联后实现 Y000 红灯以 1 s 频率闪烁报警。

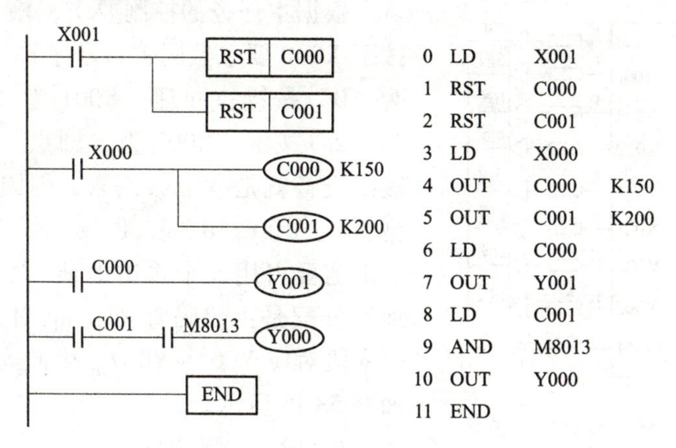

图 5-43 监控系统的梯形图控制程序

4）程序调试

按照 I/O 接线图接好电源线、通信线及 I/O 信号线，输入程序进行调试，直至满足要求。

3. LED 数码管设计应用

1）设计任务及要求

LED 数码管由 7 段条形发光二极管和一个小圆点二极管组成，根据各段管的亮暗可以显示 0~9 的 10 个数字和许多字符。设计用 PLC 控制的数码管程序，要求：分别按下 X000、X001 和 X002 时，数码管相应显示数字 0、1 和 2；按下 X003 时，数码管显示小圆点。每个字符显示 1 s 后自动熄灭。

LED 7 段数码管的结构如图 5-44 所示，有共阴极和共阳极两种接法，本书采用共阴极接法。在共阴极接法中，COM 端接低电位，这样只需控制阳极端的电平高低就可以控制数码管显示不同的字符。例如，当 b 端和 c 端输入为高电平、其他各端输入为低电平时，数码管显示分别为“1”；当 a、b、c、d、e、f 端输入全为高电平时，数码管显示为“0”。

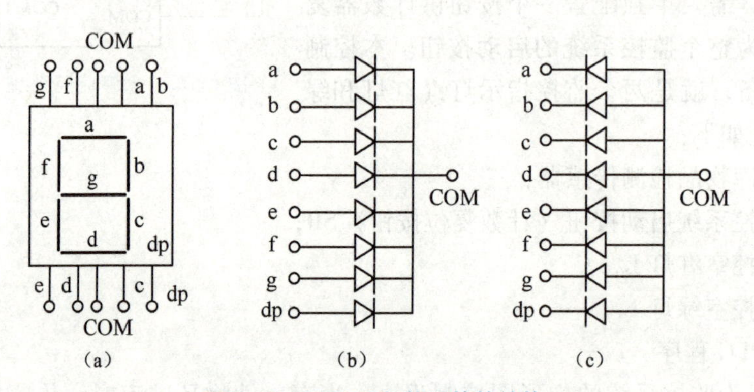

图 5-44　LED 7 段数码管的结构

（a）外形结构；（b）共阴极结构；（c）共阳极结构

2）方案设计，分配地址，绘制 I/O 接线图

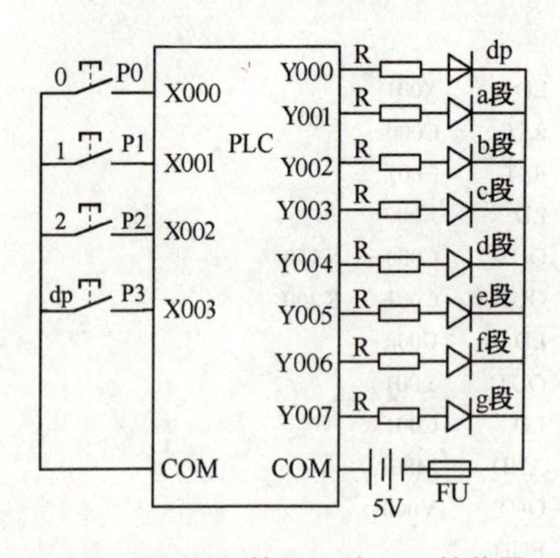

图 5-45　数码管显示的 I/O 接线图

根据本任务的控制要求，输入地址已经确定。按下 X000 要求数码管显示字符“0”，即 X000 应为“0”按键；同理，X001 为“1”按键；X002 为“2”按键；X003 为“圆点”按键。本任务的输出设备就是一个数码管，但因为它是由 7 段长型管 a、b、c、d、e、f、g 和一个圆点管组成的，所以需要占用 8 个输出地址。本控制任务的输出地址分配是：数码管圆点 dp 对应 Y000；数码管 a~g 段对应 Y001~Y007。由此绘制的 I/O 接线图如图 5-45 所示。

3）设计梯形图程序

各个字符的显示是由 7 段码的不同点亮情况组合而成的，例如，数字 0 和数字 1 都需要数码管的 b（Y2）、c（Y3）两段点亮。而 PLC 的梯形图设计规则是不允许出现双线圈的，所以要用辅助继电器 M 进行过渡。用 M 作为各字符显示的状态记录，再用记录的各状态点亮相应的二极管。

下面用 PLC 的经验设计法进行数码管显示程序的设计，读者应注意体会。

（1）字符显示状态的基本程序。

搭建程序的大致框架，在本程序中就是用辅助继电器做好各按键字符的状态记录。例如，按下 X000 时，用 M000 做记录，表明要显示字符“0”，如图 5-46所示。因圆点 dp 是单一地接通 Y000，所以不需要用 M 做中间记录。

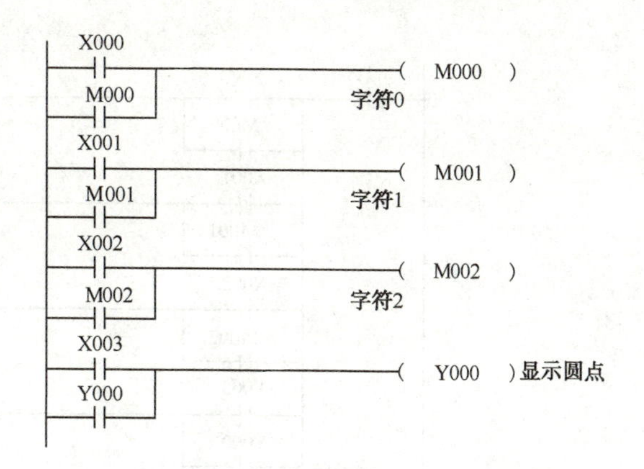

图 5-46 字符显示状态的基本程序

（2）字符的数码管显示程序。

将上一步记录的各状态用相应的输出设备进行输出。例如，M000 状态是要输出字符“0”，那就要点亮 a、b、c、d、e、f 段，也就是要将 Y001 ~ Y006 接通；M001 状态是要输出字符“1”，那么要点亮 b、c 段，也就是要将 Y002、Y003 接通。据此设计的梯形图程序如图 5-47 所示。

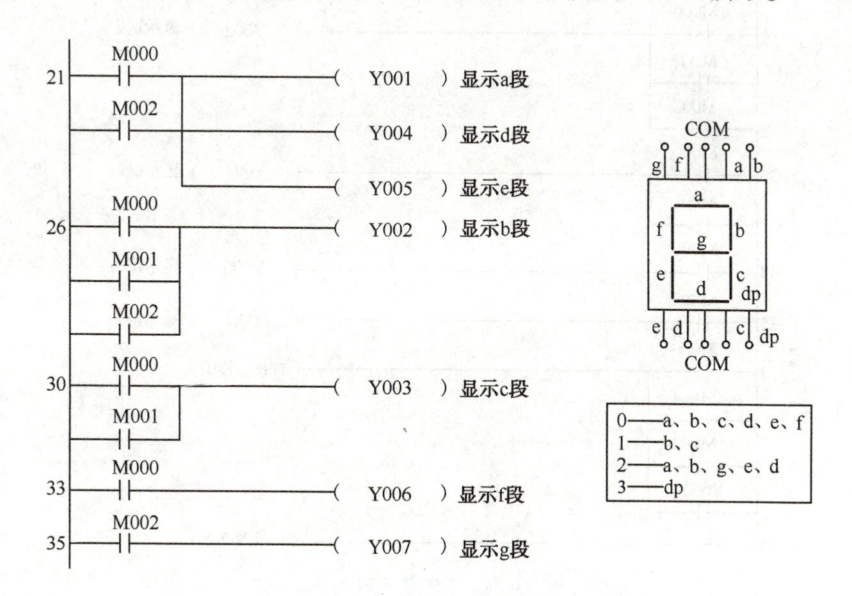

图 5-47 字符的数码管显示的梯形图程序

（3）数码管显示 1 s 的定时程序。

各个字符都显示 1 s，所以就用 M000 ~ M002 各状态及 Y000 的常开触点将定时器 T000 接通定时 1 s，如图 5-48 所示。

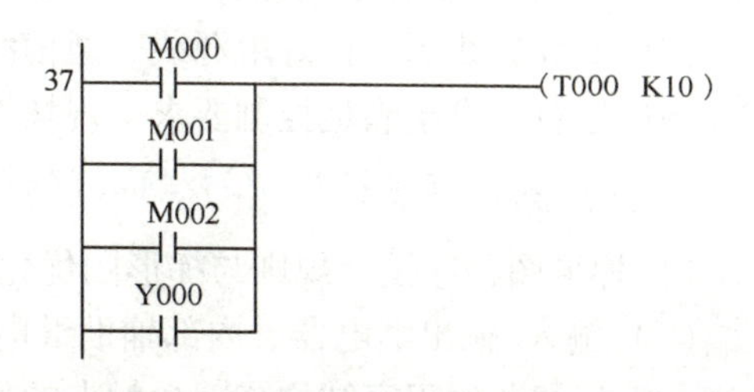

图 5-48 数码管显示 1 s 的定时程序

（4）数码管显示的最终梯形图程序。

将前面各步的程序段组合在一起，并进行总体功能检查（有无遗漏或者相互冲突的地方，若有就要进行添加或者衔接过渡），最后完善成总体程序，如图 5-49 所示。本程序中 T000 常闭触点切断 M 各状态和 Y000，就是最后检查出来的属于遗漏的地方。

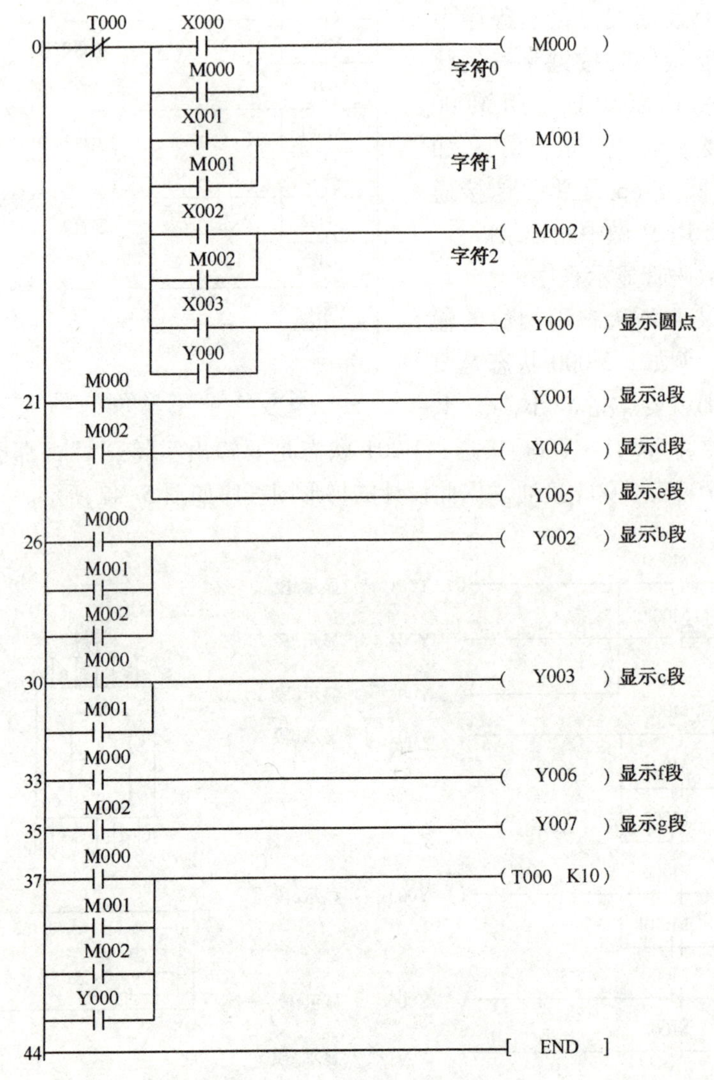

图5-49 数码管显示的最终程序

4）编写指令表程序及进行程序调试

按照I/O接线图，接好电源线、通信线及I/O信号线，输入梯形图程序或编写指令表程序并调试运行，直至满足控制要求。现场调试时注意数码管的接线要正确。

4. 梯形图程序设计规则与梯形图优化、经验设计法

1）梯形图程序设计规则与梯形图优化

（1）输入/输出继电器、内部辅助继电器、定时器、计数器等器件的触点可以多次重复使用，无须复杂的程序结构来减少触点的使用次数。

（2）梯形图每一行都是从左母线开始的，经过许多触点的串、并联，最后用线圈终止于右母线。触点不能放在线圈的右边，任何线圈不能直接与左母线相连，如图5-50所示。

（3）在程序中，除步进程序外，不允许同一编号的线圈多次输出（不允许双线圈输出），如图5-51所示。

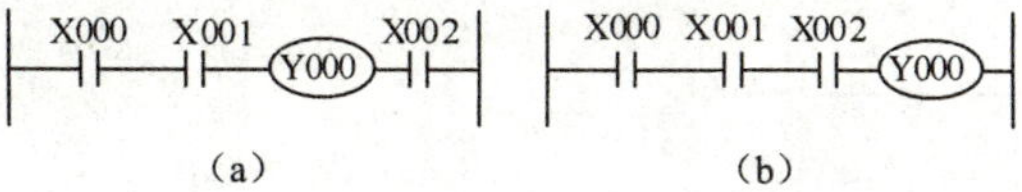

图 5-50　触点不能放在线圈的右边

（a）错误的梯形图；（b）正确的梯形图

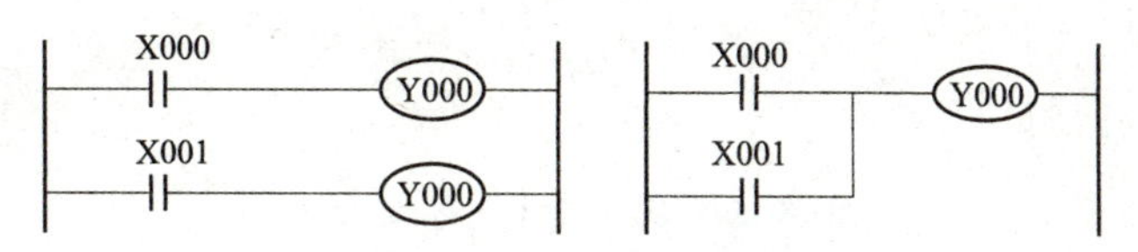

图 5-51　不允许双线圈输出

（4）不允许出现桥式电路。当出现如图 5-52（a）的桥式电路时，必须转换成如图 5-52（b）的形式才能进行程序调试。

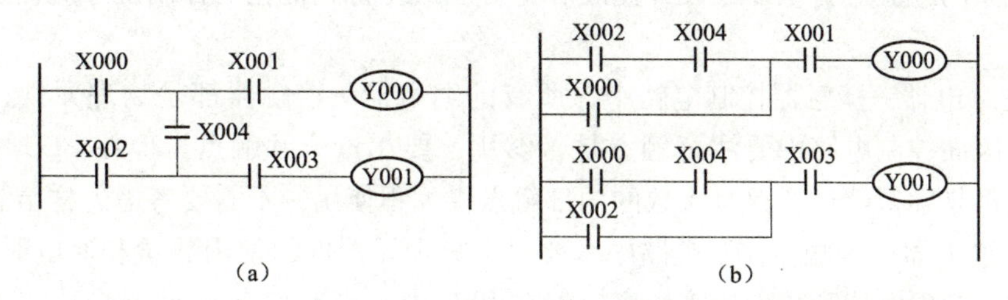

图 5-52　不允许出现桥式电路

（a）桥式电路；（b）优化梯形图

（5）为了减少程序的执行步数，梯形图中并联触点多的应放在左边，串联触点多的应放在上边。如图 5-53 所示，优化后的梯形图比优化前少一步。

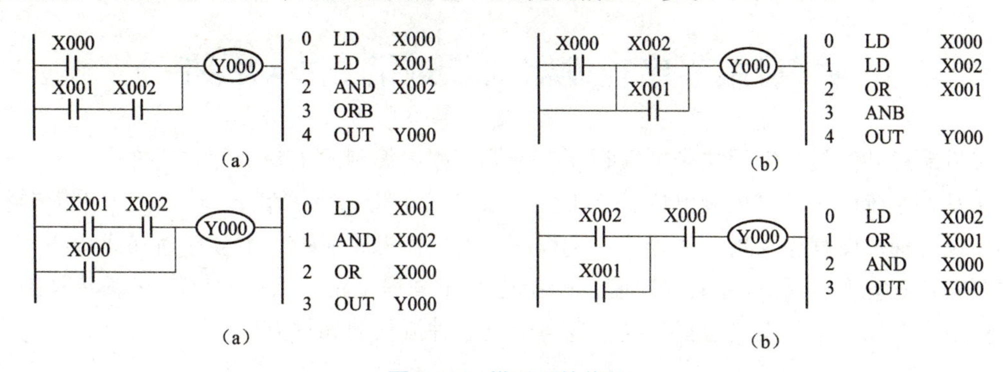

图 5-53　梯形图的优化

（a）优化后的梯形图 1；（b）优化后的梯形图 2

（6）尽量使用连续输出，避免使用多重输出的堆栈指令，如图 5-54 所示，连续输出的梯形图比多重输出的梯形图在转化成指令程序时要简单得多。

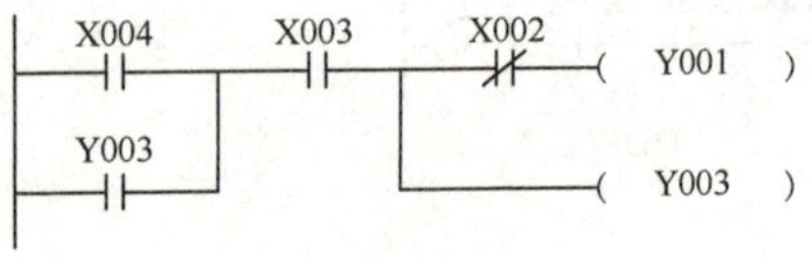

0	LD	X004	4	ANI	Y002
1	OR	Y003	5	OUT	Y001
2	AND	X003	6	MPP	
3	MPS		7	OUT	Y003

（a）

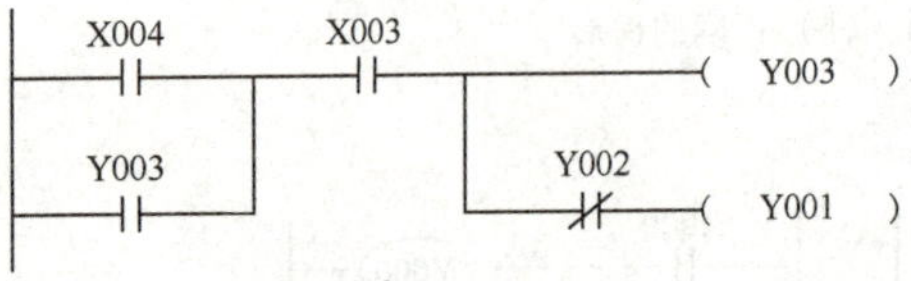

0	LD	X004	3	OUT	Y003
1	OR	Y003	4	ANI	Y002
2	AND	X003	5	OUT	Y001

（b）

图 5-54　多重输出与连续输出

（a）多重输出；（b）连续输出

2）PLC 经验设计法

所谓的经验设计法，就是在传统的继电器—接触器控制图和 PLC 典型控制电路的基础上，依据积累的经验进行翻译、设计修改和完善，最终得到优化的控制程序。需要注意如下事项。

（1）在继电器—接触器控制电路中，所有的继电器—接触器都是物理元件，其触点都是有限的。因而控制电路中要注意触点是否够用，要尽量合并触点。但在 PLC 中，所有的编程软元件都是虚拟器件，都有无数的内部触点供编程使用，不需要考虑怎样节省触点。

（2）在继电器—接触器控制电路中，要尽量减少元器件的使用数量和通电时间的长短，以降低成本、节省电能和减少故障概率。但在 PLC 中，当 PLC 的硬件型号选定以后其价格就定了。编制程序时可以使用 PLC 丰富的内部资源，使程序功能更加强大和完善。

（3）在继电器—接触器控制电路中，满足条件的各条支路是并行执行的，因而要考虑复杂的联锁关系和临界竞争。然而在 PLC 中，由于 CPU 扫描梯形图的顺序是从上到下（串行）执行的，因此可以简化联锁关系，不考虑临界竞争问题。

5.4　可编程序控制器的步进指令及功能指令

步进顺序功能设计编程法是可编程序控制器的程序编制的主要编程方法之一。步进顺序编程法是将系统的工作过程分解成若干工作阶段（若干步），绘制状态转移图。再依据状态转移图设计梯形图程序及指令表程序，使程序设计工作思路清晰，不容易遗漏或者冲突。本节主要介绍三菱 FX_{2N} 系列可编程控制器的步进顺序编程思路、状态元件、状态转移图、步进顺控指令，以及单分支、选择分支、并行分支 3 种流程的编程方法。

5.4.1　顺序控制的基本概述及状态转移图

1. PLC 状态元件及单一流向的步进设计法

（1）步进顺序概述。FX 系列 PLC 有两条专用于编制步进顺控程序的指令，即步进触点驱动指令 STL 和步进返回指令 RET。

一个控制过程可以分为若干个阶段，这些阶段称为状态或者步。状态与状态之间由转换

条件分隔。当相邻两状态之间的转换条件得到满足时就实现状态转换。状态转移只有一种流向的称为单分支流程顺控结构。

（2）FX_{2N}系列 PLC 的步进顺控指令。步进顺控编程的思路是依据状态转移图，从初始步开始，首先编制各步的动作，再编制转换条件和转换目标。这样逐步地将整个控制程序编制完毕。

① STL：STL 指令含义是取步状态元件的常开触点与母线连接，如图 5-55 所示。使用 STL 指令的触点称为步进触点。STL 指令有主控含义，即 STL 指令后面的触点要用 LD 指令或 LDI 指令。STL 指令有自动将前级步复位的功能（在状态转换成功的第二个扫描周期时自动将前级步复位），因此使用 STL 指令编程时不考虑前级步的复位设置。

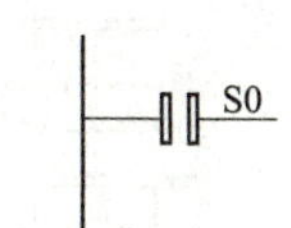

图 5-55　STL 指令用法

② RET：系列 STL 指令的后面，在步进程序的结尾处必须使用 RET 指令，表示步进顺序控制功能（主控功能）结束，如图 5-56 所示。

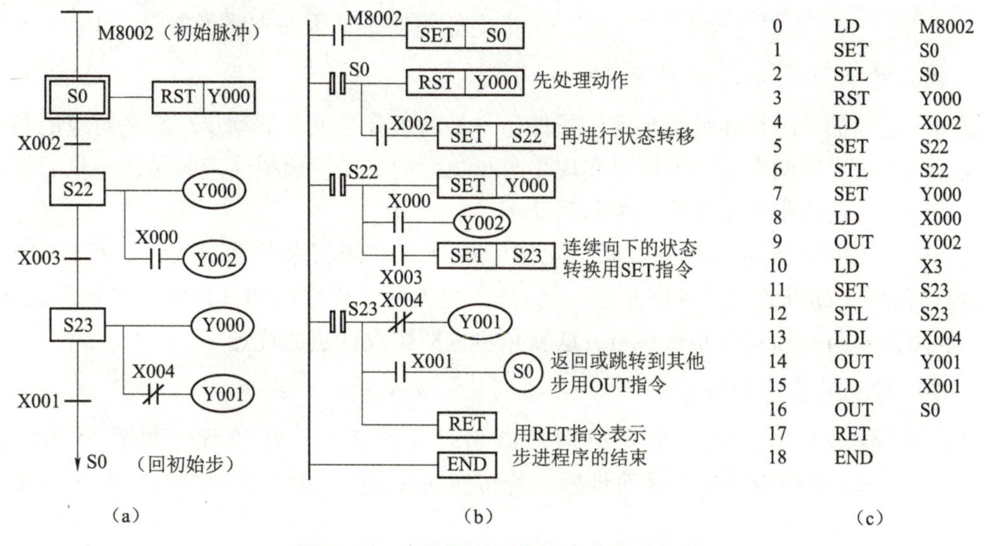

图 5-56　步进梯形图和指令表程序编制

（a）状态转移图；（b）步进梯形图；（c）指令表

根据状态转移图，应用步进 STL、RET 指令编制的梯形图程序和指令表程序如图 5-56，需要考虑以下几个方面。

① 先进行驱动动作处理，然后进行状态转移处理，不能颠倒顺序。

② 驱动步进触点用 STL 指令，驱动动作用 OUT 输出指令。若某一动作在连续的几步中都需要被驱动，则用 SET/RST（置位/复位）指令。

③ 接在 STL 指令后面的触点用 LD/LDI 指令，连续向下的状态转换用 SET 指令，否则用 OUT 指令。

④ CPU 只执行活动步对应的电路块，因此，步进梯形图允许双线圈输出。

⑤ 相邻两步的动作若不能同时被驱动，则需要安排相互制约的联锁环节。

⑥ 步进顺控的结尾必须使用 RET 指令。

2. 状态转移图（SFC）的绘制规则

状态转移图也称为功能表图，用于描述控制系统的控制过程，具有简单、直观的特点，是设计 PLC 顺控程序的一种有力工具。状态转移图中的状态有驱动动作、指定转移目标和指定转移条件 3 个要素。其中，转移目标和转移条件是必不可少的，驱动动作则视具体情况而定，也可能没有实际的动作。如图 5-57，初始步 S0 没有驱动动作，S20 为其转移目标，X000、X001 为串联的转移条件；在 S20 步，Y001 为其驱动动作，S21 为其转移目标，X002 为转移条件。

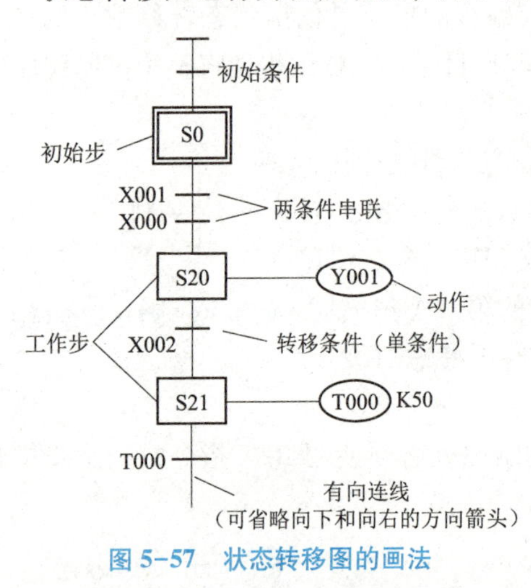

图 5-57　状态转移图的画法

步与步之间有向线段表明流程方向，其中向下和向右方向箭头可以省略。图 5-57 中流程方向始终向下，因而省略了方向箭头。

3. 状态转换的实现

步与步之间的状态转换需满足两个条件：一是前级步必须是活动步；二是对应的转换条件要成立。满足上述两个条件就可以实现步与步之间的转换。值得注意的是，一旦后续步转换成为活动步，前级步就要复位成为非活动步。

状态转移图的分析条理十分清晰，无须考虑状态之间繁杂的联锁关系，可以理解为："只干自己需要干的事，无须考虑其他"。另外，也方便了程序的阅读理解，使程序试运行、调试、故障检查与排除变得非常容易，这就是步进顺控设计法的优点。

4. 并行分支的步进设计法

（1）并行分支结构：并行分支结构是指同时处理多个程序流程，如图 5-58 所示。图 5-58 中当 S21 步被激活成为活动步后，若转换条件 X001 成立就同时执行左、右 2 分支程序。

S26 为汇合状态，由 S23、S25 2 个状态共同驱动，当 2 个状态都成为活动步且转换条件 X004 成立时，汇合转换成 S26 步。

（2）并行性分支、汇合的编程：并行性分支、汇合的编程原则是先集中处理分支转移情况，然后依顺序进行各分支程序处理，最后集中处理汇合状态，如图 5-59 的步进梯形图。根据步进梯形图可以写出指令表程序。

（3）并行性分支结构编程的注意事项。

① 并行性分支结构最多能实现 8 个分支汇合。

② 在并行性分支、汇合处不允许有图 5-60（a）的转移条件，而必须将其转化为图 5-60（b）的结构后再进行编程。

5. 并行性分支结构编程应用举例

人行横道交通灯按钮控制。

（1）举例分析：在只需要纵向行驶的交通系统中，也需要考虑人行横道的控制。这种

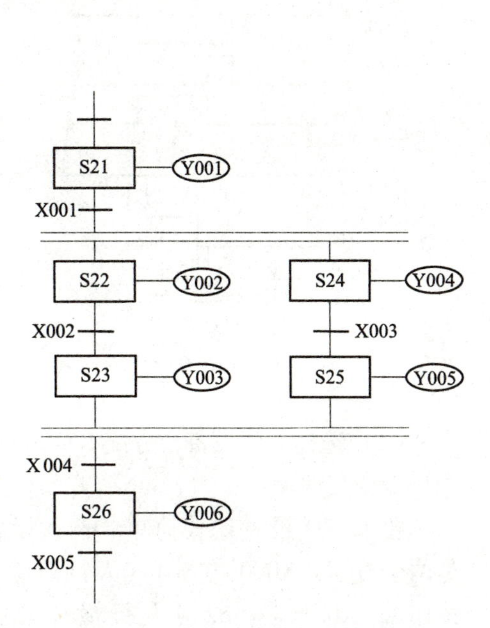

图 5-58　并行分支的状态转移图

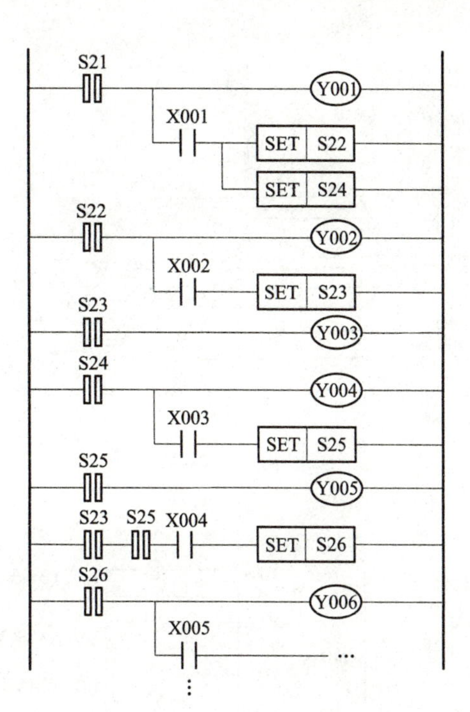

图 5-59　并行分支的步进梯形图程序

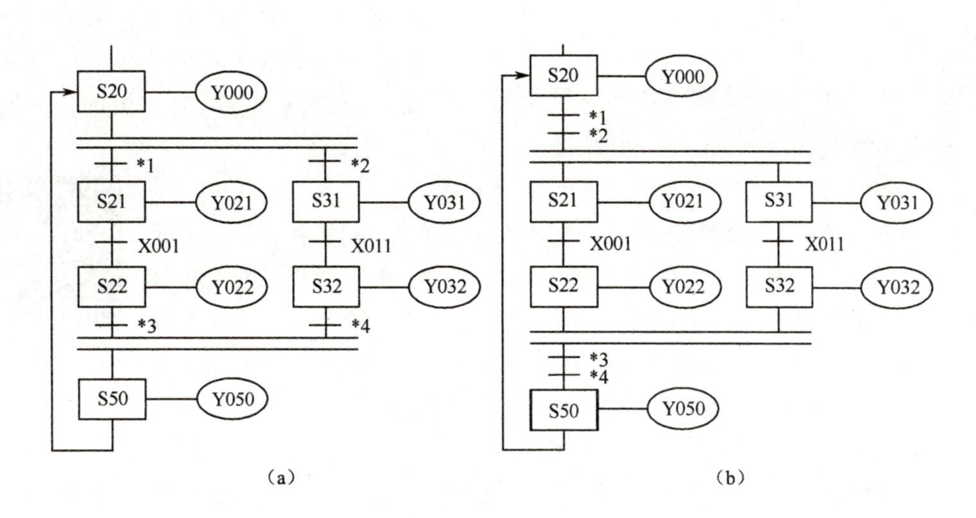

图 5-60　并行分支、汇合处的编程

(a) 不正确；(b) 正确

情况下人行横道通常用按钮进行启动，交通情况如图 5-61。由图 5-61 可知，东西方向是车道，南北方向是人行横道。正常情况下，车道上有车辆行驶，如果有行人要通过交通路口，先要按动按钮，等到绿灯亮时方可通过，此时东西方向车道上红灯亮。延时一段时间后，人行横道的红灯亮，车道上的绿灯亮。各段时序如图 5-62 所示。车道和人行横道同时要进行控制，该结构称为并行分支结构。

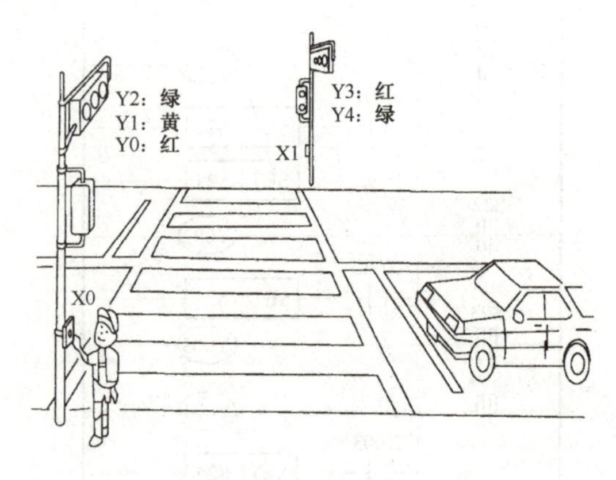

图 5-61　交通情况

按钮按下时
车道 绿灯 黄灯 红灯
人行道 红灯 绿灯
30 s　15 s
10 s　5 s　5 s　5 s

图 5-62　各段时序

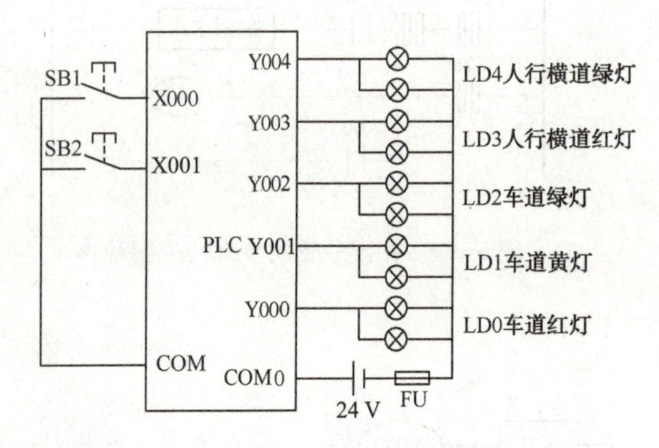

图 5-63　按钮人行横道控制系统 I/O 接线图

（2）选择 I/O 设备，分配 I/O 地址，画出 I/O 接线图。

要求 I/O 设备比较简单。输入设备是两个按钮，X000 接 SB1（人行横道南按钮），X001 接 SB2（人行横道北按钮）；输出设备是彩色信号灯，Y000 接 LD0（车道红灯），Y001 接 LD1（车道黄灯），Y002 接 LD2（车道绿灯），Y003 接 LD3（人行横道红灯），Y004 接 LD4（人行横道绿灯）。根据分配的 I/O 地址，绘制 I/O 接线图，如图 5-63 所示。

（3）设计按钮人行横道控制系统的状态转移图。

红绿灯

根据控制要求，绘制的状态转移图如图 5-64 所示。初始状态是车道绿灯、人行横道红灯。按下人行横道按钮（X000 或 X001）后系统进入并行运行状态，车道绿灯、人行横道红灯，并且开始延时。30 s 后车道变为黄灯，再经 10 s 变为红灯。5 s 后人行横道变为绿灯，15 s 后人行横道绿灯开始闪烁，5 s 后人行横道变为红灯，再过 5 s 返回初始状态。

（4）设计按钮人行横道控制系统的 PLC 程序。

根据上述状态转移图，编制的步进梯形图程序和指令表程序分别如图 5-65 和图 5-66 所示。程序中“人行横道绿灯闪烁 5 s”用 T004 定时器串联特殊辅助继电器 M8013 完成。也可以采用定时器闪烁电路完成亮和灭灯控制和计数器计数组合，共同完成绿灯的闪烁任务。如图 5-67所示，绿灯每次亮 0.5 s、灭 0.5 s，计数器计数一次，记录 5 次时其触点动作，状态转移，人行横道变为红灯。

（5）程序调试。

按照 I/O 接线图接好外部各线，输入程序，运行调试，观察结果。

6. 选择分支步进设计法

（1）选择性分支结构：从多个分支流程中选择执行某一个单支流程，称为选择性分支

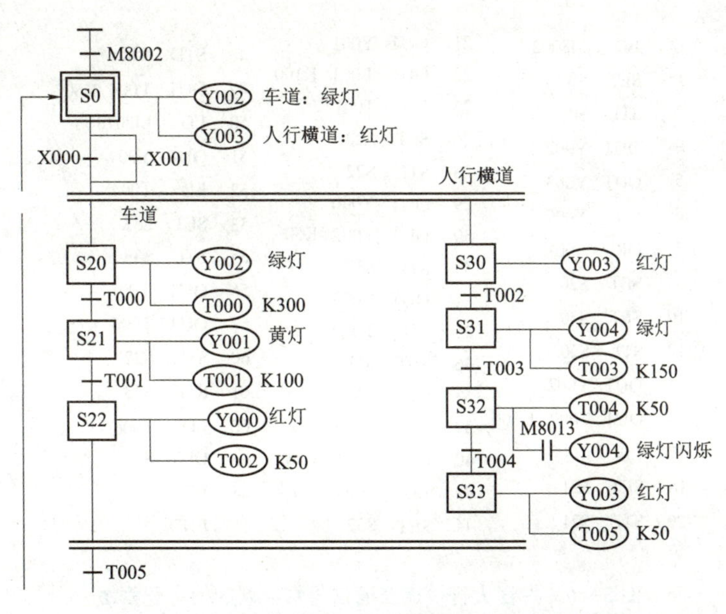

图 5-64　按钮人行横道交通信号灯控制的状态转移图

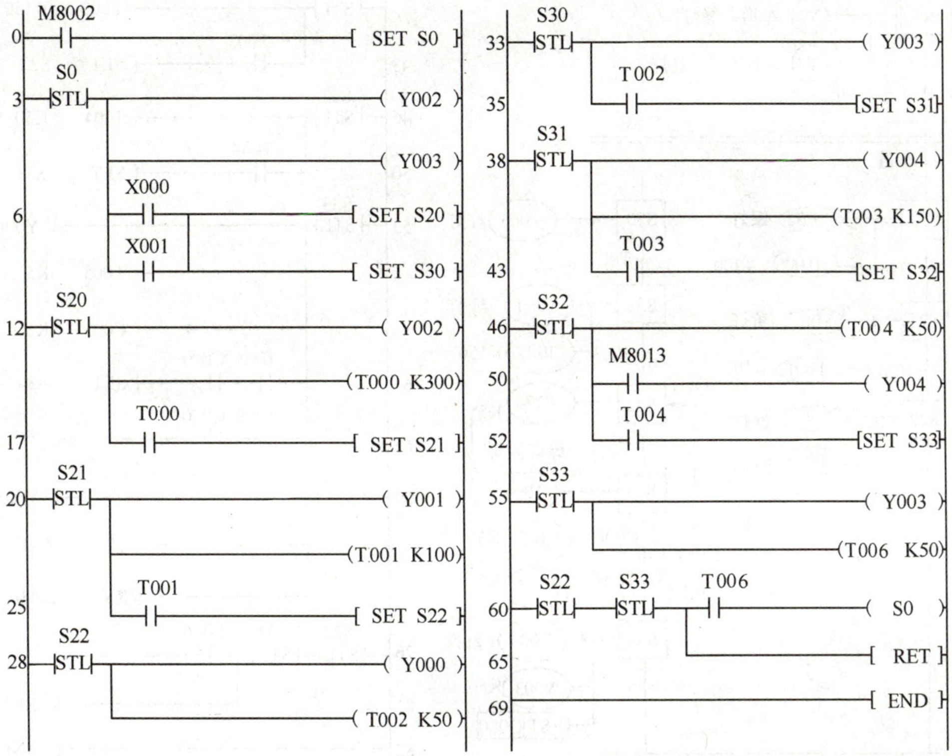

图 5-65　按钮人行横道交通信号灯控制的步进梯形图

结构，如图 5-68 所示。图 5-68 中 S20 为分支状态，该状态转移图在 S20 步以后分成了 3 个分支，供选择执行。

```
0   LD   M8002
1   SET  S0
3   STL  S0
4   OUT  Y002
5   OUT  Y003
6   LD   X000
7   OR   X001
8   SET  S20
10  SET  S30
12  STL  S20
13  OUT  Y002
14  OUT  T000  K300
17  LD   T000
18  SET  S21
20  STL  S21
21  OUT  Y001
22  OUT  T001  K100
25  LD   T001
26  SET  S22
28  STL  S22
29  OUT  Y000
30  OUT  T002  K50
33  STL  S30
34  OUT  Y003
35  LD   T002
36  SET  S31
38  STL  S31
39  OUT  Y004
40  OUT  T003  K150
43  LD   T003
44  SET  S32
46  STL  S32
47  OUT  T004  K50
50  LD   M8013
51  OUT  Y004
52  LD   T004
53  SET  S33
55  STL  S33
56  OUT  Y003
57  OUT  T006  K50
60  STL  S22
61  STL  S33
62  LD   T006
63  OUT  S0
64  RET
65  END
```

图 5-66　按钮人行横道交通信号灯控制的指令表程序

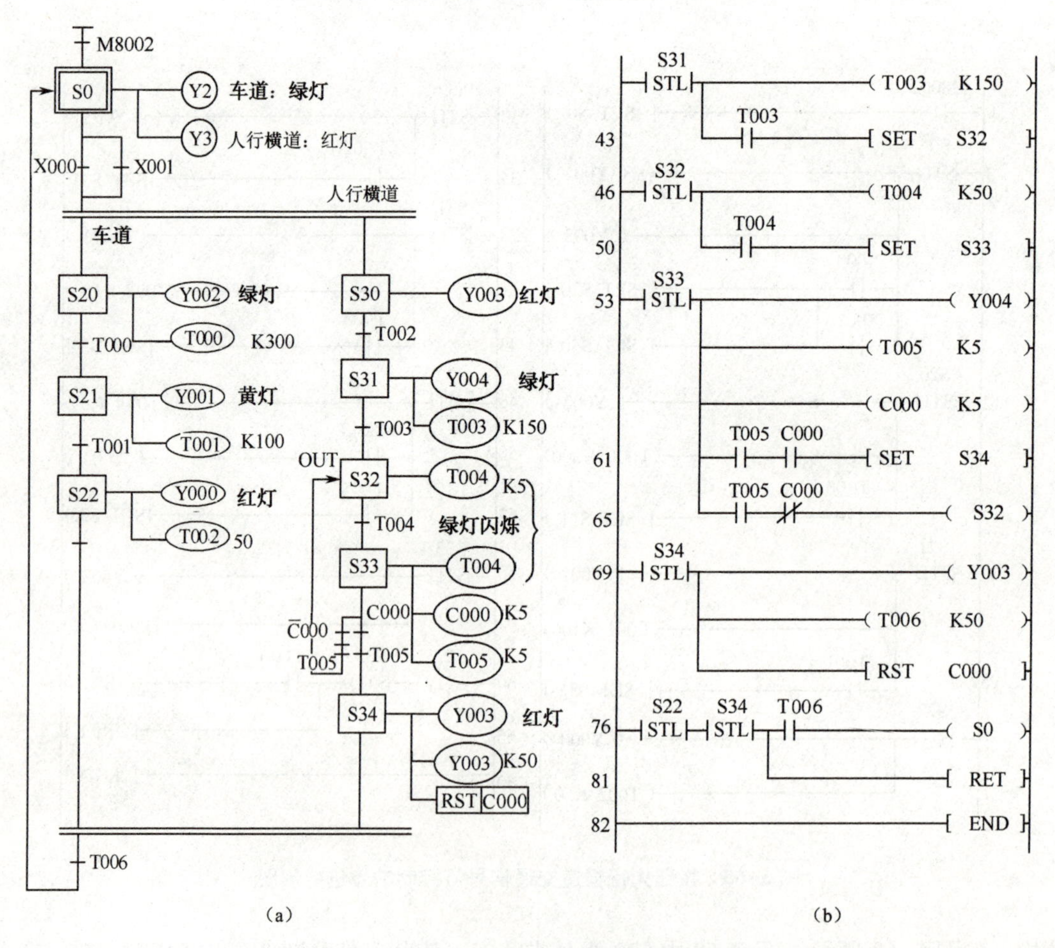

图 5-67　按钮人行横道闪烁 5 次的状态转移图和步进梯形图（部分）

（a）状态转移图；（b）步进梯形图（部分）

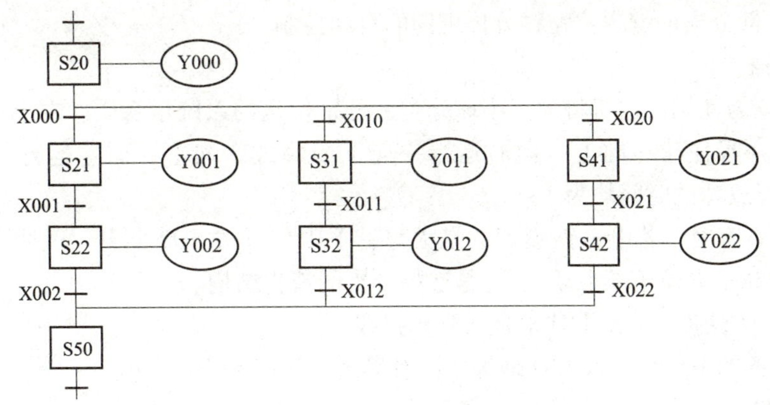

图 5-68　选择性分支的状态转移图

当 S20 步被激活成为活动步后，若转换条件 X000 成立就执行左边的程序，若 X010 成立就执行中间的程序，若 X020 成立则执行右边的程序，转换条件 X000、X010 及 X020 不能同时成立。

S50 为汇合状态，可由 S22、S32、S42 中任意状态驱动。

（2）选择性分支的编程：选择性分支结构的编程原则是先集中处理分支转移情况，然后依顺序进行各分支程序处理和汇合状态，如图 5-69 所示。

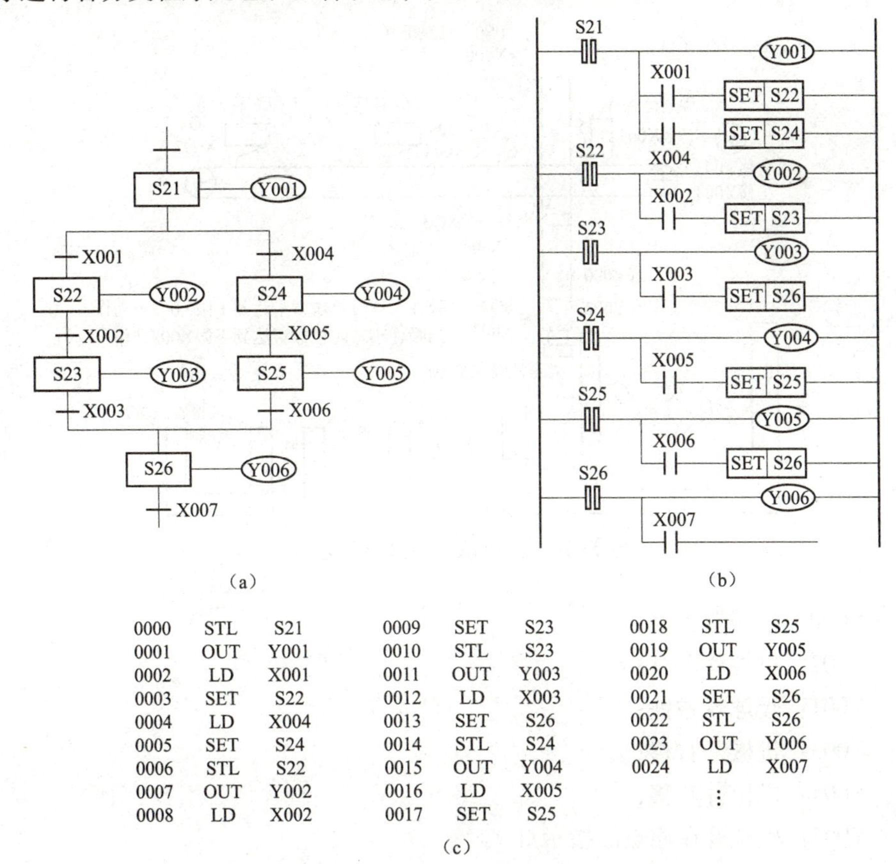

0000	STL	S21	0009	SET	S23	0018	STL	S25
0001	OUT	Y001	0010	STL	S23	0019	OUT	Y005
0002	LD	X001	0011	OUT	Y003	0020	LD	X006
0003	SET	S22	0012	LD	X003	0021	SET	S26
0004	LD	X004	0013	SET	S26	0022	STL	S26
0005	SET	S24	0014	STL	S24	0023	OUT	Y006
0006	STL	S22	0015	OUT	Y004	0024	LD	X007
0007	OUT	Y002	0016	LD	X005		⋮	
0008	LD	X002	0017	SET	S25			

（c）

图 5-69　选择分支的步进梯形图编程和指令表编程

（a）选择顺序 STL 功能图；（b）STL 梯形图；（c）语句表

（3）选择性分支的编程：物料分拣机构的自动控制。

① 举例分析。

如图 5-70 为使用传送机将大、小球分类后分别传送的系统示意图。左上为原点，动作顺序是：向下→吸住球→向上→向右运行→向下→释放→向上→向左运行至左上点（原点），抓球和释放球的时间均为 1 s。

当机械臂下降时，若电磁铁吸着的是大球，下限位开关 SQ2 断开，若吸着小球则 SQ2 接通（以此判断是大球还是小球）。这是选择分支的流程结构。

② 选择 I/O 设备，分配 I/O 地址，画出接线图。

本控制任务的 I/O 设备及 I/O 地址中已有确定，如图 5-70 所示。

输入：X001：左限位开关；

X002：下限位开关（小球动作、大球不动作）；

X003：上限位开关；

X004：释放小球的左限位开关；

X005：释放大球的右限位开关；

X000：系统的启动开关；

X006：机械臂手动回原点开关。

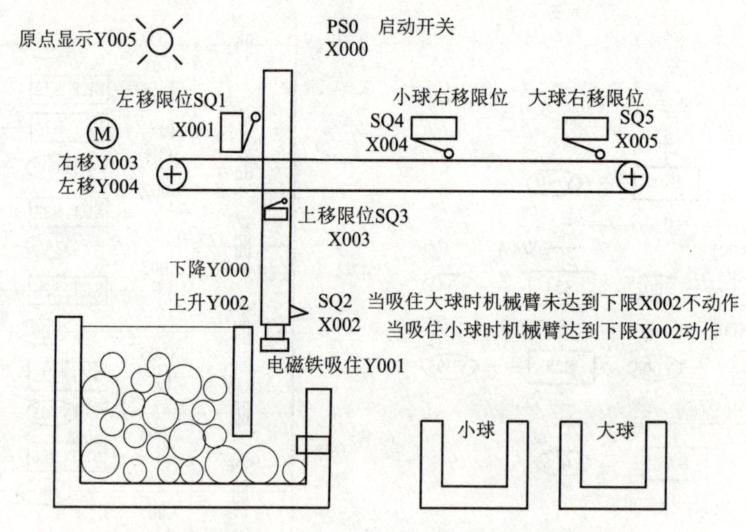

图 5-70　大小球分拣系统示意图

输出：Y000：机械臂下降；

Y002：机械臂上升；

Y001：吸球电磁铁；

Y003：机械臂右移；

Y004：机械臂左移；

Y005：机械臂在原点的指示灯。

根据上述地址分配，绘制 I/O 接线图，如图 5-71 所示。

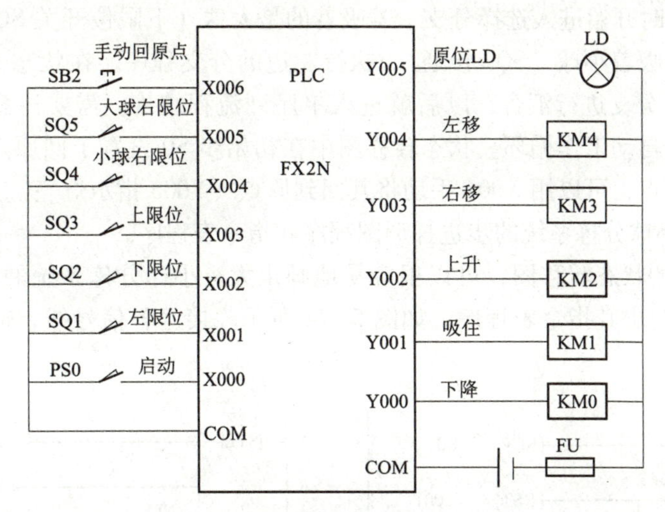

图 5–71　大、小球分拣系统的 I/O 接线图

③ 设计大、小球分拣系统的状态转移图。

根据控制要求画出大、小球分拣系统的状态转移图，如图 5–72 所示。从机械臂下降吸

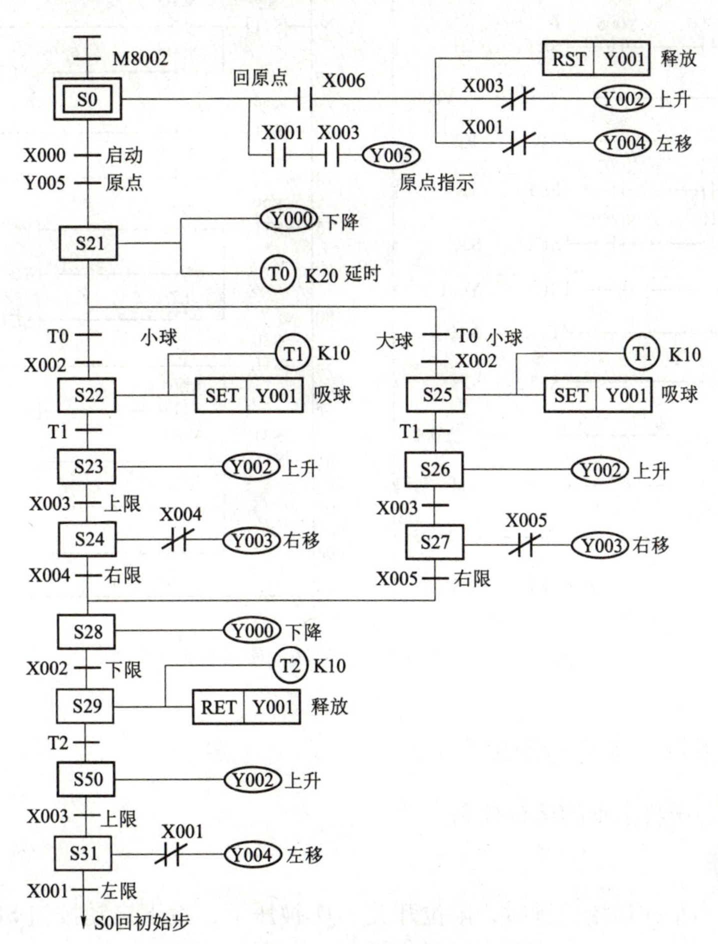

图 5–72　大、小球分拣系统状态转移图

自动化生产线
在 PLC 中应用

住球（状态 S21）时开始进入选择分支，若吸着的是大球（下限位开关 SQ2 断开），执行右边的分支程序；若吸着小球（SQ2 接通），执行左边的分支程序。在状态 S28（机械臂碰着右限位开关）结束分支进行汇合，以后就进入单序列流程结构。需要注意的是，只有机械臂在原点才能开始自动工作循环。状态转移图中在初始步 S0 设置了回原点操作。若开始的时候机械臂不在原点，可以用 X006 手动将其回到原点（Y005 指示灯亮）。

④ 设计大、小球分拣系统的步进梯形图程序和指令表程序。

根据图 5-72 的状态转移图，可以很容易地画出大、小球分拣系统的步进梯形图程序，如图 5-73 所示，写出其指令表程序，如图 5-74 所示。接好各信号线，输入程序，调试并观察运行结果。

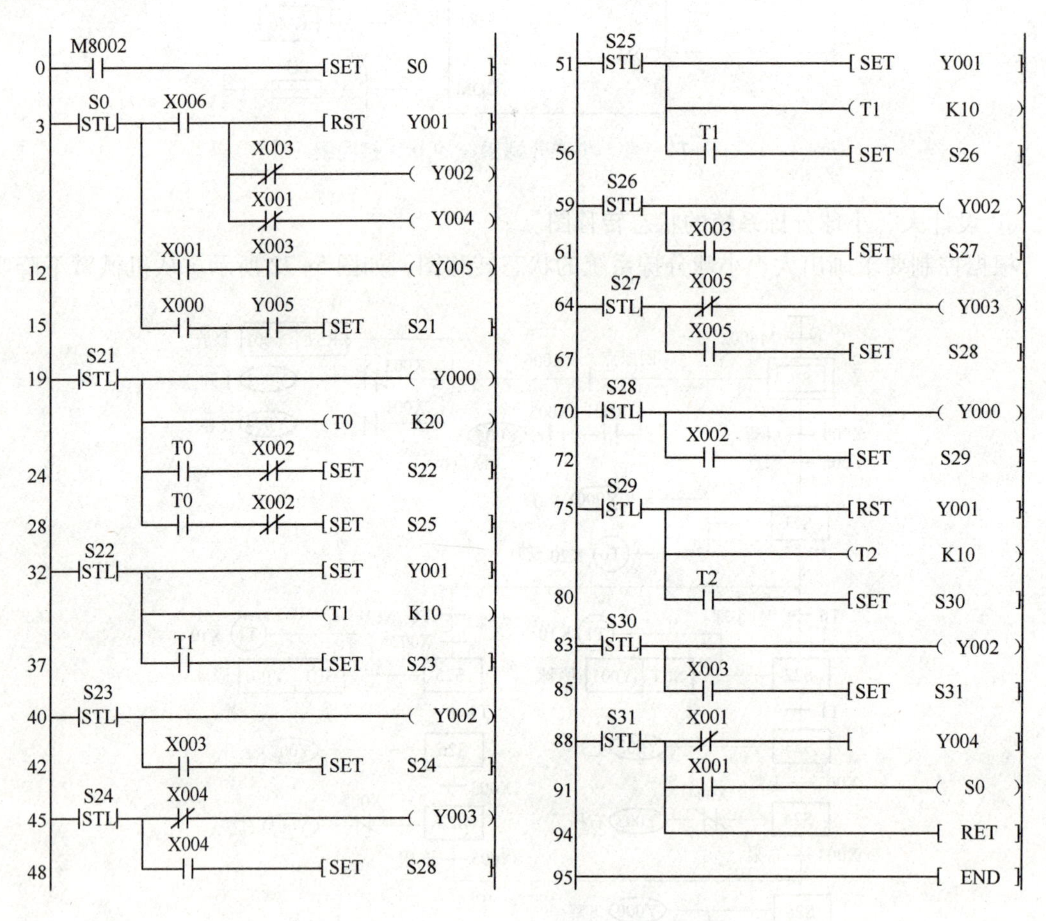

图 5-73　大、小球分拣系统的步进梯形图

5.4.2　步进指令综合运用举例

例 5-4　自动送料小车的运行控制。

1. 举例分析

某自动送料小车在初始位置时，限位开关 SQ1 被压下，按下启动按钮 SB，小车按照如例题 5-4 图 1 的顺序运动，完成一个工作周期。

```
0   LD    M8002
1   SET   S0
3   STL   S0
4   LD    X006
5   RST   Y001
6   MPS
7   ANI   X003
8   OUT   Y002
9   MPP
10  ANI   X001
11  OUT   Y004
12  LD    X001
13  AND   X003
14  OUT   Y005
15  LD    X000
16  AND   Y005
17  SET   S21
19  STL   S21
20  OUT   Y000
21  OUT   T0    K20
24  LD    T0
25  AND   X002
26  SET   S22
28  LD    T0
29  ANI   X002
30  SET   S25
32  STL   S22
33  SET   Y001
34  OUT   T1    K10
37  LD    T1
38  SET   S23
40  STL   S23
41  OUT   Y002
42  LD    X003
43  SET   S24
45  STL   S24
45  LDI   X004
47  OUT   Y003
48  LD    X004
49  SET   S28
51  STL   S25
52  SET   Y001
53  OUT   T1    K10
56  LD    T1
57  SET   S26
59  STL   S26
60  OUT   Y002
61  LD    X003
62  SET   S27
63  STL   S27
65  LDI   X005
66  OUT   Y003
67  LD    X005
68  SET   S28
70  STL   S28
71  OUT   Y000
72  LD    X002
73  SET   S29
75  STL   S29
76  RST   Y001
77  OUT   T2    K10
80  LD    T2
81  SEY   S30
83  STL   S30
84  OUT   X002
85  LD    X003
86  SET   S31
88  STL   S31
89  LDI   X001
90  OUT   Y004
91  LD    X001
92  OUT   S0
94  RET
95  END
```

图 5-74　大、小球分拣系统的指令表程序

（1）电动机正转，小车右行碰到限位开关 SQ2 后电动机停转，小车原地停留。

（2）停留 5 s 后电动机反转，小车左行。

（3）碰到限位开关 SQ3 后，电动机又开始正转，小车右行至原位压下限位开关 SQ1，停在初始位置。

这是典型的顺序控制实例。小车的一个工作周期可以分为 4 个阶段，分别是启动右行、暂停等待、换向左行和右行回原位。这种类型的程序最适合用步进顺控的思想编程。

2. PLC 设计分析

1）选择 I/O 设备，分配地址，绘制 I/O 接线图

根据控制任务要求启动自动小车后能按例题 5-4 图 1 箭头的线路运行一个周期后停止在原位，这种运行方式称为单周期运行。因而输入设备中只需要启动按钮，不需要停止按钮。另外，还需要 3 个行程开关 SQ1、SQ2 和 SQ3，分别安装在原位、右端极限位和左端极限位。小车向右运行或向左运行实际上就是用电动机的正反转来驱动的，因此控制本任务的输出设备就是电动机的正转接触器 KM1 和反转接触器 KM2。依据已分配好的 I/O 地址绘制的 I/O 接线图，如例题 5-4 图 2。

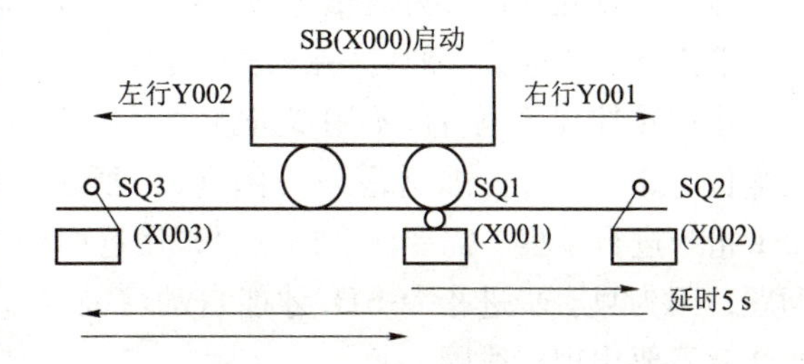

例题 5-4 图 1　自动小车工作循环图

2）编制自动送料小车的状态转移图

根据自动小车的运行情况，将一个工作周期分为 4 个阶段，分别是启动右行、停留等待、换向左行和右行回原位。据此绘制的状态转移图如例题 5-4图 3。

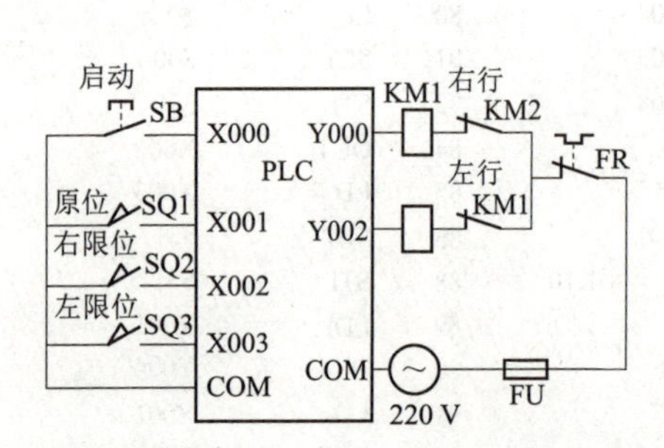

例题 5-4 图 2　自动小车的 I/O 接线图

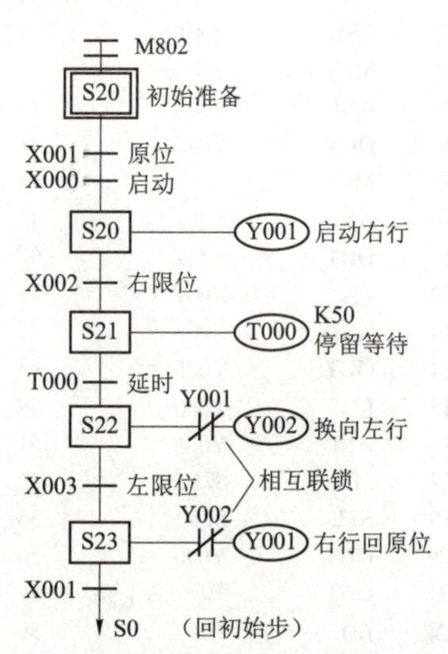

例题 5-4 图 3　自动小车的工作状态转移图

3）编制自动小车的步进梯形图程序和指令表程序

根据上述状态转移图，编制对应的步进梯形图程序和指令表程序，如例题 5-4 图 4。在每一步中都是先处理驱动动作，再用转移条件进行状态转移处理。因为使用了 STL 指令编程，所以无须考虑前级步的复位问题。

需要说明的是，当由 S22 步转到 S23 步时，小车由“换向左行”转移到“右行回原位”。也就是说，在这里的前级步中，电动机要由反转直接换到正转。通过继电器接触器控制可以知道，电动机的正反转接触器 KM1、KM2 是不允许同时接通的，否则电源会短路。前面也介绍过，步进指令 STL 有自动将前级步复位的功能，但那是在状态转换成功的第二个扫描周期才会将前级步复位。也就是说，在由 S22 步刚刚转移到 S23 步的那个周期里，KM1、KM2 是同时接通的，所以必须在程序中用常闭触点进行电气互锁。

4）程序调试

按照 I/O 接线图接好各信号线、电源线等，输入程序，便可以进行程序调试。

例 5-5　步进编程的启-保-停电路方式、置位复位电路方式

步进顺控程序也可以不用步进指令而用其他方式进行编制，如启-保-停电路方式、置位复位电路方式等，如例题 5-5 图（a）所示。可以用状态器直接编程，也可以用 SET 和 RST 指令进行编程。需要注意的是，采用这两种方式编制程序时一定要处理好前级步的复位问题，因为只有步进指令 STL 才能自动将前级步复位，其他指令没有这个功能。另外，还要注意不要出现双线圈。

1）启-保-停方式

采用启-保-停方式编制步进顺控程序时，要注意处理好每一步的自锁和前级步的复位问题，还要注意处理好双线圈的问题，如例题 5-5 图（b）。图中每一步都用自身的常开触

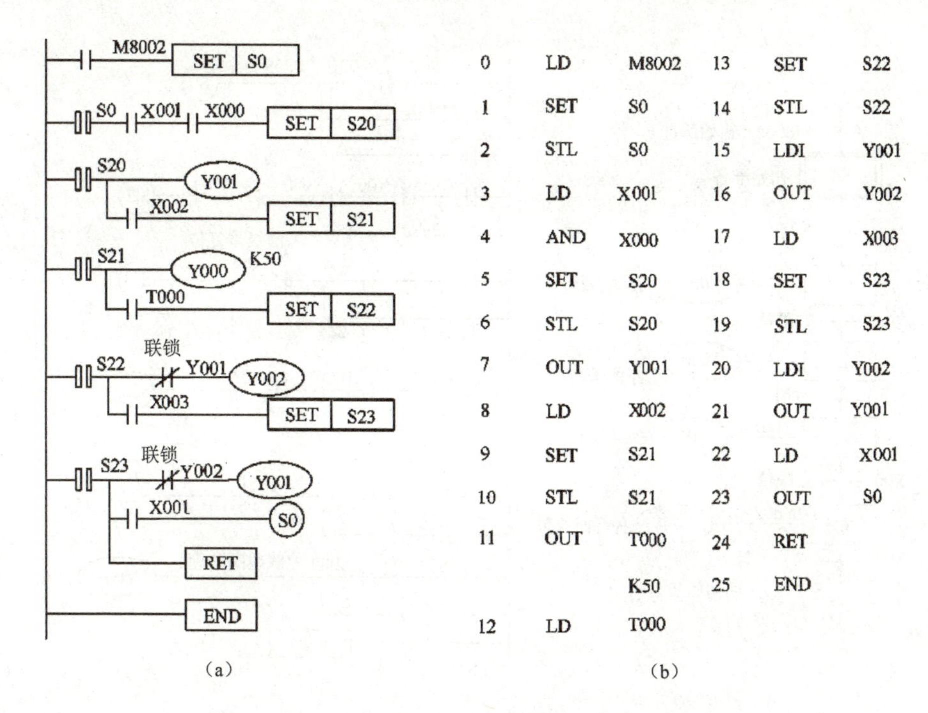

步	指令	元件	步	指令	元件
0	LD	M8002	13	SET	S22
1	SET	S0	14	STL	S22
2	STL	S0	15	LDI	Y001
3	LD	X001	16	OUT	Y002
4	AND	X000	17	LD	X003
5	SET	S20	18	SET	S23
6	STL	S20	19	STL	S23
7	OUT	Y001	20	LDI	Y002
8	LD	X002	21	OUT	Y001
9	SET	S21	22	LD	X001
10	STL	S21	23	OUT	S0
11	OUT	T000	24	RET	
		K50	25	END	
12	LD	T000			

例题 5-4 图 4　自动小车的步进梯形图程序和指令表程序

（a）梯形图程序；（b）指令表程序

点自锁、用后续步的常闭触点切断前级步的线圈使其复位，呈现“启-保-停”方式。各步的驱动动作可以和状态器线圈并联。S20 步的动作和 S23 步的动作都是驱动 Y001，为了不出现双线圈，将两步的常开触点并联后驱动 Y001。

2）置位复位电路方式

采用置位复位方式编制步进顺控程序时，注意处理好前级步的复位问题和双线圈的输出处理，如例题 5-5 图（c）所示。图中每一步都是先处理动作，再将前级步复位，最后用转移条件将后续步置位，所以称为“置位复位”方式。

例题 5-6　单周期/连续运行的按钮人行横道交通灯系统状态转移图

1. 流程跳转的程序编制

流程跳转分为单流程内的跳转执行与单流程之间的跳转执行，如例题 5-6 图 1。在编制指令表程序时，所有跳转均使用 OUT 指令。例题 5-6 图 1（c）为一个单流程向另一单流程的跳转，例题 5-6 图 1（a）、例题 5-6 图 1（b）均为单流程内的跳转。例题 5-6 图 1（d）为复位跳转，即当执行到终结时状态自动清 0。编制指令表程序时，复位跳转用 RST 指令。

2. 正确的分支与汇合的组合及其编程

对于复杂的分支与汇合的组合，不允许上一个汇合还没完成就直接开始下一个分支。若确实必要，需在上一个汇合完成到下一个分支开始之间加入虚拟状态，使上一个汇合真正完成以后再进入下一个分支，如例题 5-6 图 2。虚拟状态在这里没有实质性意义，只是从状态转移图的结构上具备合理性。

若将例题 5-6 图 1 的状态转移图设计成既能选择单周期工作方式，又能选择连续工作方

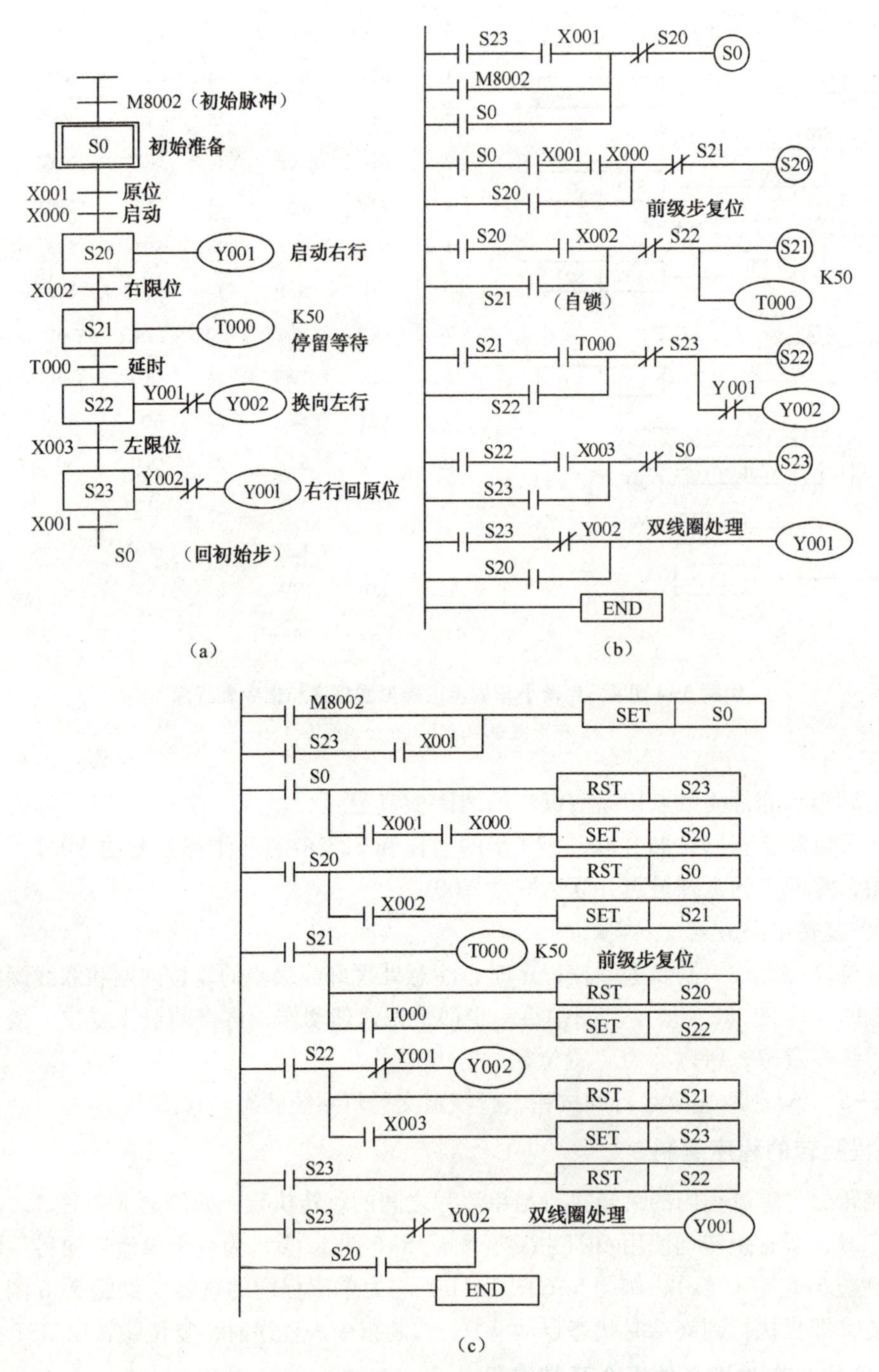

例题 5-5 图　不用 STL 指令的小车步进顺控程序

（a）状态转移图；（b）启-保-停方式的步进梯形图；（c）置位复位方式的步进梯形图

式，则结果如例题 5-6 图 3 中 S25 是虚拟步，没有动作。用工作方式开关（单周期 $\overline{\text{X2}}$/X2 连续）来决定是回到 S0 步等待还是到 S26 步继续工作。

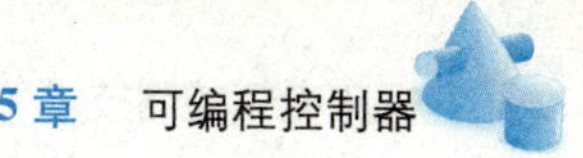

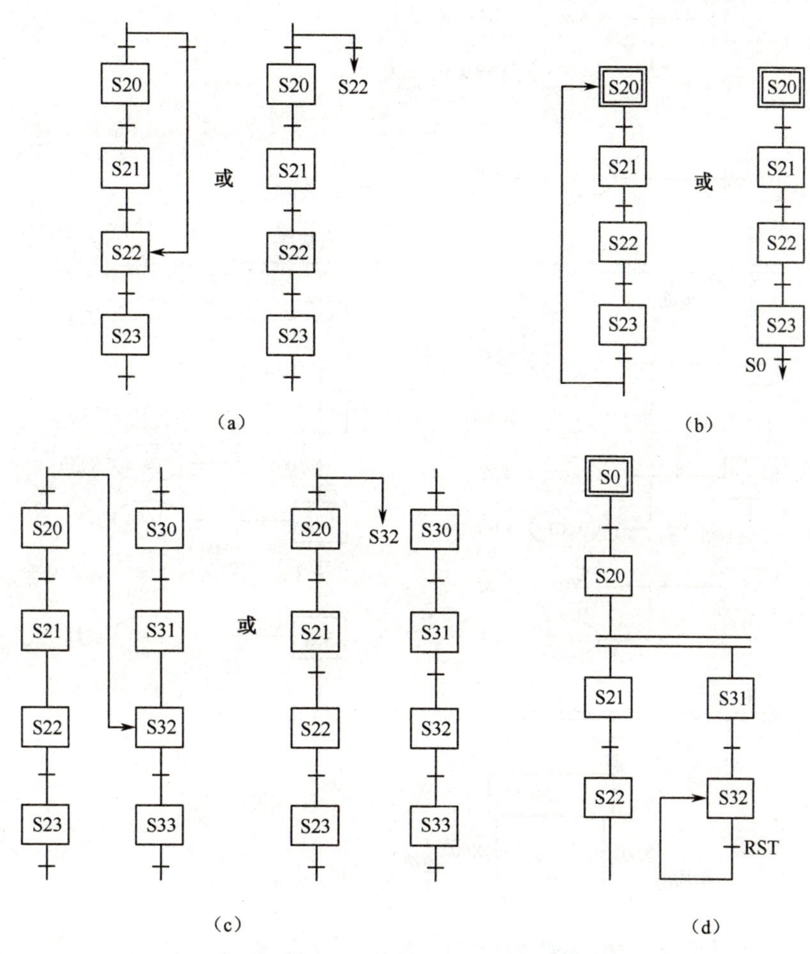

例题 5-6 图 1　状态转移图的跳转流程变化

(a) 向后跳转；(b) 向前跳转；(c) 向其他程序跳转；(d) 复位跳转

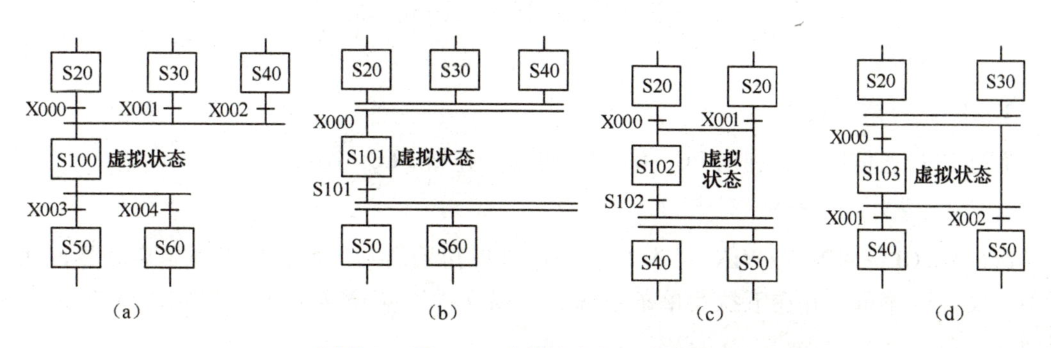

例题 5-6 图 2　正确的分支与汇合的组合

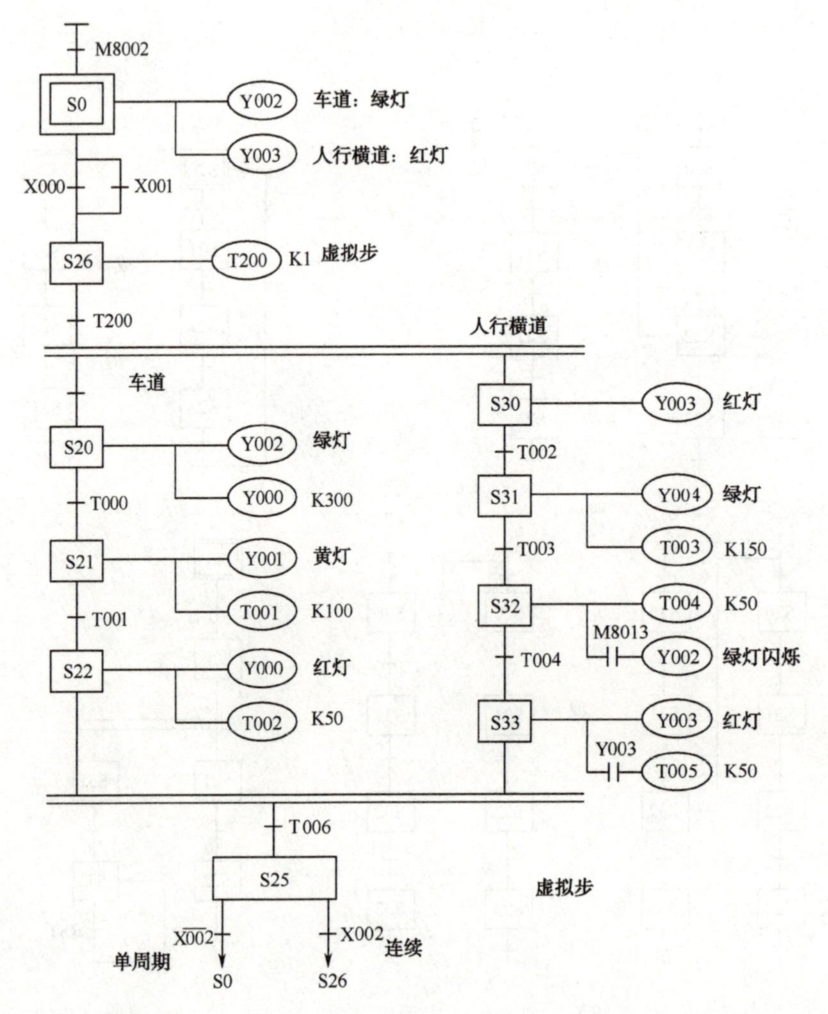

例题5-6图3　单周期/连续运行的按钮人行横道交通灯系统状态转移图

5.5　编程软件的使用

1. PLC与微机通信

通过PLC通信接口，利用PC—09编程电缆，连接PLC与微机。

2. 启动FXGP/WIN—C软件

运行SWOPC—FXGP/WIN—C软件后，将出现初始启动界面，单击初始启动界面菜单栏中“文件”菜单，并在下拉菜单条中选取“新文件”菜单条，即出现如图5-75所示的界面。

选择FX2N机型，单击“确认”按钮后，则出现程序编辑主界面，如图5-76所示。主界面包含以下几个分区：菜单栏（包括11个主菜单项），工具栏（快捷操作窗口），用户编辑区，编辑区下边分别是状态栏及功能键栏，界面右侧还可以看到功能图栏。下面分别予以说明。

1）菜单栏

菜单栏是以下拉菜单形式进行操作，菜单栏中包含“文件”“编辑”“工具”“查找”“视图”“PLC”“遥控”“监控及调试”等菜单项。单击某项菜单项，弹出该菜单项的菜单条，如“文件”菜单项包含新建、打开、保存、另存为、打印、页面设置等菜单条，“编辑”菜单项包含剪切、复制、粘贴、删除等菜单条，这两个菜单项的主要功能是管理、编辑程序文件。菜单条中的其他项目，如“视图”菜单项功能涉及编程方式的变换，“PLC”菜单项主要进行程序的下载、上传传送，“监控及调试”菜单项的功能为程序的调试及监控等操作。

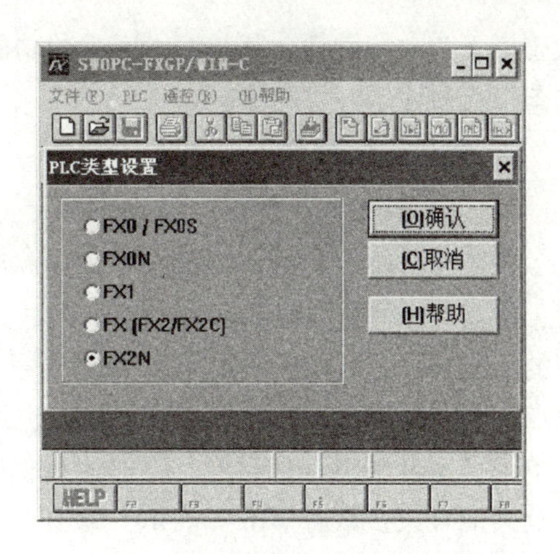

图 5-75　启动 FXGP/WIN—C 软件

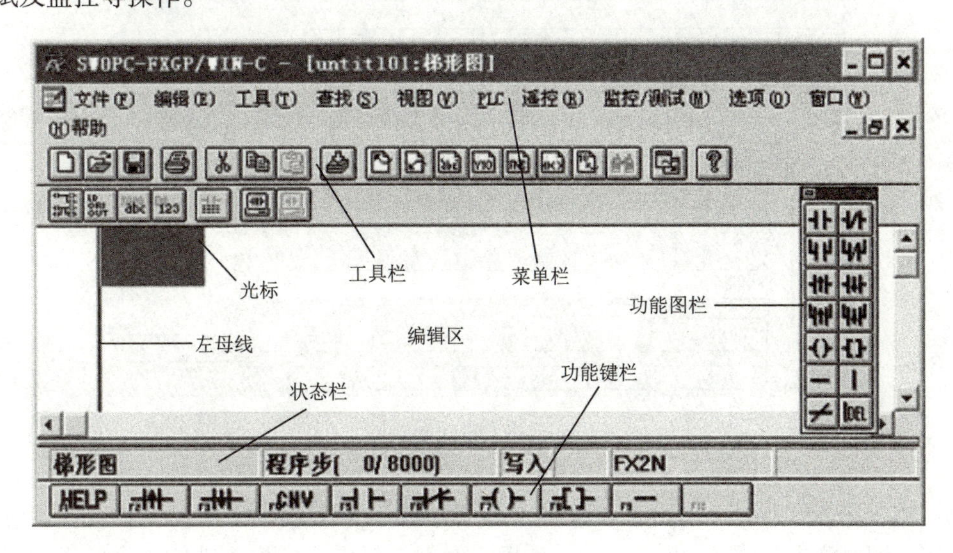

图 5-76　编辑主界面

2）工具栏

工具栏提供简便的鼠标操作，将最常用的 SWOPC—FXGP/WIN—C 编程操作以按钮形式设定到工具栏上。可以利用菜单栏中的“视图”菜单选项来显示或隐藏工具栏。菜单栏中涉及的各种功能在工具栏中都能找到。

3）编辑区

编辑区用来显示编程操作的工作对象。可以使用梯形图、指令表等方式进行程序的编辑工作。使用菜单栏中“视图”菜单项中的梯形图及指令表菜单条，实现梯形图程序与指令表程序的转换。也可利用工具栏中梯形图及指令表的按钮实现梯形图程序与指令表程序的转换。

4）状态栏、功能键栏及功能图栏

编辑区下部是状态栏，用于表示编程 PLC 类型，软件的应用状态及所处的程序步数等。

状态栏下为功能键栏，其与编辑区中的功能图栏都含有各种梯形图符号，相当于梯形图绘制的图形符号库。

3. 程序编辑操作

1）采用梯形图方式时的编辑操作

采用梯形图编程是在编辑区中绘出梯形图，打开“文件”菜单项目中的新文件菜单条时，主窗口左侧可以见到一根竖直的线，这就是梯形图中左母线。蓝色的方框为光标，梯形图的绘制过程是取用图形符号库中的符号，“拼绘”梯形图的过程。例如，要输入一个常开触点，可单击功能图栏中的常开触点，也可以在“工具”菜单中选“触点”，并在下拉菜单中单击“常开触点”的符号，这时出现如图5-77所示的对话框，在对话框中输入触点的地址及其他有关参数后单击“确认”按钮，要输入的常开触点及其他地址就出现在蓝色光标所在的位置。

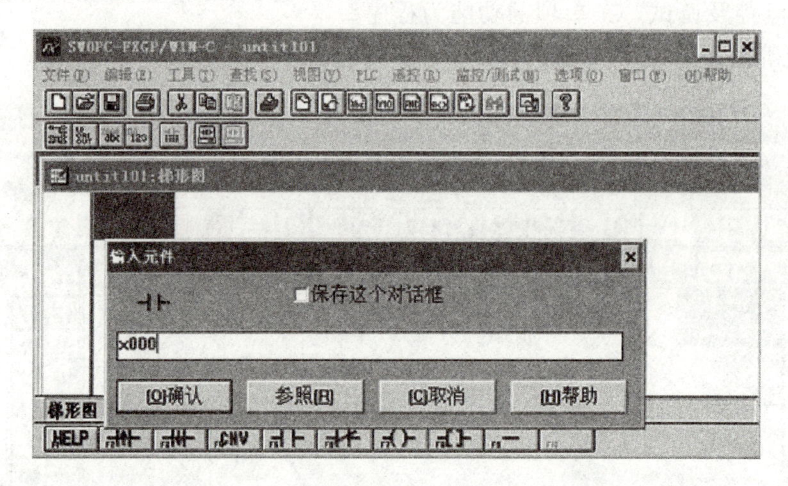

图5-77　编辑操作

如需输入功能指令时，单击工具菜单中的“功能”菜单或单击功能图栏及功能键中的功能按钮，即可弹出如图5-78所示的对话框。然后在对话框中填入功能指令的助记符及操作数，单击“确认”按钮即可。

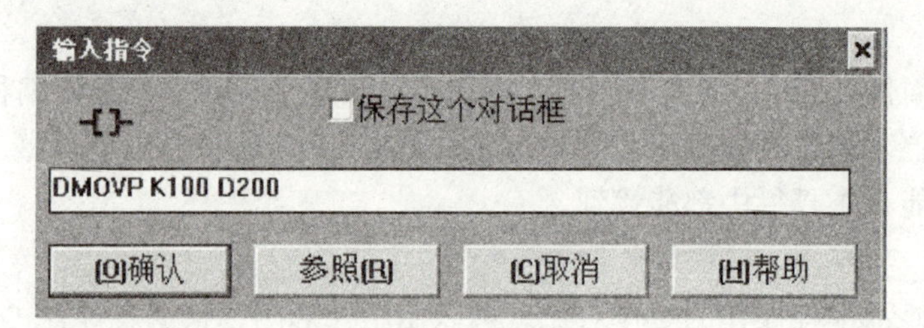

图5-78　指令输入

这里要注意的是功能指令的输入格式一定要符合要求，如助记符与操作数间要空格，指令的脉冲执行方式中加的“P”与指令间不空格，32位指令需在指令助记符前加“D”且不空格。梯形图符号间的连线可通过工具菜单中的“连线”菜单选择水平线与竖线完成。另外还需注意，不论绘制什么图形，先要将光标移到需要绘这些符号的地方。梯形图符号的删

除可利用计算机的删除键，梯形图竖线的删除可利用菜单栏中“工具”菜单中的竖线删除。梯形图元件及电路块的剪切、复制和粘贴等方法与其他编辑类软件操作相似。还有一点需强调的是，当绘出的梯形图需保存时要先单击菜单栏中“工具”项下拉菜单的“转换”成功后才能保存，梯形图未经转换单击保存按钮存盘即关闭编辑软件，编绘的梯形图将丢失。

2）采用指令表方式的编程操作

采用指令表编程时可以在编辑区光标位置直接输入指令表，一条指令输入完毕后，按回车键光标移至下一条指令，则可输入下一条指令。指令表编辑方式中指令的修改也十分方便，将光标移到需修改的指令上，重新输入新指令即可。

程序编制完成后可以利用菜单栏中的“选项”菜单项下“程序检查”功能对程序做语法及双线圈的检查，如有问题，软件会提示程序存在的错误。

请完成图 5-79 以下程序的输入。

4. 程序的下载

程序编辑完成后需下载到 PLC 中运行，这时需单击菜单栏中“PLC”菜单，在下拉菜单中再选“传送”及“写入”即可将编辑完成的程序下载到 PLC 中，传送菜单中的“读入”命令则用于将 PLC 中的程序读入编程计算机中修改。PLC 中一次只能存入一个程序。下载新程序后，旧的程序即被删除。

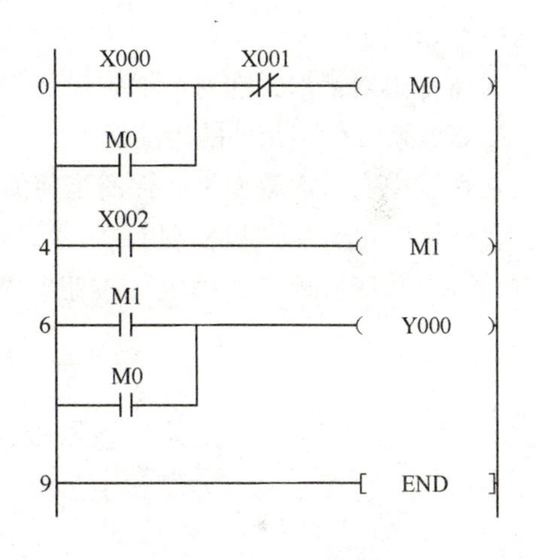

图 5-79 输入练习

5. 程序的调试及运行监控

程序的调试及运行监控是程序开发的重要环节，很少有程序一经编制就是完善的，只有经过试运行甚至现场运行才能发现程序中不合理的地方并且进行修改。SWOPC—FXGP/WIN—C 编程软件具有监控功能，可用于程序的调试及监控。

1）程序的运行及监控

程序下载后仍保持编程计算机与 PLC 的联机状态并启动程序运行，编辑区显示梯形图状态下，单击菜单栏中“监控/测试”菜单项后，选择“开始监控”菜单条即进入元件的监控状态。此时，梯形图上将显示 PLC 中各触点的状态及各数据存储单元的数值变化。如图 5-80 所示，长方形光标显示的位元件处于接通状态，数据元件中的存数则直接标出。在监控状态时单击菜单栏中“监控/测试”菜单项并选择“停止监控”则终止监控状态，回到编辑状态。

元件状态的监视还可以通过表格方式实现。编辑区显示梯形图或指令表状态下，单击菜单栏中“监控/测试”菜单后再选择“进入元件监控”，进入元件监控状态对话框，这时可在对话框中设置需监控的元件，则当 PLC 运行时就可显示运行中各元件的状态。

2）位元件的强制状态

在调试中可能需要 PLC 的某些位元件处于 ON 或 OFF 状态，以便观察程序的反应。可以通过“监控/测试”菜单项中的“强制 Y 输出”及“强制 ON/OFF”命令实现。选择这些

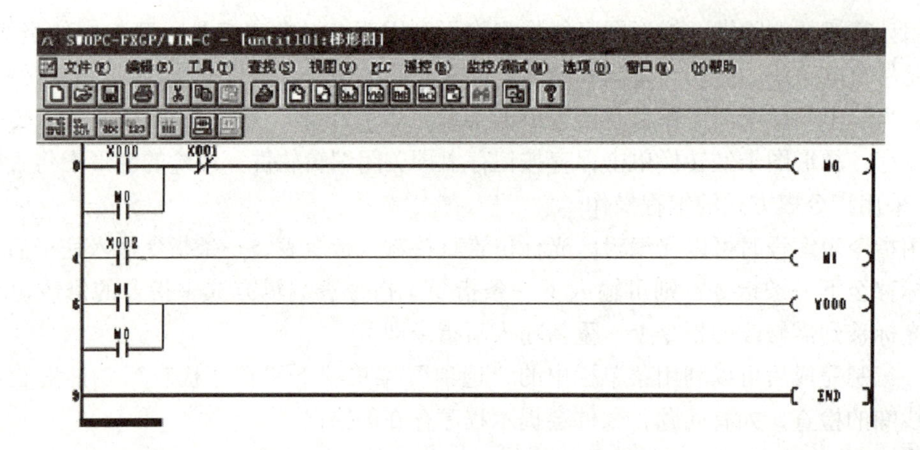

图5-80　程序的调试及运行监控

命令时将弹出对话框，在对话框中设置需强制的内容并单击“确定”按钮即可。

3）改变PLC字元件的当前值

在调试中有时需改变字元件的当前值，如定时器、计算器的当前值及存储单元的当前值等。具体操作也是从“监控/测试”菜单中进入，选择“改变当前值”并在弹出的对话框中设置元件及数值后单击“确定”按钮即可。

5.6　S7-200PLC的基本知识

5.6.1　概述

PLC控制系统通常是以程序的形式来体现其控制功能的，所以PLC工程师在进行软件设计时，必须按照用户所提供的控制要求进行程序设计，使用某种PLC的编程语言，将控制任务描述出来。目前世界上各个PLC生产厂家所采用的编程语言各不相同，基本上可以分为5类：梯形图语言（LAD）、助记符语言（STL）、布尔代数语言、逻辑功能图和其他高级语言。其中，梯形图语言和助记符语言已被绝大多数PLC厂家所采用，因此本节将通过以上两种常用的语言对PLC指令系统进行介绍。在介绍指令时，将以LAD指令为主，对STL指令则采用在例题中注解的方法进行介绍。

指令共同特点：

（1）指令名称：指令名称描述了指令所要完成的功能和所进行的操作。

（2）EN：输入使能条件。当能流到达时允许指令执行，在两个扫描周期之间的EN有效输入视为连续的能流。STL指令中没有对应的EN输入指令，该指令对应的STL语句能够执行的条件为栈顶值必须为逻辑1。

（3）ENO：ENO是LAD中盒指令的布尔量输出，是一个能流信号。如果盒指令的EN输入有能流，并且执行没有错误，则ENO将能流传递下去。

STL中没有对应的ENO输出指令，具有ENO输出的LAD指令所对应的STL指令中有一个ENO位，可以通过AENO指令访问。可以将ENO作为指令成功完成的使能标志位。

（4）IN：参加指令运算的操作数。对不同的盒指令，存储器中的数据以 BIT、BYTE、INT、WORD、DINT 及指针等各种形式参与运算。

（5）OUT：将输入操作数的运算结果通过 OUT 输出到存储器中的某一位置，用来修改存储器中的值。一般情况下，OUT 支持允许的所有数据类型，当 OUT 为逻辑值时，也可以作为条件使用。

（6）关于指针类型的数据参加运算，只是指明了所允许的指针类型。指针指向的存储区的范围要受到指令所允许的范围的限制，越界会发生错误。

5.6.2 位逻辑指令

位逻辑指令包括：位逻辑运算指令、输入/输出指令、置位/复位指令、位正/负跳变指令和堆栈指令。

指令功能：从存储器得到位逻辑值，参与中间控制运算或从输入映像寄存器中得到被控对象的状态值（I/O 值）和操作台发出的命令等，通过位逻辑运算，来决定用户程序的执行和输出。在梯形图中用触点来描述所使用的开关量的状态，梯形图的每个触点状态为 ON 或 OFF，取决于分配给它的位操作数的状态。如果位操作数是“1”，则与其对应的常开触点为 ON，常闭触点为 OFF。如果位操作数是“0”，则与其对应的常开触点为 OFF，常闭触点为 ON。触点条件为 ON 时，允许能流通过；触点条件为 OFF 时，不允许能流通过。能流到达才允许相应的指令执行。多个触点的串、并逻辑组合组成了一个梯级。

1. 输入指令

输入指令用于输入触点的状态。输入指令的 LAD 指令格式如图 5-81 所示。

输入形式：能流。

输出形式：能流。

能流通过条件：BIT = 1。

执行过程：如果输入有能流到达，当 BIT = 1 时，允许能流通过，输出有能流；当 BIT = 0 时，则输出没有能流。

```
 BIT
─┤ ├─
```

图 5-81 输入指令的 LAD 指令格式

输入指令的 STL 指令格式：

```
LD    BIT
A     BIT
O     BIT
```

LD BIT 起始指令对应着梯形图中触点与母线的连接，表示一个梯级的开始。该指令将相应的操作数 BIT 的逻辑值放入栈顶，准备参加逻辑运算。

A BIT 将 BIT 值与栈顶做与运算，结果放入栈顶。不可以作为一个梯级的开始。

O BIT 将 BIT 值与栈顶做或运算，结果放入栈顶。不可以作为一个梯级的开始。

它们一起描述了触点条件的串、并逻辑关系，是后续指令能否被执行的条件或控制输出的条件。

BIT 输入取值范围：I，Q，V，M，SM，S，T，C，L 存储区中的 BOOL 值。

2. 输入取反指令

输入取反指令用于输入触点相反的逻辑状态。

输入取反指令的 LAD 指令格式如图 5-82 所示。

—| / |—

图 5-82　输入取反指令的 LAD 指令格式

输入形式：能流。

输出形式：能流。

能流通过条件：BIT=0。

执行过程：如果输入有能流，当 BIT=1 时，不允许能流通过，输出没有能流；当 BIT=0 时，则输出有能流。

输入取反指令的 STL 指令格式：

```
LDN    BIT
AN     BIT
ON     BIT
```

LDN BIT 起始指令对应着梯形图中触点与母线的连接，一个梯级的开始，表示将相应的操作数 BIT 的逻辑值取反后放入栈顶，准备参加逻辑运算。

AN BIT 将 BIT 值取反后与栈顶做与运算，结果放入栈顶。不可以作为一个梯级的开始。

ON BIT 将 BIT 值取反后与栈顶做或运算，结果放入栈顶。不可以作为一个梯级的开始。

它们一起描述了触点条件的串、并逻辑关系，是后续指令能否被执行的条件或控制输出的条件。

BIT 的取值范围：I、Q、V、M、SM、S、T、C、L 存储区中的 BOOL 值。

3. 取反指令

取反指令用于对某一位的逻辑值取反。

取反指令的 LAD 指令格式如图 5-83 所示。

—|NOT|—

图 5-83　取反指令的 LAD 指令格式

输入形式：能流。

输出形式：能流。

执行过程：该指令为无条件执行指令。当输入有能流到达时，阻断能流，则输出没有能流。当输入没有能流到达时，输出有能流。取反指令只是作为条件参与控制，不与存储区中任何单元发生联系。

取反指令的 STL 指令格式：NOT。

该指令为无操作数指令，它将栈顶的值取反后，放入栈顶。

4. 正、负跳变指令

正、负跳变指令用于检测开关量状态的变化方向。正、负跳变指令为无条件执行指令，该指令也是无操作数指令。正、负跳变指令的 LAD 指令格式如图 5-84 和图 5-85 所示。

—| P |—

图 5-84　正跳变指令的 LAD 指令格式

—| N |—

图 5-85　负跳变指令的 LAD 指令格式

输入形式：能流。

输出形式：能流。

执行过程：正跳变指令。每检测到一次输入的能流由无到有（0~1）的正跳变，让能流接通一个扫描周期。负跳变指令每检测到一次输入的能流由有到无（1~0）的负跳变，让能流接通一个扫描周期。

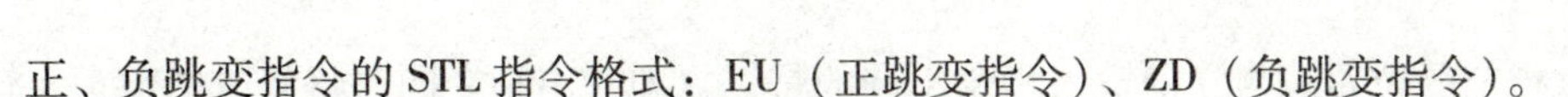

正、负跳变指令的 STL 指令格式：EU（正跳变指令）、ZD（负跳变指令）。

执行 EU 指令时，若第 n 次扫描时栈顶值是 0，第 $n+1$ 次扫描时其值为 1，则 EU 指令将栈顶值置 1，允许其后的指令执行，否则栈顶值置 0。

执行 ED 指令时，若第 n 次扫描时栈顶值是 1，第 $n+1$ 次扫描时值是 0，则 ED 指令将栈顶值置 1，允许其后的指令执行，否则栈顶值置 0。

5. 输出指令

输出指令将逻辑的运算结果写入输出映像寄存器中，从而决定下一扫描周期中的输出端子的状态，输出端子的状态改变要等到集中刷新处理后才能表现出来。输出指令也可将结果写入内部存储器中，以备后面的程序使用。对于 STL 指令，就是将栈顶的逻辑位值复制到存储器中指定的位置。

一般情况下，输出以线圈的形式表示。为了使输出与指令所在的位置无关，在程序中输出指令只出现一次。输出指令的 LAD 指令格式如图 5-86 所示。

BIT
—(　)

图 5-86　输出指令的 LAD 指令格式

输入形式：能流。

输出形式：BIT 的位值。

执行过程：在一个扫描周期中，当有能流到达，使 BIT 的位逻辑值置 1，否则置 0。

输出指令的 STL 指令格式：=BIT。

将栈顶值复制到指定的 BIT 位。

BIT 的取值范围：I、Q、V、M、SM、S、T、C、L 存储区中的 BOOL 值。

6. 立即 I/O 指令

PLC 程序是循环扫描执行的，对 I/O 集中进行处理。这样虽然解决了计算机顺序执行的问题，但同时造成了 I/O 响应的延迟。为此 S7-200 提供了立即 I/O 指令，程序可以对 I/O 进行立即刷新处理。显然，立即 I/O 指令加强了程序的实时性，但在总体上延长了 PLC 的循环扫描时间。立即 I/O 指令的 LAD 指令格式如图 5-87～图 5-89 所示。

BIT
—| I |—

图 5-87　立即输入指令的 LAD 指令格式

BIT
—| /I |—

图 5-88　立即输入取反指令的 LAD 指令格式

BIT
—(/I)—

图 5-89　立即输出指令的 LAD 指令格式

输入形式：能流。

输出形式：能流。

执行过程：执行立即输入指令时，由当前 BIT 值决定能流是否通过。如果输入有能流，当 BIT=1 时，允许能流通过，则输出有能流。当 BIT=0 时，输出没有能流。

当执行立即输入取反指令时，由当前 BIT 值取反后决定能流是否通过。在执行立即输出指令时，物理输出点立即被置成能流值；在 STL 中，立即输出指令将栈顶的值立即复制到物理输出点指定的位置。与立即输入指令不同的是，立即输出指令同时将修改的值写入输出映像寄存器中，指令后面的程序可以使用新值。

立即输入指令与输入指令不同的是，立即输入指令的BIT值由物理输入点的当前状态决定。当程序执行到此指令时，立即对物理输入点进行采样。物理输入点的状态为1时，相当于常开触点立即闭合，将相应的物理值存入栈顶，但过程映像寄存器并不刷新。BIT的取值范围只限于BOOL型的I存储器区。

立即I/O指令的STL指令格式。

立即输入取反指令STL格式：

```
LDNI    BIT
ANI     BIT
ONI     BIT
```

立即输出指令STL格式：=I　BIT

对于立即输入指令、立即输入取反指令，BIT的取值范围只限于BOOL型的I存储区；对于立即输出指令，BIT的取值范围为Q存储器区。

7. 置位/复位指令

置位（S）和复位（R）指令用于置位或复位从指定的地址开始的N个点的逻辑值。该指令可以一次置位或复位1~255个存储器中的连续BOOL值，由BIT指定起始地址。如果复位指令指定的是定时器或计数器，指令不但复位定时器位或计数器位，而且清除定时器或计数器的当前值。

```
  BIT        BIT
—( S )     —( R )
   N          N
```

图5-90　置位/复位指令的LAD指令格式

（1）置位/复位指令的LAD指令格式如图5-90所示。

（2）置位/复位指令的STL指令格式：

```
S  BIT  N
R  BIT  N
```

BIT的取值范围：I、Q、V、M、SM、S、T、C、L存储区中的BOOL值。

N的取值范围：IB、QB、VB、MB、SMB、SB、LB、AC、*VD、*LD、*AC及常数。

8. 立即置位/复位指令

（1）立即置位/复位指令的LAD指令格式如图5-91所示。

```
  BIT         BIT
—( SI )     —( RI )
   N           N
```

图5-91　立即置位/复位指令LAD指令格式

（2）立即置位/复位指令的STL指令格式：

```
SI  BIT, N
RI  BIT, N
```

BIT的取值范围：Q存储器区。

N的取值范围：IB、QB、VB、MB、SMB、SB、LB、AC、*VD、*LD、*AC及常数。

9. 逻辑堆栈指令

在LAD中没有对应的堆栈指令格式，但在LAD转化为STL的过程中，编译系统软件会自动为LAD加上相应的堆栈指令。当使用STL时，必须自己操作管理逻辑堆栈。堆栈操作从本质上较好地解决了逻辑位值的与、或运算问题，即控制电路的串、并联问题。

（1）栈装载与指令将堆栈中IV0和IV1的值进行逻辑与操作，结果放入栈顶（IV0）并使栈中 IV2 及以后的值依次前移，堆栈深度减 1。栈装载与指令可以解决并联控制电路的分支问题。

STL 指令格式：ALD

（2）栈装载或指令将堆栈中 IV0 和 IV1 的值进行逻辑或操作，结果放入栈顶（IV0）并使栈中 IV2 及以后的值依次前移，堆栈深度减 1。栈装载或指令可以解决多分支并联控制电路的汇合问题。

STL 指令格式：OLD

逻辑推入栈指令复制栈顶的值，并将这个值推入栈，推入栈时栈底的值丢失，所以用户要自己对其管理。

指令格式：LPS

逻辑读栈指令将 IV1 复制到 IV0，即栈顶值被更新，其他不变。

指令格式：LRD

（3）逻辑出栈指令是逻辑推入栈的反操作，IV1 成为栈顶新值，栈底加入一随机值。

指令格式：LPP

（4）装入堆栈：装入堆栈指令复制堆栈中的第 N 个值，并将其推入栈中。是逻辑推入栈指令的加强。

指令格式：LDS N

其中 N 为 0~7 的常数。

如图 5-92 所示为一个梯形图程序，梯形图的右方为该程序执行时的时序图。在图 5-92 中使用了输入、输出、取反、正/负跳变、置/复位等指令。

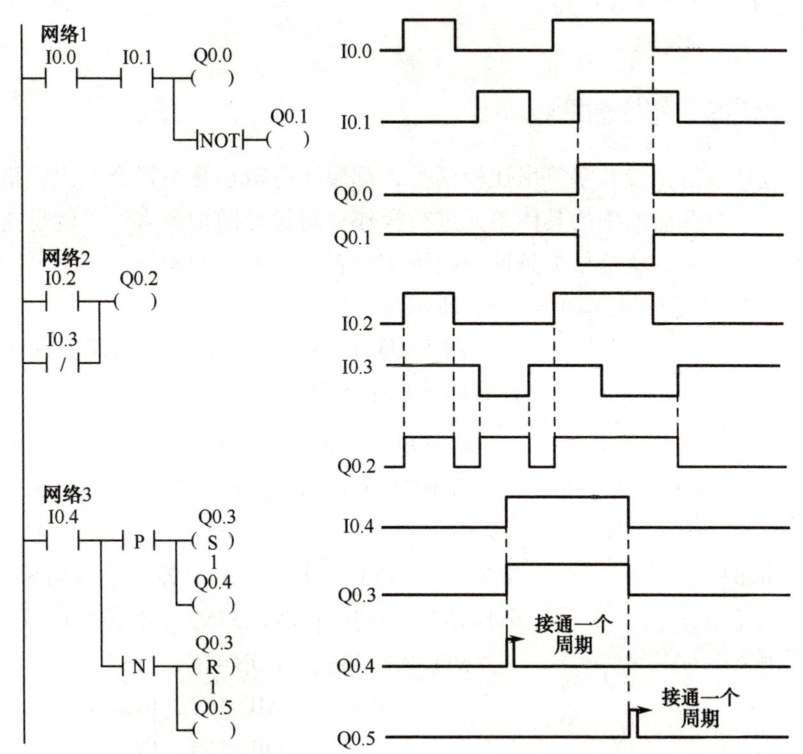

图 5-92　位逻辑指令的应用

对应的 STL 程序如下：

```
NETWORK 1
LD I0.0
A   I0.1
=Q0.0
NOT
=Q0.1
NETWORK 2
LD I0.2
ON I0.3
=  Q0.2
NETWORK   3
LD   I0.4
LPS
EU
S    Q0.3，1
=Q0.4
LPP
ED
R   Q0.3，1
=Q0.5
```

5.6.3 比较指令和传输指令

比较指令包括数值比较和字符串比较两类，都属于逻辑运算类指令。比较指令只是作为条件来使用，并不对存储器中的具体单元进行操作。对梯形图指令来说，就是接通或切断能流；对语句表语言来说，就是根据条件对栈顶实施置 1 或置 0 的操作。

比较指令的 LAD 指令格式如图 5-93 所示。

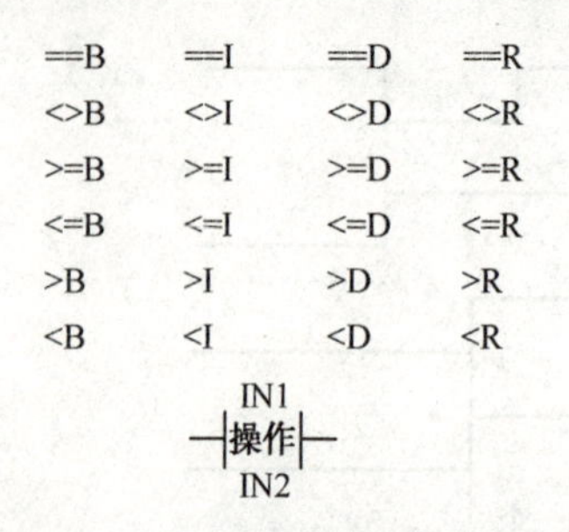

图 5-93 比较指令的 LAD 指令格式

图 5-93 中 IN1、IN2 为输入的两个操作数，指令名称可以为以下名称：

1. 数值比较指令

比较结果为真时，使能流通过，否则切断能流。

比较的运算有：IN1 = IN2（等于）；IN1 > = IN2（大于等于）；IN1 < = IN2（小于等于）；IN1 >IN2（大于）；IN1<IN2（小于）；IN1<>IN2（不等于）。

STL 指令格式：LDB = IN1，IN2

AB = IN1，IN2

OB = IN1，IN2

IN1，IN2 的取值类型：单字节无符号数、有符号整数、有符号双字、有符号实数。

IN1，IN2 的数据类型要匹配。

IN1，IN2 的取值范围：

BYTE　IB QB，VB，MB，SMB，SB，LB，AC，*VD，*LD，*AC 及常数；

INT　IW，QW，VW，MW，SMW，SW，LW，TC，AC，AIW，*VD，*LD，*AC 及常数；

DINT　ID，QD，VD，MD，SMD，SD，LD，AC，HC，*VD，*LD，*AC 及常数；

REAL　ID，QD，VD，MD，SMD，SD，LD，AC，HC，*VD，*LD，*AC 及常数。

2. 字符串比较指令

字符串比较指令用于比较两个 ASCII 码字符串。

如果比较结果为真，使能流通过，允许其后续指令执行，否则切断能流。

能够进行的比较运算有：IN1=IN2（字符串相同）；IN1<>IN2（字符串不同）。

其 STL 格式：LDS=IN1，IN2；

AS= IN1，IN2；

OS=IN1，IN2

LDS<>IN1，IN2；

AS<>IN1，IN2；

OS<>IN1，IN2。

当比较结果为真时，将栈顶数值置 1，否则置 0。

IN1，IN2 的取值范围：VB、LB、*VD、*LD、*AC。

无论是否有能流，比较指令都将执行。如果没有能流输入，输出为 0；如果有能流输入，则能流输出的情况取决于比较指令的执行结果。结果为真，允许能流通过；结果为假，不允许能流通过。

3. 传输指令

S7-200 提供了多种方式的数据传输指令，可以灵活方便地对存储器中各个位置的值以不同的方式进行修改。

指令介绍：

（1）字节、字、双字和实数传输指令。其 LAD 指令格式如图 5-94 所示。

指令名称可以是 MOV _ B、MOV _ W、MOV _ D、MOV _ R，分别表示进行字节传输、字传输、双字传输、实数传输。

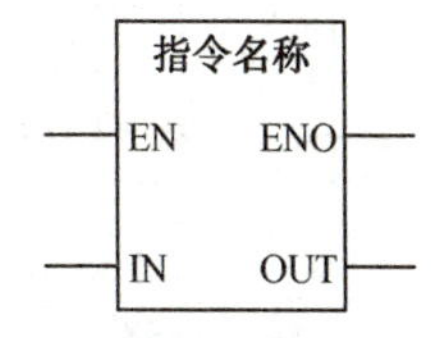

图 5-94　传输指令的 LAD 指令格式

其 STL 格式：MOVBIN，OUT

MOVWIN，OUT

MOVDIN，OUT

MOVRIN，OUT

指令功能：将操作数 IN 中指明的存储区中的值传输到 OUT 指明的存储区中。当需要使用指针时，可以使用双字传输指令创建一个指针。

ENO=0 的错误条件：0006（间接寻址错）。

IN 取值范围：

BYTE　IB，QB，VB，MB，SMB，SB，LB，AC，*VD，*LD，*AC 及常数；

INT　IW，QW，VW，VW，SMW，SW，LW，TC，AC，AIW，＊VD，＊LD，＊AC 及常数；

DINT　ID，QD，VD，MD，SMD，SD，LD，AC，HC，＊VD，＊LD，＊AC 及常数；

REAL　ID，QD，VD，MD，SMD，SD，LD，AC，HC，＊VD，＊LD，＊AC 及常数。

OUT 取值范围：

BYTE　IB，QB，VB，MB，SMB，SB，LB，AC，＊VD，＊LD，＊AC 及常数

INT　IW，OW，VW，MW，SMW，SW，LW，TC，AC，AIW，＊VD，＊LD，＊AC 及常数；

DINT　ID，QD，VD，MD，SMD，SD，LD，AC，HC，＊VD，＊LD，＊AC 及常数；

REAL　ID，QD，VD，MD，SMD，SD，LD，AC，HC，＊VD，＊LD，＊AC 及常数。

（2）字节立即传输指令。

字节立即传输指令包括字节立即读指令和字节立即写指令两种。

指令名称可以是 MOV _ BIR、MOV _ BIW，分别表示进行字节立即读、字节立即写。字节立即传输指令是立即 I/O 指令功能的扩展，允许以字节为单位在 I/O 点和存储器之间进行数据传输。

STL 指令格式：BIR IN，OUT

BIW IN，OUT

字节立即读指令（BIR）读物理输入 IN，并将结果存入 OUT 中，但过程映像寄存器并不刷新。字节立即写指令（BIW）从存储器 IN 读取数据，写入物理输出 OUT，同时刷新相应的输出过程映像区。

使 ENO=0 的出错条件：0006（间接寻址错）；不能访问扩展模块。

IN　BYTE　IB，＊AC，＊VD，＊LD。

OUT　BYTE　IB，QB，VB，MB，SMB，SB，LB，AC＊，VD，＊LD，＊AC。

字节立即写指令操作数的取值范围：

IN　BYTE　IB，QB，VB，MB，SMB，SB，LB，AC＊，VD，＊LD，＊AC 及常数。

OUT　BYTE　QB，＊VD，＊LD，＊AC。

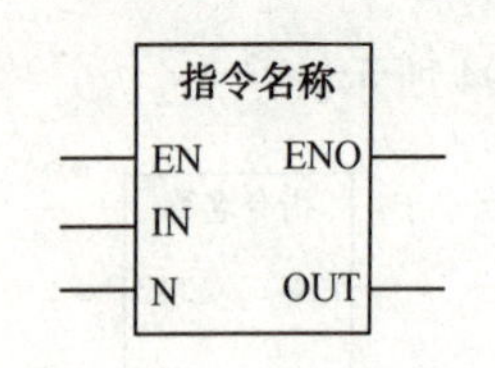

图 5-95　块传输指令的 LAD 指令格式

（3）块传输指令。

块传输指令的 LAD 指令格式如图 5-95 所示。

字节块（BLKMOV _ B）、字块传输（BLKMOV _ W）和双字块传输（BLKMOV _ D）指令可传输指定数量的数据到一个新的存储区，数据的起始地址为 IN，数据长度为 *N* 字节、字或者双字，新块的起始地址为 OUT。

例如：当指令名称是 BLKMOV W 时表示进行字块传输。

其 STL 指令格式：BMB　IN，OUT，N

BMW　IN，OUT，N

BMD IN，OUT，N

操作数 IN 的取值范围：

BYTE　IB，QB，VB，MB，SMB，SB，LB，＊VD，＊LD，＊AC；

WORD　QW，VW，SMW，SW，LW，T，C，AC，AIW，＊VD，＊LD，＊AC 及常数；
INT　QW，VW，SMW，SW，LW，T，C，AC，AIW，＊VD，＊LD，＊AC 及常数；
DINT　ID，QD，VD，MD，SMD，SD，LD，＊VD，＊LD，＊AC。

操作数 OUT 的取值范围：

BYTE　IB，QB，VB，MB，SMB，SB，LB，＊VD，＊LD，＊AC；
WORD　IW，QW，VW SMW，SW，LW，T，C，AC，AIW，＊VD，＊LD，＊AC 及常数；
INT　IW，QW，VW，SMW，SW，LW，T，C，AC，AIW，＊VD，＊LD，＊AC 及常数；
DINT　ID，QD，VD，MD，SMD，SD，LD，＊VD，＊LD，＊AC。

操作数的取值范围：

BYTE　IB，QB，VB，MB，SMB，SB，LB，AC，＊VD，＊LD，＊AC 及常数。

ENO=0 的错误条件：0006（间接寻址错），0091（操作数超出范围）。

（4）传输指令举例。

如图 5-96 所示为一个块传输指令的梯形图程序。该程序将 VB20 开始的 4 个字节放到 VB100 开始的存储区域，其所占空间大小不变。

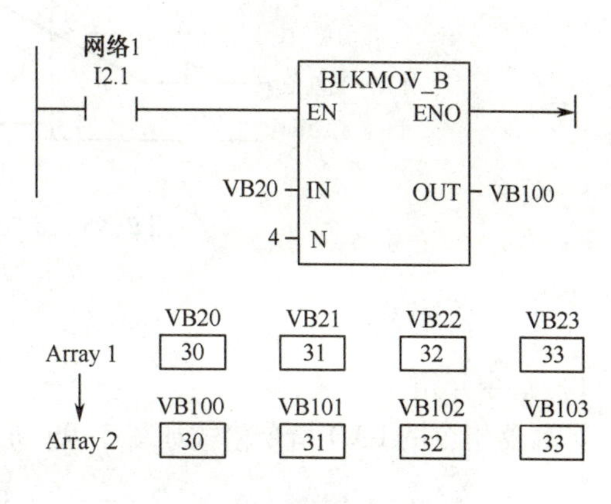

图 5-96　传输指令的应用

4. 定时器指令

由于现场设备动作速度比较缓慢且存在差异，高速的 PLC 在控制这些设备时需要使用定时器，以使设备协调地运行。

定时器指令的 LAD 指令格式如图 5-97 所示。

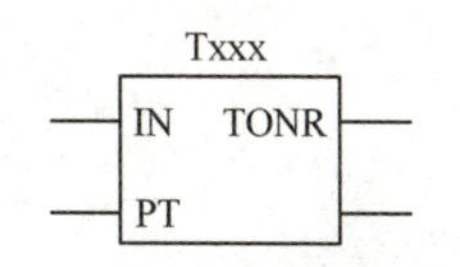

图 5-97　定时器指令的 LAD 指令格式

定时器分为接通延时定时器（TON），有记忆的接通延时定时器（TONR）和断开延时定时器（TOF）三种。

IN：表示输入的是一个位值逻辑信号，起着一个输入端的作用。

Txxx：表示定时器的编号。

PT：定时器的初值。

定时器工作方式及类型拓展资源如表 5-7 所列。

表 5-7　定时器工作方式及类型拓展资源

工作方式	用毫秒表示的分辨率	用秒表示的最大当前值	定时器号
TONR	1	32.767	T0，T64
	10	327.67	T1~T4，T65~T68
	100	3 276.7	T5~T31，T69~T95
TON/TOF	1	32.767	T32，T96
	10	327.67	T33~T36，T97~T100
	100	3 276.7	T37~T63，T101~T255

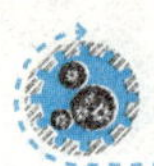

指令举例：如图5-98所示为一个使用定时器指令的LAD程序。在程序中的定时器为TON定时器，其初值为10。当I0.0有效时，定时器开始计时；I0.0无效时，定时器被复位。

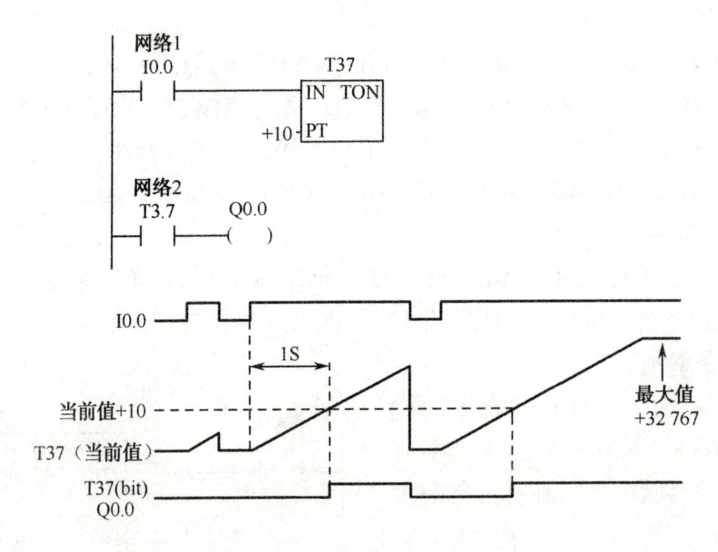

图5-98 定时器指令的使用

5. 计数器指令

1）指令介绍

计数器指令的LAD指令格式如图5-99所示。

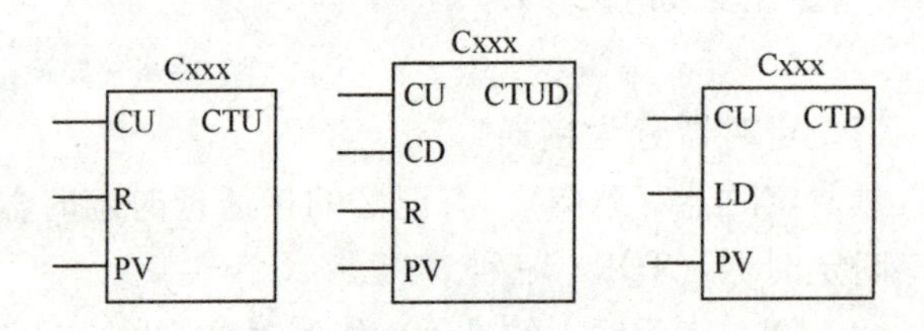

图5-99 计数器指令的LAD指令格式

计数器名称可以是CTU、CTD、CTUD，它们分别表示递增计数器、递减计数器、递增/递减计数器。

Cxxx：计数器编号。程序可以通过计数器编号对计数器位或计数器当前值进行访问。

CU：递增计数器脉冲输入端，上升沿有效。

CD：递减计数器脉冲输入端，上升沿有效。

R：复位输入端。

LD：装载复位输入端，只用于递减计数器。

PV：计数器预置值。

STL指令格式：CTU　Cxxx，PV

　　　　　　　CTUD　Cxxx，PV

　　　　　　　CTD　Cxxx，PV

操作数的取值范围：

Cxxx：WORD　常数。

CU，CD，LD，R：BOOL 能流。

PV：INT VW，IW，QW，MW，SW，SMW，LW，AIW，T，C，AC，＊VD，＊AC，＊LD 及常数。

递增计数器指令（CTU）在每一个 CU 输入的上升沿（从 OFF 到 ON）递增计数，当计数当前值（Cxxx）大于或等于预置计数值（PV）时，计数器位被置位。计数继续进行，一直到最大值 32 767 时停止计数。当复位输入端（R）置位时，计数器被复位。

递减计数器指令（CTD）在每一个输入 CD 的上升沿进行递减计数。当计数当前值（Cxxx）减为 0 时，计数器位被置位，并停止计数。当装入（LD）输入时，计数器将预设值（PV）装入计数器，同时复位计数器位，可以开始计数。

递增/递减计数器指令（CTUD）在每一个 CU 输入的上升沿递增计数；在每一个 CD 输入的上升沿递减计数。当计数当前值（Cxxx）大于或等于预置计数值（PV）时，计数器被置位。计数继续进行，计数器的当前值从-32 767～32 767 可循环往复地变化。当复位输入端（R）置位时，计数器被复位。

S7-200 提供了 C0～C255 共 256 个计数器，每一个计数器都具有三种功能。由于每个计数器只有一个当前值，因此不能将一个计数器号当做几个类型的计数器来使用。在程序中，既可以访问计数器位（表明计数器状态），也可以访问计数器的当前值，它们的使用方式相同，都以计数器加编号的方式访问，可根据使用的指令方式的不同由程序确定。

2）计数器指令举例

如图 5-100、图 5-101 所示为使用计数器指令的 LAD 程序。图 5-100、图 5-101 中，程序中的两个计数器分别为递减计数器和递增/递减计数器，其初值分别为 3 和 4。LAD 程序的下方为程序对应的时序图。

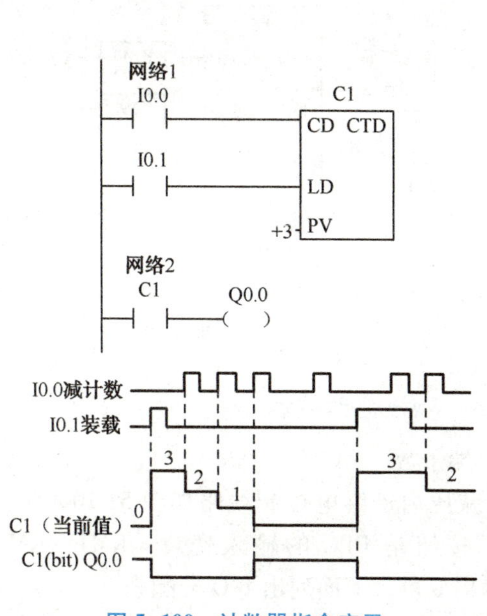

图 5-100　计数器指令应用

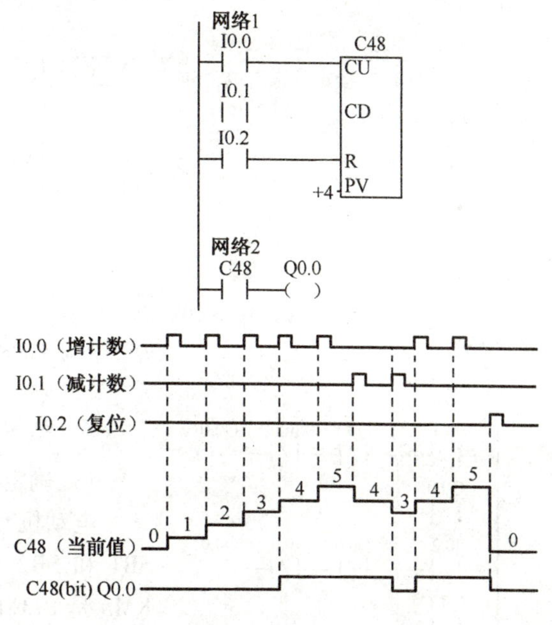

图 5-101　计数器指令应用

5.6.4 S7-200 PLC 应用举例

1. 电动机正反转控制

图 5-102（a）是一个大家十分熟悉的电动机正、反转继电控制电路图。图中用 KM0、KM1 的辅助触点实现自锁、互锁。

1）确定 I/O 端子数

SB1、SB2、SB3 这 3 个外部按钮是 PLC 的输入变量，需接在 3 个输入端子上，可分配为

I0.0、I0.1、I0.2；输出只有 2 个继电器 KM0、KM1，均是 PLC 的输出端需控制的设备，要占用 2 个输出端子，可分配为 Q0.0、Q0.1。故整个系统需要用 5 个 I/O 端子：3 个输入端子，2 个输出端子。

下面列出 I/O 分配表：

输入端子 SB1：I0.0；SB2：I0.1；SB3：I0.2。

输出端子 KM0：Q0.0；KM1：Q0.1。

用于自锁、互锁的那些触点，因为无须占用外部接线端子而是由内部“软开关”代替，故不占用 I/O 端子。

2）实际外部接线方法

图 5-102（b）是 PLC 和外围设备的外部接线图。图中所表示的是 I0.0、I0.1、I0.2 共用一个“M”端，Q0.0、Q0.1 共用一个“L”端，输入开关都并联在直流电源 E 上，输出映像寄存器并联在交流 220 V 电源上。直流电源由 PLC 供给，这时可直接将 PLC 电源端子接在开关上，而交流电源则是由外部电源供给。

3）梯形图

与图 5-102 正反转控制继电器线路图对应的梯形图参见图 5-103。

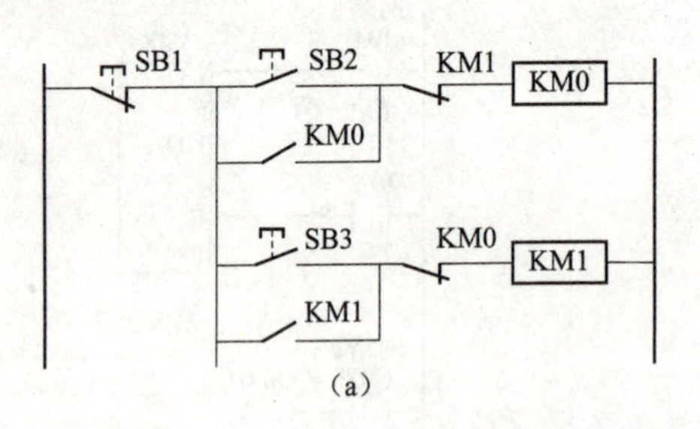

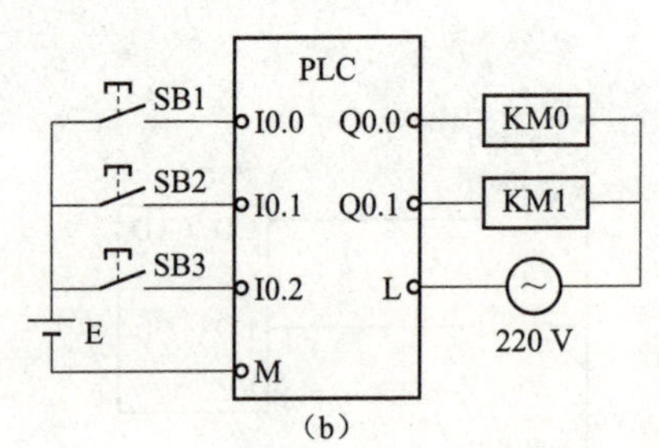

图 5-102　正反转控制继电器线路图和 I/O 接线图

（a）继电器线路图；（b）I/O 接线图

图 5-103　梯形图

2. 电动机Y-△减压启动控制

1）确定 I/O 端子数

电动机Y-△减压启动继电控制线路如图 5-104 所示。SB1 和 SB2 外部按钮是 PLC 的输入变量，KM1、KM2、KM3 是 PLC 的输出变量。下面列出 I/O 分配表：

输入端子停止按钮 SB1：I0.0；启动按钮 SB2：I0.0。

输出端子 KM1：Q0.1；KM2：Q0.2；KM3：Q0.3

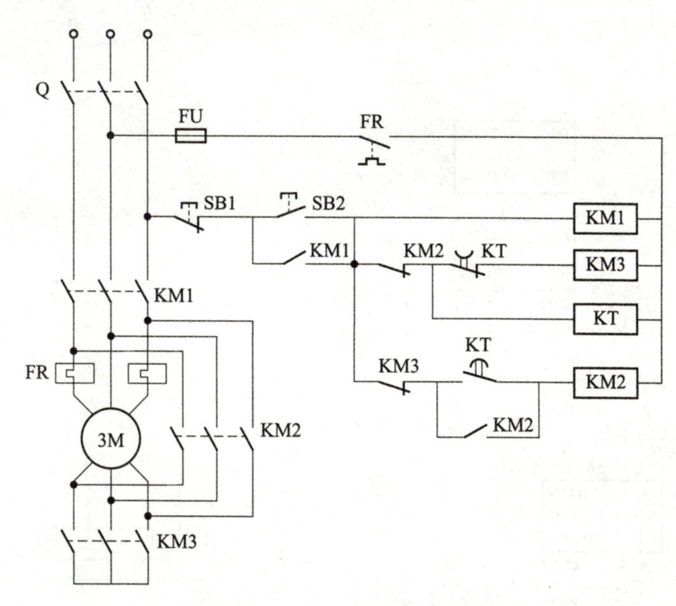

图 5-104　电动机Y-△减压启动继电控制线路图

2）PLC 与外部器件的接线

电动机Y-△减压启动控制接线图如图 5-105 所示，图中电动机由接触器 KM1、KM2、KM3 控制，其中 KM3 将电动机定子绕组连接成星形，KM2 将电动机定子绕组连接成三角形。KM2 与 KM3 不能同时吸合，否则将产生电源短路。在程序设计过程中，应充分考虑由星形向三角形切换的时间，即由 KM3 完全断开（包括灭弧的时间）到 KM2 接通这段时间应互锁住，以防电源短路。

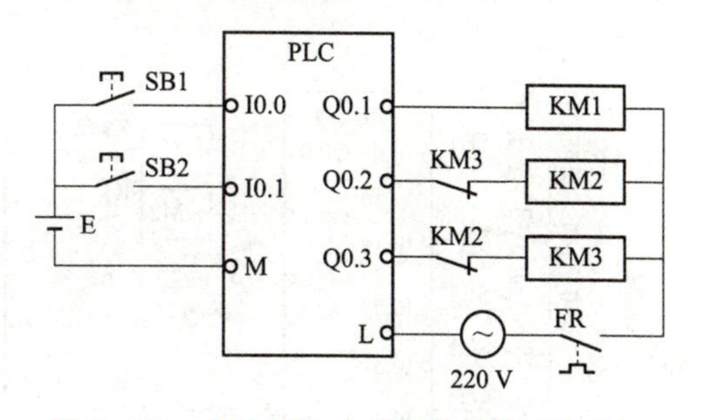

图 5-105　电动机Y-△减压启动控制接线图

3）梯形图程序

电动机Y-△减压启动控制梯形图如图 5-106 所示。

3. 小车行程控制

经验设计法仅适用于控制方案简单、I/O 端子数规模不大的系统。示例：如图 5-107 所示小车左行和右行控制，小车开始时停在左限位开关 SQ1 处。按下右行启动按钮 SB2，小车右行，到限位开关 SQ2 处时停止运动，10 s 后定时器 T38 的定时到，小车自动返回起始位置。设计小车左行和右行控制的梯形图。

小车的左行和右行控制的实质是电动机的正反转控制。因此可以在电动机正反转 PLC 控制设计的基础上，设计出满足要求的 PLC 的外部接线图和梯形图，如图 5-108 所示。

为了使小车向右的运动自动停止，将右限位开关对应的 I0.4 的常闭触点与控制右行的 Q0.0 串联。为了在右端使小车暂停 10 s，用 I0.4 的常开触点来控制定时器 T38。T38 的定时时间到，则其常开触点闭合，给控制 Q0.1 的启-保-停控制电路（启动、保持、停止、控制

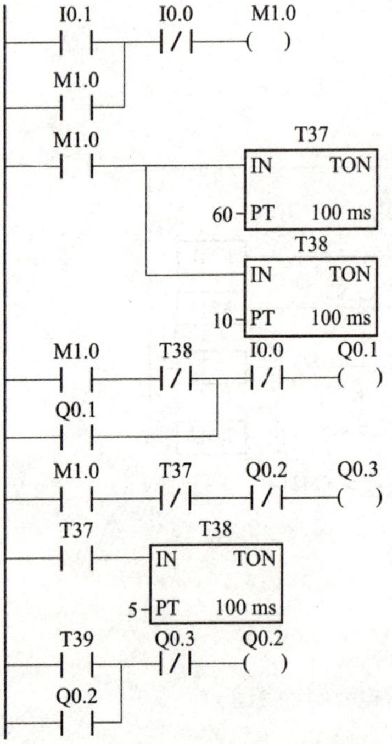

图 5-106　电动机Y-△减压启动控制梯形图

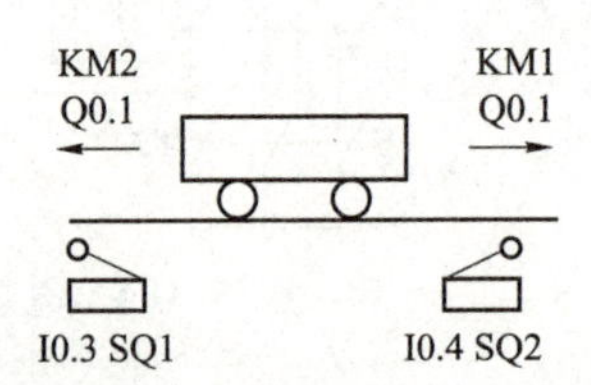

图 5-107　小车往复运动控制示意图

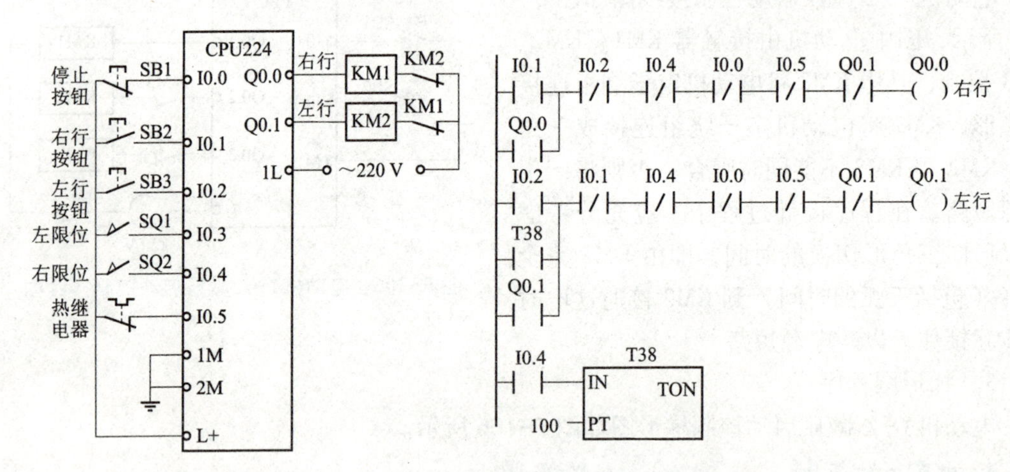

图 5-108　PLC 的外部接线图和梯形图

电路）提供启动信号，使 Q0.1 通电，小车自动返回。小车离开 SQ2 所在的位置后，I0.4 的常开触点断开，T38 被复位。回到 SQ1 所在位置时，I0.3 的常闭触点断开，使 Q0.1 断电，小车停在起始位置。

4. 搬运机械手控制

PLC 控制器可应用于各类顺序逻辑控制系统，下面介绍一些 SIMATIC S7-200 PLC 控制系统，让读者明白 PLC 控制系统的设计过程。通过机械手的 PLC 控制系统设计实例详细地说明 SIMATIC S7-200 PLC 控制系统设计的主要内容和步骤，从而反映 PLC 控制系统设计的全貌，以利于读者较全面地了解 PLC 控制系统设计的全过程。

1）了解设备概况

机械手的结构和各部分动作的示意图如图 5-109 所示。机械手所有的动作均由液压驱动，上升与下降、左移与右移等动作均由双线圈双位电磁阀控制，即当下降电磁阀通电时，机械手下降；下降电磁阀断电时，机械手停止下降；只有当上升电磁阀通电时，机械手才上升。机械手的夹紧和放松用一个单线圈双位电磁阀来控制，线圈通电时夹紧，线圈断电时放松。

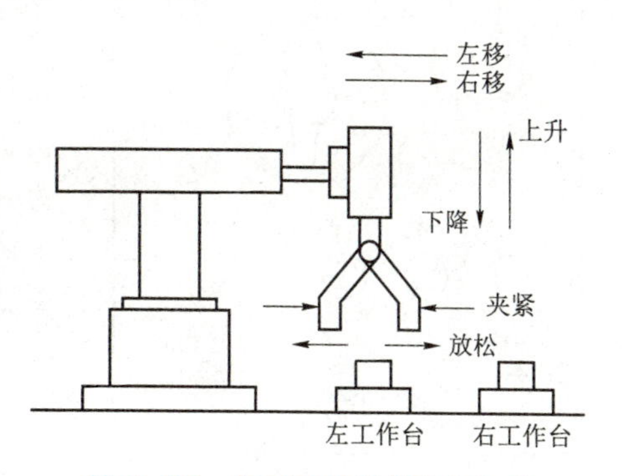

图 5-109　机械手的结构和各部分动作的示意图

2）分析机械手工作的工艺过程

机械手的动作顺序和检测元件、执行元件的布置示意图如图 5-110 所示。机械手的初始位置停在原点，按下启动按钮后，机械手将依次完成下降-夹紧-上升-右移-再下降-放松-再上升-左移 8 个动作。机械手的下降、上升、右移、左移等动作的转换，是由相应的限位开关来控制的，而夹紧、放松动作的转换是由时间来控制的。

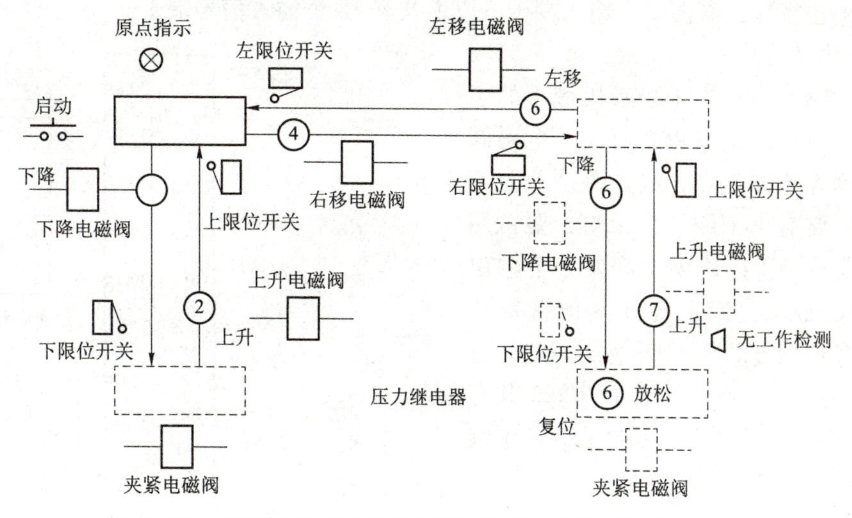

图 5-110　机械手的动作顺序和检测元件、执行元件的布置图

为保证安全，机械手右移到位后，必须在右工作台上无工件时才能下降，若上一次搬到右工作台上工件尚未移走，机械手应自动暂时等待。为此设置了一个光电开关，以检测“无工件”信号。

3）控制要求

按不同的工作方式，搬运机械手的控制要求分为如下几个方面：动工作方式利用按钮对机械手每一动作单独进行控制。例如，按“下降”按钮，机械手下降，按“上升”按钮，机械手上升。用手动操作可以使机械手置于原点位（机械手在最左边和最上面，且夹紧装置松开），还便于维修时机械手的调整。

单步工作方式从原点开始，按照自动工作循环的工序，每按一下启动按钮，机械手完成一步的动作后自动停止。单周期工作方式为按下启动按钮，从原点开始，机械手按工序自动

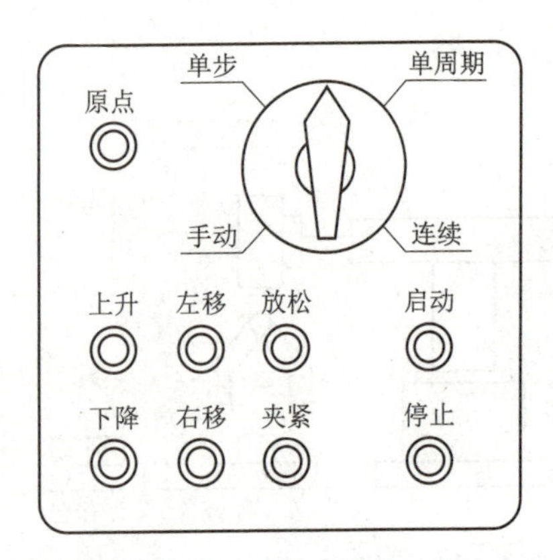

图 5-111　操作台面板布置示意图

完成一个周期的动作，返回原点后停止。连续工作方式　按下启动按钮，机械手从原点开始按工序自动反复连续循环工作，直到按下停止按钮，机械手自动停机；或者将工作方式选择开关转换到“单周期”工作方式，此时机械手在完成最后一个周期的工作后，返回原点自动停机。根据以上控制要求，操作台面板布置示意图如图 5-111 所示。

4）输入信号

输入信号是将机械手的工作状态和操作的信息提供给 PLC。PLC 的输入信号共有 18 个输入信号点，需占用 18 个输入端子。具体分配如下：

位置检测信号有下限、上限、右限、左限共 4 个行程开关，需要 4 个输入端子；“无工件”检测信号采用光电开关作检测元件，需要 1 个输入端子；“工作方式”选择开关有手动、单步、单周期和连续 4 种工作方式，需要 4 个输入端子；手动操作时，需要有下降、上升、右移、左移、夹紧、放松、回原点 7 个按钮，需要 7 个输入端子；自动工作时，尚需启动按钮、停止按钮，需占 2 个输入端子。以上共需 18 个输入信号端子。

5）输出信号

PLC 的输出信号用来控制机械手的下降、上升、右移、左移和夹紧 5 个电磁阀线圈，需要 5 个输出点；机械手从原点开始工作，需要有 1 个原点指示灯，要占用 1 个输出端子。所以，至少需要 6 个输出信号端子。如果功能上再无其他特殊要求，则有多种型号的 PLC 可选用，此处选用 S7-200 CPU226。S7-200 CPU226 共有输入 24 个端子，输出 16 个端子，采用继电器输出型。

6）分配 PLC 的 I/O 端子

根据对机械手的 I/O 信号的分析以及所选的外部输入设备的类型及 PLC 的机型，分配 PLC 的 I/O 端子接线如图 5-112 所示。

为了便于编程，在设计软件时常将公用程序、手动程序和自动程序分别编出相对独立的程序段，再用条件跳转指令进行选择。搬运机械手的控制系统程序结构框图如图 5-113 所示。系统运行时首先执行公用程序，而后当选择手动工作方式（手动，单步）时，I0.7 或者 I1.0 接通并跳至

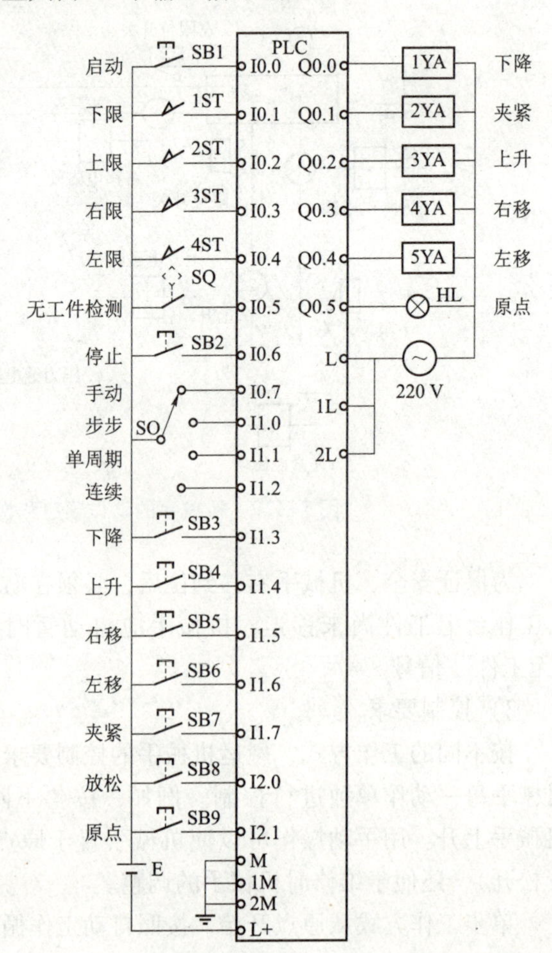

图 5-112　PLC 的 I/O 端子接线

手动程序执行；当选择自动工作方式（单周期、连续）时，I0.7、I1.0 断开，而 I1.1 或 I1.2 接通则跳至自动程序执行。由于工作方式选择转换开关采取了机械互锁，因而此程序中手动程序和自动程序可采用互锁，也可以不互锁。

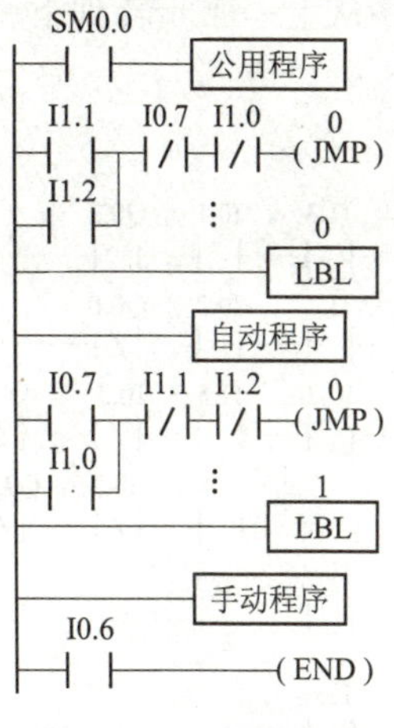

图 5-113 控制系统程序结构框图

7）公用程序设计

公用程序用于处理各种工作方式都要执行的任务，以及不同的工作方式之间相互切换的处理，公用程序如图 5-114 所示。

左限位开关 I0.4、上限位开关 I0.2 的常开触点和表示机械手夹紧的 O0.1 的常闭触点的串联电路接通时，“原点条件”M0.5 变为 ON。当机械手处于原点状态（M0.5 为 ON），在开始执行用户程序（SM0.1 为 ON）、系统处于手动状态或自动回原点状态（I0.7 或 I2.1 为 ON）时，初始步对应的 M0.0 将被置位，为进入单步、单周期和连续工作方式做好准备。如果此时 M0.5 为 OFF 状态，M0.0 将被复位，初始步为不活动步，按下启动按钮也不能进入步 M2.0，系统不能在单步、单周期和连续工作方式下工作。

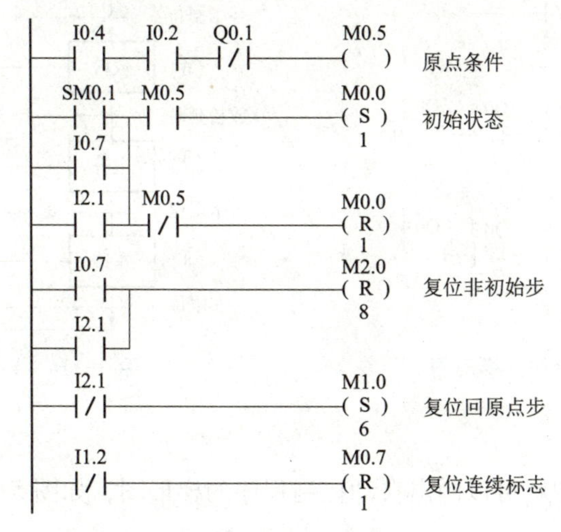

图 5-114 公用程序

8）手动程序

手动操作不需要按工序顺序动作，所以可按普通继电器程序来设计。手动操作的梯形图如图 5-115 所示。手动按钮 I0.7、I1.3~I2.1 分别控制下降、上升、右移、左移、夹紧、放松和回原点各个动作。为了保证系统的安全运行设置了一些必要的连锁。其中在左、右移动的梯形图中加入了 I0.2 作为上限连锁，因为机械手只有处于上限位置时，才允许左右移动。

由于夹紧、放松、动作是用单线圈双位电磁阀控制，故在梯形图中用置位、复位指令，使之有保持功能。

9）自动操作流程图

由于自动操作的动作较复杂，可先画自动操作流程图，如图 5-116 所示，用于表明动作的顺序和转换条件，然后再根据所采用的控制方法设计程序。矩形框表示“工步”，相邻两工步用有向线段连接，表明转换的方向。小横线表示转换的条件。若转换条件得到满足则程序从上一工步转到下一工步。

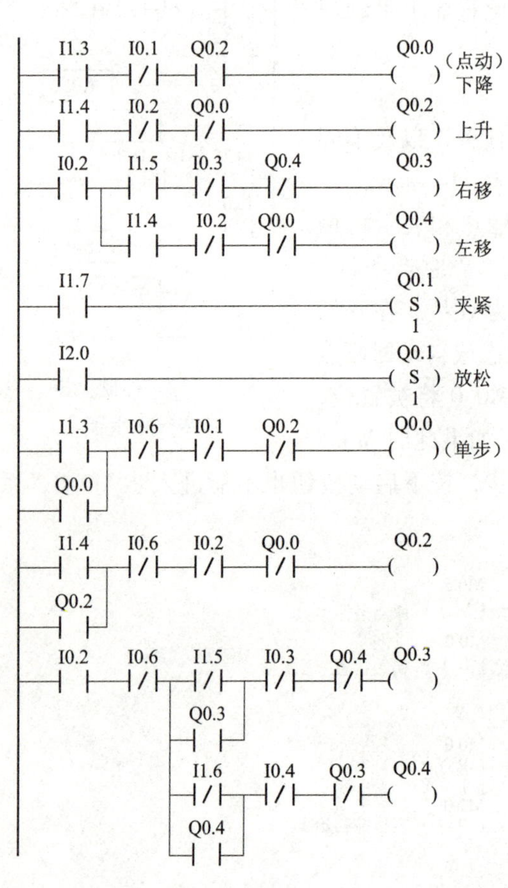

图 5-115　手动操作的梯形图

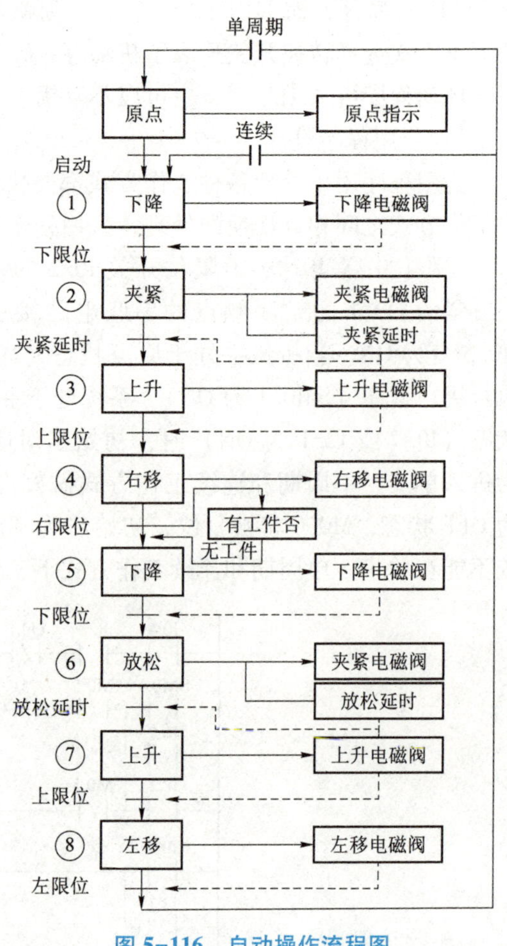

图 5-116　自动操作流程图

10）自动程序设计

根据自动操作流程图就可以画出自动控制程序的梯形图，如图 5-117 所示。

本章小结

PLC（Programmable Logic Controller）是可编程序控制器的简称。专为工业应用而设计的电子控制装置，具有抗干扰能力强、可靠性高、功能强、体积小、编程简单及使用维护方便等特点，因此应用范围很广。

本章介绍可编程序控制器（PLC）的发展、特点和应用概况，PLC 的系统组成及 PLC 的基本工作原理。并以 FX 系列小型 PLC 为例，介绍 PLC 的基本性能指标、指令系统和编程方法。在此基础上讲述 PLC 应用系统的设计方法和步骤，以及使用 PLC 时应注意的若干问题。

PLC 主要由 CPU、存储器、输入与输出模块、电源模块、I/O 扩展接口、外设功能接口及编程器等部分组成。采用周期性循环扫描的工作方式。

PLC 常用的编程语言有梯形图、语句表及功能表图等。在用梯形图编程时应用了“软继电器”和“能流”两个基本概念。所谓软继电器实际上是PLC内部的编程元件，每一个编程元件与PLC的元件映像寄存器的一个存储单元相对应，由于其状态可无数次的读出，其软继电器可提供无数个触点供编程使用。梯形图中的能流是一个假想的电流，在梯形图中只能做单向流动。注意实际上在梯形图中是没有真正的电流流动的。

FX系列PLC有多条基本逻辑指令和两条专供顺序控制编程的步进梯形图指令，还有功能非常强的特殊功能指令。编制用户程序时，要按照一定的编程规则和利用一定的编程技巧进行。

本章举例分析了SIMATICS7-200 PLC控制系统对电动机正反转控制、电动机Y-△减压启动控制、小车自动往复行程控制和机械手控制，便于同学能触类旁通，了解不同类型PLC控制间的相同点和不同点。

应用PLC时，必须根据控制系统的要求，合理地选择PLC和配置I/O设备，灵活地安排PLC的I/O点，正确地进行I/O连线，并按一定的步骤进行系统的硬/软件设计。经过联机调试，完善功能再交付使用。

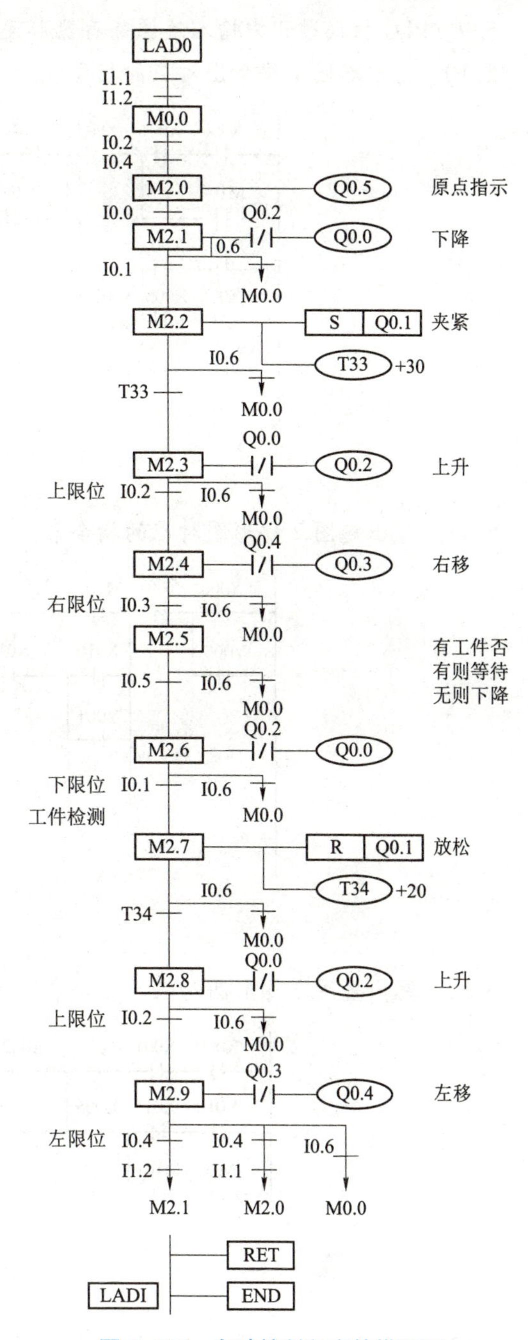

图 5-117 自动控制程序的梯形图

思考与练习

5.1 PLC的基本结构如何？试阐述其基本工作原理。

5.2 PLC有哪些编程语言？常用的是什么编程语言？

5.3 说明FX_{2N}系列PLC的主要编程组件和它们的组件编号。

5.4 PLC硬件由哪几部分组成？各有什么作用？PLC软件由哪几部分组成？各有什么作用？

5.5 PLC有哪些主要特点及应用范围？

5.6 PLC控制系统与传统的继电器控制系统有何区别？

5.7 PLC开关量输出接口按输出开关器件的种类不同，有几种形式？

5.8 简述PLC的扫描工作过程。

5.9 PLC扫描过程中输入映像寄存器和元件映像寄存器各起什么作用？

5.10 写出题图1梯形图对应的指令表。

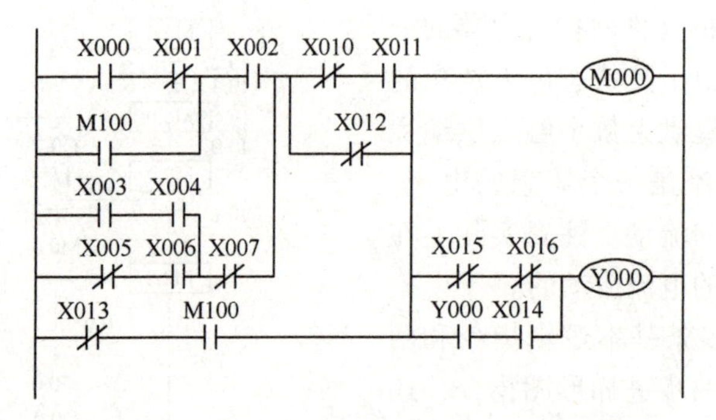

题图1

5.11 写出题图2梯形图对应的指令表。

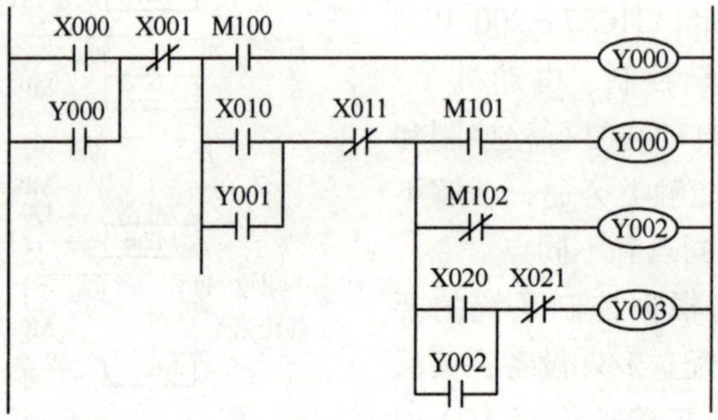

题图2

5.12 写出题图3梯形图对应的指令表。

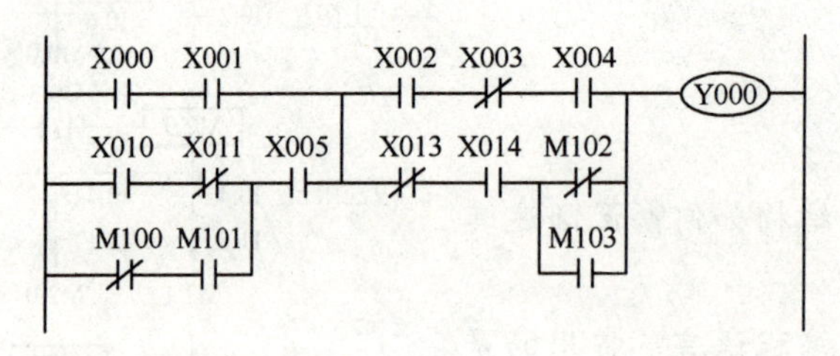

题图3

5.13 试用按钮、开关、交流接触器设计一台三相异步电动机正反转控制电路（主电路及控制电路）。

① 能实现启、停两地控制。

② 能实现长动，正向点动调整。

③ 能实现正向的行程保护；电动机运行时有指示灯显示。

④ 有短路、过载保护；电路具有电气互锁、机械互锁保护。

要求：设计继电器、接触器控制线路；I/O接线图；PLC梯形图；语句表。

5.14 试用PLC设计一控制电路

要求：

① 按下启动开关第一台电动机启动，20 秒后第二台电动机启动。按停止按钮两台电动机同时停

② 画出主电路接线，PLC 硬件 I/O 接线、梯形图。

5.15　用 PLC 设计一控制电路，要求第一台电动机启动 10 s 以后，第二台电动机自行启动，运行 15 s 以后，第三台电动机启动，再运行 15 s 后，电动机全部停止。

要求：画出 PLC　I/O 接口电路图；画出梯形图。

5.16　设计一个节日礼花弹引爆程序。礼花弹用电阻点火引爆器引爆，为了实现自动引爆，以减轻工作人员频繁操作的负担，保证安全，提高动作的准确性，现用 PLC 控制，要求编制以下两种控制程序。

① 1~12 个礼花弹，每个引爆间隔为 0.1 s；13~14 个礼花弹，每个引爆间隔为 0.2 s。

② 1~6 个礼花弹引爆间隔为 0.1 s，引爆完后停 10 s，接着 7~12 个礼花弹引爆，间隔 0.1 s，引爆完后又停 10 s，接着 13~18 个礼花弹引爆，间隔 0.1 s，引爆完后再停 10 s，接着 19~24 个礼花弹引爆，间隔 0.1 s。

引爆用一个引爆启动开关控制。

5.17　有一条生产线，用光电感应开关 X001 检测传送带上通过的产品，有产品通过时 X001 为 ON，如果在 10 s 内没有产品通过，由 Y000 发出报警信号，用 X001 输入端外接的开关解除报警信号，画出梯形图，并写出指令语句。

5.18　有一并行分支状态转移图如题图 4。请对其进行编程。

5.19　有一选择性分支状态转移图如题图 5。请对其进行编程。

5.20　有一选择性分支状态转移图如题图 6。请对其进行编程。

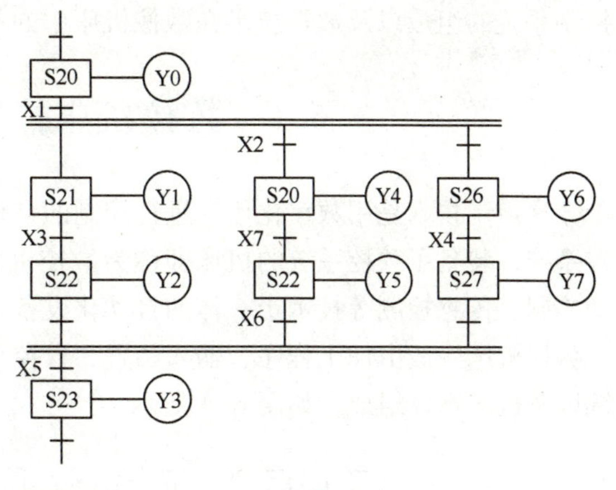

题图 4

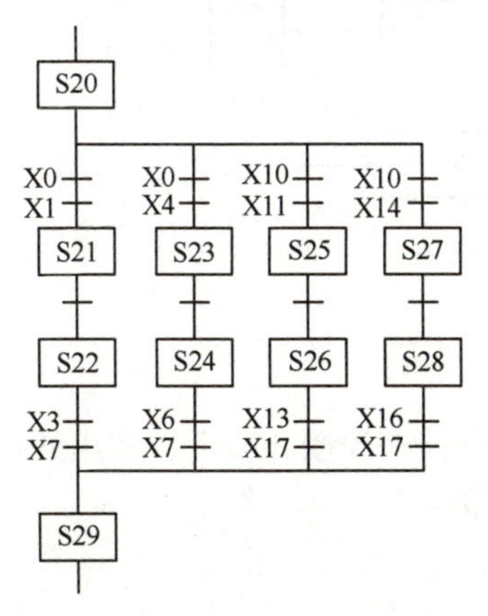

题图 5

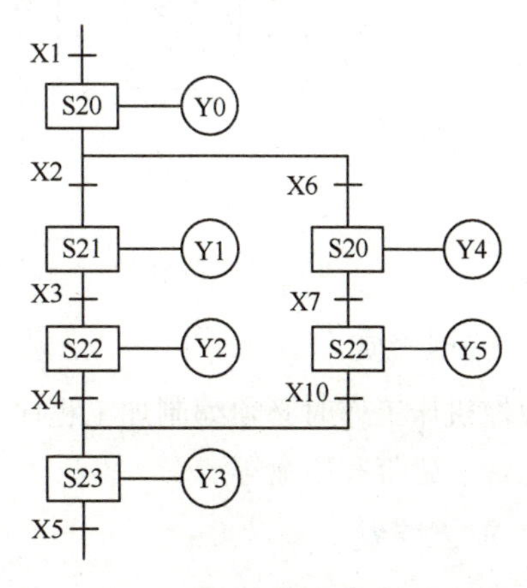

题图 6

第 6 章

数控机床电气控制电路分析

机械制造工业中，单件、小批量生产的零件约占机械加工总量的 80% 左右。此外，市场竞争日趋激烈，致使机械产品不断更新换代，对其质量要求也越来越高，传统的普通加工设备已难以适应高效率、高质量、多样化的加工要求。机床数控技术的应用一方面可以使机械加工全过程实现自动化；另一方面又使得机械加工的柔性不断提高，即提高了机械制造系统适应各种生产条件变化的能力。同时，数控技术又是柔性制造系统（FMS）、计算机集成制造系统（CIMS）的重要技术基础，是机电一体化的重要组成部分。本章主要介绍数控机床控制系统的组成以及数控技术在数控机床中的重要地位。

6.1 数控机床控制系统的组成

数字控制技术是用数字化信息进行控制的自动控制技术。采用数控技术的控制系统称为数控系统，装备了数控系统的机床即称为数控机床。数控机床是集机床、计算机、电动机、自动控制、传感检测等技术于一体的自动化设备。

数控机床一般由加工程序、输入装置、数控系统、伺服系统和辅助控制装置、检测反馈系统以及机床本体组成，如图 6-1 所示。

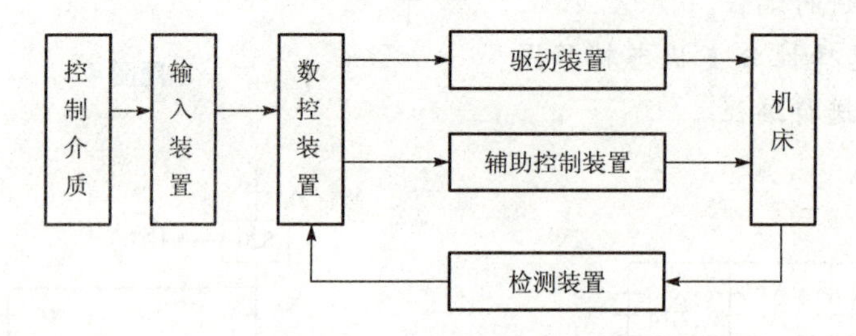

图 6-1　数控机床的基本结构图

1. 控制介质

数控机床工作时必须编制加工程序，而加工程序需存储在控制介质上，常用的控制介质有穿孔带、磁带和磁盘等。

2. 输入装置

输入装置的作用是将控制介质上的数控代码传递并存入数控系统内。输入装置根据控制

介质的不同可分为光电阅读机、磁带机和软盘驱动器。

3. 数控装置

数控装置是数控机床的中枢。数控装置从内部存储器中取出或接收输入装置送来的一段或几段数控加工程序，经过数控装置的逻辑电路或系统软件进行编译、运算和逻辑处理后，输出各种控制信息和指令，控制机床各部分的工作，使其进行程序所规定的指令有序运动和动作。

4. 驱动装置和检测装置

驱动装置包括控制器（含功率放大器）和执行机构。执行机构大都采用直流或交流伺服电动机。驱动装置接收来自数控装置的指令信息，经功率放大后，严格按照指令信息的要求驱动机床的运动机构，以加工出符合图样要求的零件。

检测装置将数控机床各坐标轴的实际位移量检测出来，经反馈系统输入到机床的数控中心。数控中心将反馈回来的实际位移量值与设定值进行比较，经比较修正后控制机床的运动机构按指令值运动。

5. 辅助控制装置

辅助控制装置包括主轴运动机构的变速、换向和起停指令，刀具的选择和交换指令，冷却、润滑装置的启停指令，机床夹持机构时工件的松开、夹紧和分度工作台转位分度等辅助开关。

6. 机床本体

数控机床的机床本体与传统机床相似，在整体布局、外观造型、传动系统、刀具系统的结构以及操作机构等方面发生了很大的变化。

6.2　数控机床控制系统

1. 数控装置（CNC）

数控装置是数控机床电气控制系统的控制中心。它能够自动地对输入的数控加工程序进行处理，将数控加工程序信息按两类控制量分别输出：一类是连续控制量，送往伺服系统；另一类是离散的开关控制量，送往机床强电控制系统，从而协调控制机床各部分的运动，完成数控机床所有运动和动作的控制，实现数控机床的加工过程。

2. 进给伺服系统

进给伺服系统由进给轴伺服电动机（一般内装速度和位置检测器件）和进给伺服装置组成。进给伺服系统驱动机床的各坐标轴的切削进给，并提供切削过程中所需要的转矩和运转速度。

3. 主轴伺服系统

主轴伺服系统包括主轴电动机（含速度检测器件）和主轴伺服装置，实现对主轴转速的调节控制。有些主轴伺服装置还含有主轴定向控制功能。

4. 机床强电控制系统

机床强电控制系统包括可编程序控制器控制系统和继电器接触器控制系统。

机床强电控制系统除了对机床辅助运动和辅助动作（包括电动系统、液压系统、气动系统、冷却箱及润滑油箱等）的控制外，还包括对保护开关、各种行程开关和操作盘上所有元件（包括各种按键、操作指示灯、波段开关）的检测和控制。在机床强电控制系统中，可编程序控制器（PLC）可替代机床上传统的强电控制中大部分机床电器，从而实现对润滑、冷却、气动、液压和换刀等系统的逻辑控制。

6.3 进给运动控制（插补）

6.3.1 按运动轨迹分类

1. 点位控制系统

点位控制系统只是精确地控制刀具相对工件从一个坐标点移动到另一个坐标点，移动过程中不进行任何切削加工，点与点之间移动轨迹、速度和路线决定了生产率的高低。为了提高加工效率，保证定位精度，系统采用“快速趋近，减速定位”的方法实现控制。这类数控机床有数控钻床、数控镗床和数控冲床等。数控钻床点位控制如图 6-2所示。

2. 直线控制系统

直线控制系统不仅要求具有准确的定位功能，而且要控制两点之间刀具移动的轨迹是一条直线，且在移动过程中刀具能以给定的进给速度进行切削加工。

直线控制系统的刀具运动轨迹一般是平行于各坐标轴的直线；特殊情况下，如果同时驱动两套运动部件，其合成运动的轨迹是与坐标轴成一定夹角的斜线。这类数控机床有数控车床、数控镗铣床等。数控铣床直线控制如图 6-3 所示。

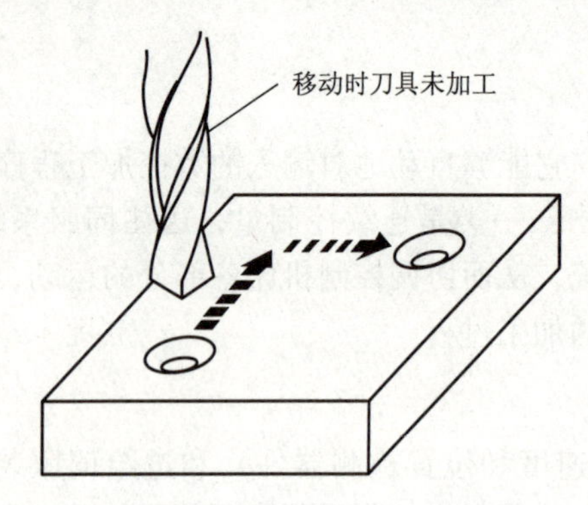

图 6-2　数控钻床点位控制示意图

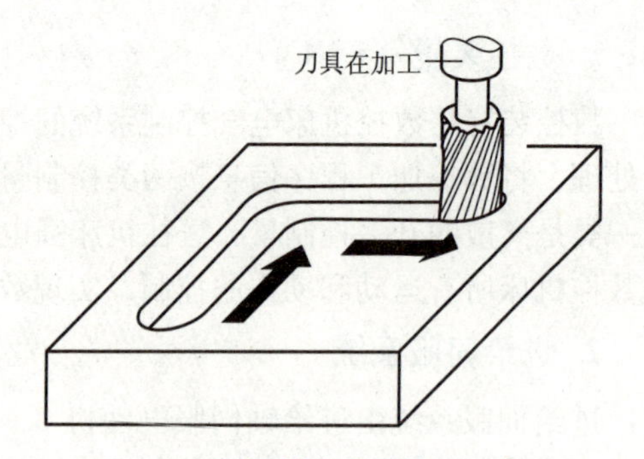

图 6-3　数控铣床直线控制示意图

3. 轮廓控制系统

轮廓控制系统能同时控制两个或两个以上坐标轴，需要进行复杂的插补运算，即根据给定的运动代码指令和进给速度，计算刀具相对工件的运动轨迹，实现连续控制。这类数控机床有数控车床、数控铣床、数控线切割机床、数控加工中心等。

6.3.2 按伺服系统分类

1. 开环控制系统

开环控制系统没有检测反馈装置，以步进电动机作为驱动元件，由步进驱动装置和步进电动机组成。在开环控制系统中，CNC 装置输出的指令脉冲经驱动电路进行功率放大，控制步进电动机转动，再经机床传动机构带动工作台移动。这类系统结构简单、价格低廉，调试和维修都比较方便，但无位置闭环控制，精度主要取决于步进电动机及传动机构的精度，因而精度较差。

图 6-4 所示为开环控制系统框图。

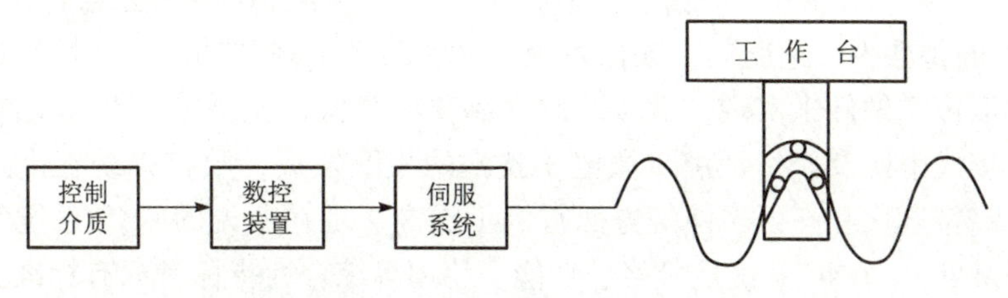

图 6-4　开环控制系统框图

2. 半闭环控制系统

半闭环控制系统位置检测装置安装在电动机或丝杠轴端，通过角位移的测量间接测量机床工作台的实际位置，并与 CNC 装置的指令值进行比较，用差值进行控制。半闭环控制系统以交、直流伺服电动机作为驱动元件，由位置比较、速度控制、伺服电动机等组成。

图 6-5 所示为半闭环控制系统框图。

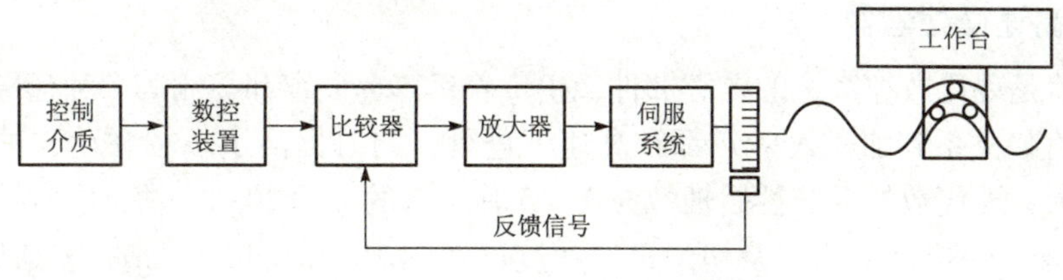

图 6-5　半闭环控制系统框图

3. 闭环控制系统

闭环控制系统位置检测装置安装在机床工作台上，直接测量工作台的实际位移，并与 CNC 装置的指令值进行比较，用差值进行控制。闭环控制系统以交直流伺服电动机作为驱动元件，用于高精度设备的控制。

图 6-6 所示为闭环控制系统框图。

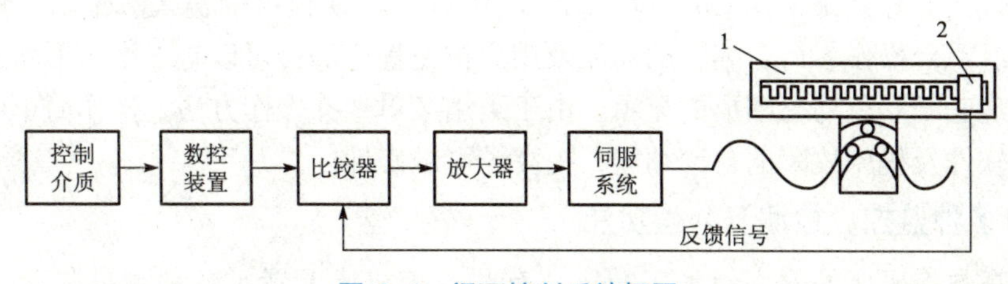

图 6-6　闭环控制系统框图

6.4　数控机床的发展

6.4.1　从NC到CNC

数控系统实际上是一台专门用于机床信息处理的计算机。20世纪五六十年代的通用计算机在处理速度和结构上满足不了机床加工的要求，不得不用电子元件来构成专门的逻辑部件，组成专用计算机来实现机床加工的要求，故称之为Hard-wired NC（硬线连接数控），一般称为CNC，NC部分功能开始改由软件来实现。到20世纪70年代出现了小型计算机。但由于当时CPU的位数少，速度低，数控系统一些实时性很强的功能，如插补运算、位置控制等不得不仍旧依靠硬件来实现，故当时硬件品质的高低，就决定了CNC品质的高低，进入20世纪80年代中期及以后，由于微电子技术的飞跃发展，数控系统在高速化、多功能化、智能化、高精度化和高可靠性等方面得到了提高。现在所说的CNC系统实际上就是微机数控系统（MNC）。CNC系统从价格、功能、使用等综合性指标考虑有标准型数控系统和经济型数控系统。标准型数控系统业称全功能数控系统，功能齐全，控制精度和运行精度都比较高，基本上都是半闭环或闭环控制系统；经济型数控系统功能比较简单，在我国，经济型数控通常和步进驱动组成开环控制系统。

随着微机技术的发展用通用微机技术开发数控系统可以得到强有力的硬件和软件支持，这些软件和硬件技术是开放式的，此时的通用微机除了具备本身的功能外，还具备了全功能数控系统的所有功能，这是一条龙发展数控技术的途径。当前全功能数控系统的特点有如下几方面：

1. 选用高速微处理器

微处理器是现代数控系统的核心部件，担负着运算、储存和控制等多种任务。其位数和运算速度（直接关系到加工效率）都在高速下进行，同时提高了多轴联动、进给速度和分辨能力等指标。现代数控系统控制轴数为3~15轴，有的多达20~24轴，同时控制轴数（联动）为3~6轴。快速进给速度及切削进给速度已达到100 m/min（1 μm分辨力）和24 m/min（0.1 μm分辨力）。

2. 配置高速、功能强的可靠程序控制器（PLC）

数控系统除了对位置进行信息控制外，还要对I/O状态量进行控制，数控系统中高速和强功能的可编程序控制器能满足数控机床方面的需要。同时，PLC输入/输出点数和PLC容量的增加可满足直接数字控制系统（DNC）和柔性制造单元（FMC）的控制要求。

3. CRT图形显示、人-机对话功能及自诊断功能

大多数现代数控系统采用CRT与手动键盘配合，实现程序的输入、编辑、修改和删除等功能，具有前台操作、后台编辑的功能及用户扩充程序等；可以有二维图形轨迹显示，有的还可以实现三维彩色动态图形的显示。由于采用菜单选择操作方法，操作简单明了，系统具有硬件、软件及机床故障的自诊功能，提高了可维修性。

4. 具有多种监控、检测及补偿功能

为了提高数控机床的效率及加工精度，有些数控机床配置了各种测量装置（如刀具磨

损的检测、机床精度及热变形的检测等）与之相适应，数控系统则具有刀具寿命管理、刀具参数补偿、反向间隙及丝杠螺距误差补偿、热变形补偿等功能。

5. CNC 的智能化

在现代数控系统中，引入了自适应控制技术。控制系统能检测对机床本身有影响的信息，并自动连续调整有关参数，以达到系统运行的最优化。如测量工件状态、调整刀具切削用量、进行尺寸控制以满足加工精度及表面粗糙度的要求等。在有的 CNC 系统中，还建立了切削率的数据库及切削用量的专家系统等。大多数现代数控系统都具有学习及示教功能。

6. 通信功能

一般数控系统都有简单的通信功能，如采用 RS-232C 串行接口与编程机、微机等外围设备通信。现代数控系统还要与其他数控系统或者上级计算机通信，所以除了 RS-232C 接口外，还有 RS-422 和 DNC（直接数控）等多种通信接口。数控系统要单机进入柔性制造系统（FMS）进而形成计算机集成制造系统（CIMS），这就要求数控系统具有更高的通信功能。为此，有的数控系统开发了符合 ISO 开放系统互联七层网络模型的通信协议，如 MAP（制造自动化协议），为自动化技术发展创造了条件。

7. 标准化、通信化和模块化

现代数控系统的性能越来越完善，功能越来越多样，促使数控系统的硬件和软件结构实现标准化、通用化和模块化。选择不同的标准化模块可组成各种数控机床的控制系统，能方便地移植计算机行业或自动化领域的成果，也便于现在的数控系统进一步扩展及升级。

8. 开放性

基于 PC 的开放形式数控系统已成为数控技术发展的重要方向，在通用 PC 机的基础上，一方面使硬件的体系结构和功能模块具有兼容性；另一方面使软件、接口等技术规范和标准化，通过制定必要的技术规范，为机床制造厂或用户提供一个良好的开放性和开发环境。

9. 高可靠性

这是一项硬指标，现代数控系统的平均无故障时间（MIBF）已达到 30 000 h 以上。数控系统与微机只是专用机和通用机及产生批量大小的区别，其制造过程，包括元器件筛选、印制电路板、焊接和贴附、生产过程及最终产品的检测和出厂前整机的考核等措施保证了数控系统有很好的可靠性。

6.4.2　性能发展方向

（1）高速高精高效化。速度、精度和效率是机械制造技术的关键性能指标。由于采用了高速 CPU 芯片、RISC 芯片、多 CPU 控制系统以及带高分辨率绝对式检测元件的交流数字伺服系统，同时采取了改善机床动态、静态特性等有效措施，机床的高速高精高效化已大大提高。

（2）柔性化包含两方面：数控系统本身的柔性，数控系统采用模块化设计、功能覆盖面大、可裁剪性强、便于满足不同用户的需求；群控系统的柔性，同一群控系统能依据不同生产流程的要求使物料流和信息流自动进行动态调整，从而最大限度地发挥群控系统的效能。

（3）工艺复合性和多轴化以减少工序、辅助时间为主要目的的复合加工，正朝着多轴、多系列控制功能方向发展。数控机床的工艺复合化是指工件在一台机床上一次装夹后，通过自动换刀、旋转主轴头或转台等各种措施，完成多工序、多表面的复合加工。数控技术轴，西门子 880 系统控制轴数可达 24 轴。

（4）实施智能化早期的实时系统通常针对相对简单的理想环境，其作用是如何调度任务，以确保任务在规定期限内完成。而人工智能则试图用计算模型实现人类的各种智能行为。科学技术发展到今天，实时系统和人工智能相互结合，人工智能正向着具有实时响应的、更现实的领域发展，而实时系统也朝着具有智能行为的、更加复杂的应用环境发展，由此产生了实时智能控制这一新的领域。在数控技术领域，实时智能控制的研究和应用正沿着几个主要分支发展：自适应控制、模糊控制、神经网络控制、专家控制、学习控制、前馈控制等。例如在数控系统中配备编程专家系统、故障诊断专家系统、参数自动设定和刀具自动管理及补偿等自适应调节系统，在高速加工时的综合运动控制中引入提前预测和预算功能、动态前馈功能，在压力、温度、位置、速度控制等方面采用模糊控制，使数控系统的控制性能大大提高，从而达到最佳控制的目的。

6.4.3　功能的发展

（1）用户界面图形化。用户界面是数控系统与使用者之间的对话接口。由于不同用户对界面的要求不同，因而开发用户界面的工作量极大，用户界面成为计算机软件研制中最困难的部分之一。当前 Internet、虚拟现实、科学计算可视化及多媒体等技术也对用户界面提出了更高要求。图形用户界面极大地方便了非专业用户的使用，人们可以通过窗口和菜单进行操作，便于蓝图编程和快速编程、三维彩色立体动态图形显示、图形模拟、图形动态跟踪和仿真、不同方向的视图和局部显示比例缩放功能的实现。

（2）科学计算可视化。科学计算可视化可用于高效处理数据和解释数据，使信息交流不再局限于用文字和语言表达，而可以直接使用图形、图像、动画等可视信息。可视化技术与虚拟环境技术相结合，进一步拓宽了应用领域，如无图纸设计、虚拟样机技术等，这对缩短产品设计周期、提高产品质量、降低产品成本具有重要意义。在数控技术领域，可视化技术可用于 CAD/CAM，如自动编程设计、参数自动设定、刀具补偿和刀具管理数据的动态处理和显示以及加工过程的可视化仿真演示等。

（3）插补和补偿方式多样化。多种插补方式如直线插补、圆弧插补、圆柱插补、空间椭圆曲面插补、螺纹插补、极坐标插补、2D+2 螺旋插补、NANO 插补、NURBS 插补（非均匀有理 B 样条插补）、样条插补（A、B、C 样条）、多项式插补等。多种补偿功能如间隙补偿、垂直度补偿、象限误差补偿、螺距和测量系统误差补偿、与速度相关的前馈补偿、温度补偿、带平滑接近和退出以及相反点计算的刀具半径补偿等。

（4）内装高性能 PLC 数控系统模块化。内装高性能 PLC 控制模块，可直接用梯形图或高级语言编程，具有直观的在线调试和在线帮助功能。编程工具中包含用于车床铣床的标准 PLC 用户程序实例，用户可在标准 PLC 用户程序基础上进行编辑、加工、修改，从而方便地建立自己的应用程序。

（5）多媒体技术应用。多媒体技术集计算机、声像和通信技术于一体，使计算机具有

综合处理声音、文字、图像和视频信息的能力。在数控技术领域，应用多媒体技术可以做到信息处理综合化、智能化，在实时监控系统和生产现场设备的故障诊断、生产过程参数监测等方面有着重大的应用价值。

6.5　TK1640 数控车床电气控制电路的特点分析

6.5.1　TK1640 数控车床的组成

TK1640 数控车床采用主轴变频调速，机床主轴的旋转运动由 5.5 kW 变频主轴电动机经带传动至 I 轴，经三联齿轮变速将运动传至主轴 E，并得到低速、中速和高速三段范围内的无级变速。

机床进给为两轴联动，配有四工位电动刀架，可满足不同需要的加工。

Z 坐标为大拖板左右运动方向，其运动由 GK6063-6AC31 交流永磁伺服电动机与滚珠丝杠直联实现；*X* 坐标为中拖板前后运动方向，其运动由 GK6062-6AC31 交流永磁伺服电动机通过同步齿形带及带轮带动滚珠丝杠和螺母实现。

为保证螺纹车削加工时主轴转一圈，刀架移动一个导程（即被加工螺纹导程）。主轴箱的左侧安装有光电编码器配合纵向进给交流伺服电动机，主轴至光电编码器的齿轮传动比为 1 : 1。

6.5.2　TK1640 数控车床的技术参数

TK1640 数控车床的技术参数见表 6-1。

表 6-1　TK1640 数控车床的部分技术参数表

项　目		单位	技术规格
加工范围	床身上最大回转直径	mm	ϕ 410
	床鞍上最大回转直径	mm	ϕ180
	最大车削直径	mm	ϕ240
	最大工件长度	mm	1 000
	最大车削长度	mm	800
主轴	主轴通孔直径	mm	ϕ 52
	主轴头形式		IS0702/ Ⅱ No. 6
	主轴转速	r/mim	36~2 000
	高速	r/mim	170~2 000
	中速	r/mim	95~1 200
	低速	r/mim	36~420
	主轴电动机功率	kW	5.5（变频）
尾座	套筒直径	mm	ϕ 55
	套筒行程（手动）	mm	120
	尾座套筒锥孔		MT No. 4

续表

项目			单位	技术规格
刀架	快速移动速度 X/Z		m/min	3/6
	刀位数			4
	刀方尺寸		mm	20×20
	X 向行程		mm	200
	Z 向行程		mm	800
主要精度	机床定位精度	X	mm	0.030
		Z	mm	0.040
	机床重复定位精度	X	mm	0.012
		Z	mm	0.016
其他	机床尺寸 $L×W×H$		mm	2 140×1 200×1 600
	机床毛质量		kg	2 000
	机床净质量		kg	1 800

6.5.3 TK1640数控车床的电气控制电路

本节通过对TK1640数控车床的电气控制电路分析，进一步阐述电气控制系统的分析方法，使读者掌握TK1640的电气控制电路的原理，了解机床的机械及各部分与电气控制系统之间的配合关系，了解电气部分在整个设备中所处的地位和作用，为进一步学习电气控制系统的相关知识打下一定的基础。

6.5.4 电气原理图分析的方法与步骤

电气控制电路一般由主回路、控制电路和辅助电路等部分组成。了解电气控制系统的总体结构、电动机和电器元件的分布状况及控制要求等内容之后，便可以阅读分析电气原理图。

（1）分析主回路。从主回路入手，要根据伺服电动机、辅助机构电动机和电磁阀等执行电器的控制要求，分析它们的控制内容，控制内容包括启动、方向控制、调速和制动。

（2）分析控制电路。根据主回路中各伺服电动机、辅助机构电动机和电磁阀等执行电器的控制要求，逐一找出控制电路中的控制环节，按功能不同划分成若干个局部控制电路来进行分析。而分析控制电路的最基本方法是查线读图法。

（3）分析辅助电路。辅助电路包括电源显示、工作状态显示、照明和故障报警等部分，它们大多由控制电路中的元件来控制的，所以在分析时，还要对照控制电路进行分析。

（4）分析互锁与保护环节。机床对于安全性和可靠性有很高的要求，实现这些要求，除了合理地选择元器件和控制方案以外，在控制电路中还设置了一系列电气保护和必要的电气互锁。

（5）总体检查。经过“化整为零”，逐步分析了每一个局部电路的工作原理以及各部分之间的控制关系之后，还必须用“集零为整”的方法，检查整个控制电路，看是否存在遗漏，特别要从整体的角度去进一步检查和理解各控制环节之间的联系，理解电路中每个元器件所起的作用。

6.5.5 TK1640 数控车床电气控制电路分析

电气控制设备主要器件见表 6-2。

表 6-2 TK1640 数控车床电气控制设备主要器件表

序号	名称	规格	主要用途	备注
1	数控装置	HNC—21TD	控制系统	HCNC
2	软驱单元	HFD—2001	数据交换	HCNC
3	控制变压器	AC380/220 V 300 W /110 V 250 W /24 V 100 W	伺服控制电源、开关电源供电 交流接触器电源 照明灯电源	HCNC
4	伺服变压器	3P AC380/220 V 2.5 kW	伺服电源	HCNC
5	开关电源	AC220/DCMV145 W	HNC—21TD、PLC 及中间继电器电源	HCNC
6	伺服驱动器	HSV—16D030	*X*、*Z* 轴电动机伺服驱动器	HCNC
7	伺服电动机	GK6062-6AC31-FE（7.5 N·m）	*X* 轴进给电动机	HCNC
8	伺服电动机	GK6063-6AC31-FE（11 N·m）	*Z* 轴进给电动机	HCNC

机床的运动及控制要求：正如前述，TK1640 数控车床主轴的旋转运动由 5.5 kW 变频主轴电动机实现，与机械变速配合得到低速、中速和高速三段范围的无级变速。

Z 轴、*X* 轴的运动由交流伺服电动机带动滚珠丝杠实现，两轴的联动由数控系统控制。加工螺纹由光电编码器与交流伺服电动机配合实现。除上述运动外，还有电动刀架的转位，冷却电动机的起、停等。

主回路分析：图 6-7 是 TK1640 数控车床电气控制中的 380 V 强电回路。

图 6-7 中 QF1 为电源总开关。QF3、QF2、QF4、QF5 分别为主轴强电、伺服强电、冷却电动机、刀架电动机的空气开关，它们的作用是接通电源及短路、过流时起保护作用，其中 QF4、QF5 带辅助触头，该触点输入到 PLC，作为 QF4、QF5 的状态信号，并且这两个应用的保护电流为可调的，可根据电动机的额定电流来调节应用的设定值，起到过流保护作用。KM3、KM1、KM6 分别为主轴电动机、伺服电动机、冷却电动机交流接触器，由它们的主触点控制相应电动机；KM4、KM5 为刀架正反转交流接触器，用于控制刀架的正反转。TCl 为三相伺服变压器，将交流 380 V 变为交流 200 V，供给伺服电源模块。RC1、RC3、RC4 为阻容吸收，当相应的电路断开后，吸收伺服电源模块、冷却电动机、刀架电动机中的能量，避免产生过电压而损坏器件。

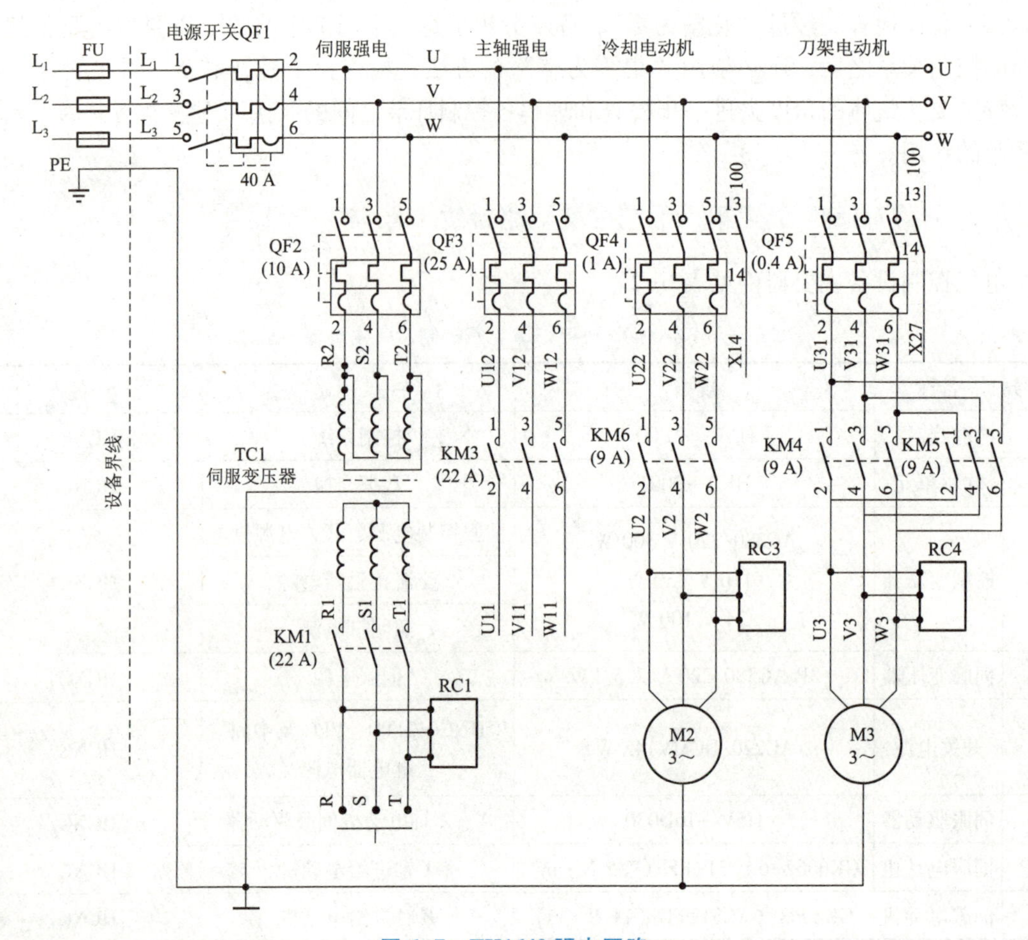

图 6-7　TK1640 强电回路

1. 电源电路分析

图 6-8 为 TK1640 数控车床电气控制中的电源回路图。

图 6-8 中 TC2 为控制变压器，初级为 AC380 V，次级为 AC110 V、AC220 V、AC24 V，其中 AC110 V 给交流接触器线圈和强电柜风扇提供电源；AC24 V 给电柜门指示灯、工作灯提供电源；AC220 V 通过低通滤波器滤波给伺服模块、电源模块、DC24 V 电源提供电源；VC1 为 24 V 电源，将 AC220 V 转换为 DC24 V 电源，给世纪星数控系统、PLC 输入/输出、24 V 继电器线圈、伺服模块、电源模块、吊挂风扇提供电源；QF6、QF7、QF8、QF9、QF10 空气开关为电路的短路保护。

2. 控制电路分析

1）主轴电动机的控制

图 6-9 和图 6-10 分别为交流控制回路图和直流控制回路图。

在图 6-7 中，先将 QF2、QF3 空气开关闭合，在图 6-10 中，当机床未压下限位开关、伺服未报警、急停按钮未压下、主轴未报警时，KA2、KA3 继电器线圈通电，继电器触点吸合，并且 PLC 输出点 Y00 发出伺服允许信号，KA1 继电器线圈通电，继电器触点吸合，在图 6-9 中，KM1 交流接触器线圈通电，交流接触器触点吸合，KM3 主轴交流接触器线圈通

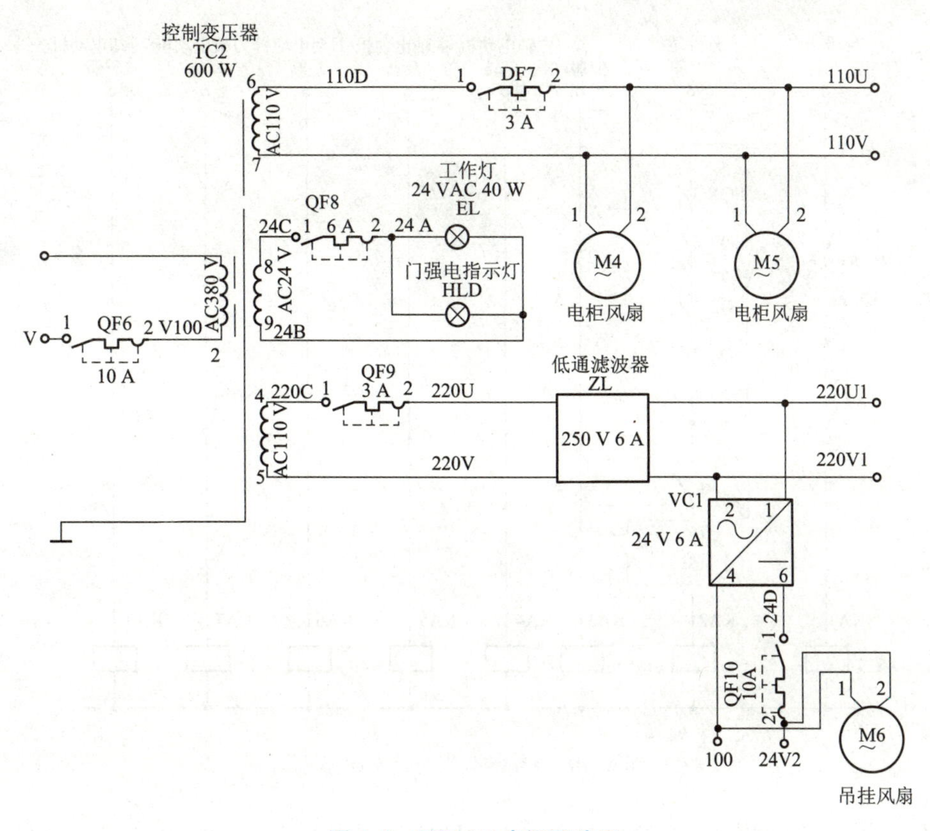

图 6-8　TK1640 电源回路图

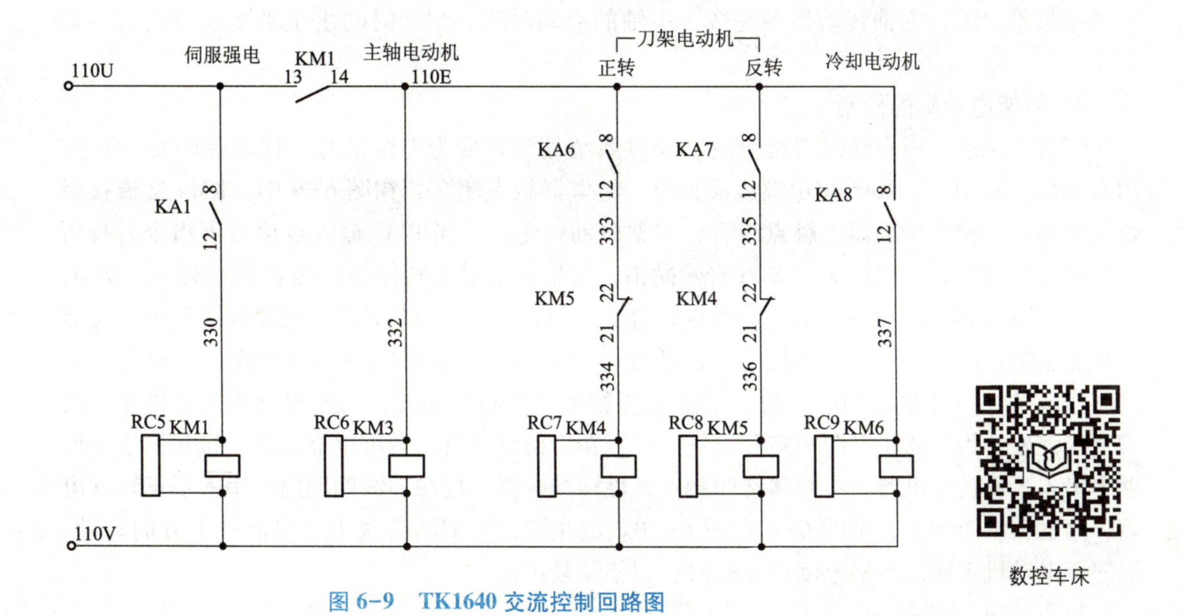

数控车床

图 6-9　TK1640 交流控制回路图

电，在图 6-9 中交流接触器主触点吸合，主轴变频器加上 AC380 V 电压；若有主轴正转或主轴反转及主轴转速指令时（手动或自动），在图 6-10 中，PLC 输出主轴正转 Y10 或主轴

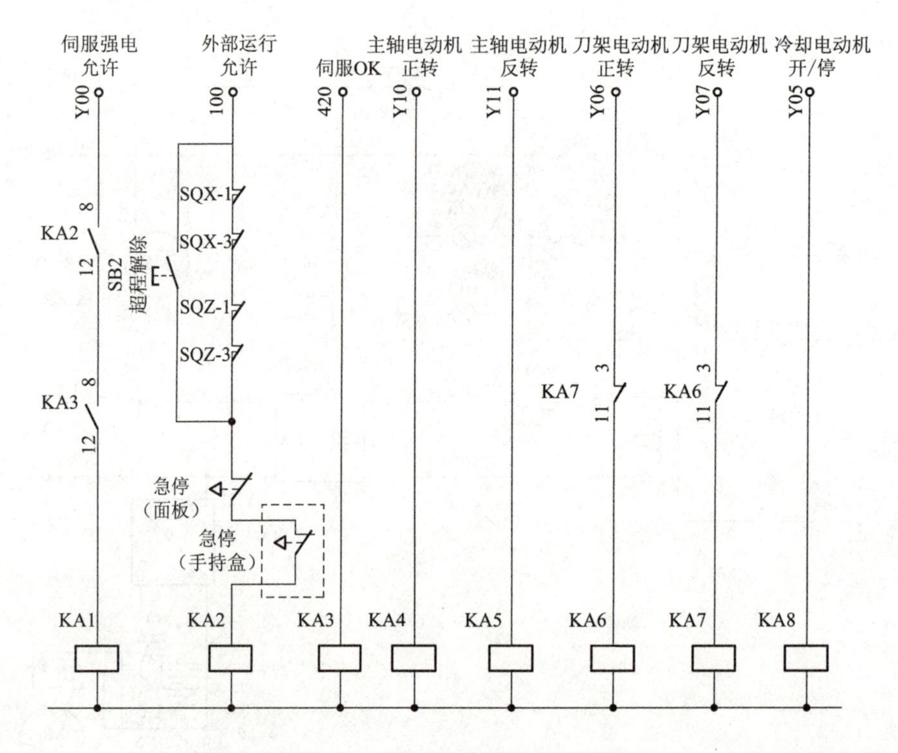

图 6-10　TK1640 直流控制回路图

反转 Y11 有效、主轴转速指令输出对应于主轴转速的直流电压值（0~10 V）至主轴变频器上，主轴按指令值的转速正转或反转；当主轴速度到达指令值时，主轴变频器输出主轴速度到达信号给 PLC，主轴转动指令完成。主轴的启动时间、制动时间由主轴变频器内部参数设定。

2）刀架电动机的控制

当有手动换刀或自动换刀指令时，经过系统处理转变为刀位信号，这时在图 6-10 中，PLC 输出 Y06 有效，KA6 继电器线圈通电，继电器触点闭合，在图 6-9 中，KM4 交流接触器线圈通电，交流接触器主触点吸合，刀架电动机正转；当 PLC 输入点检测到指令刀具所对应的刀位信号时，PLC 输出 Y06 有效撤销，刀架电动机正转停止；接着 PLC 输出 Y07 有效，KA7 继电器线圈通电，继电器触点闭合，在图 6-9 中 KM5 交流接触器线圈通电，交流接触器主触点吸合，刀架电动机反转，延时一定时间后（该时间由参数设定，并根据现场情况作调整）PLC 输出 Y07 有效，KM5 交流接触器主触点断开，刀架电动机反转停止，换刀过程完成。为了防止电源短路和电气互锁，在刀架电动机正转继电器线圈、接触器线圈回路中串入了反转继电器、接触器常闭触点，反转继电器、接触器线圈回路中串入了正转继电器、接触器常闭触点，见图 6-9 和图 6-10。请注意，刀架转位选刀，只能一个方向转动，取刀架电动机正转。刀架电动机反转时，刀架锁紧定位。

3）冷却电动机控制

当有手动或自动冷却指令时，这时在图 6-10 中 PLC 输出 Y05 有效，KA8 继电器线圈通电，继电器触点闭合，在图 6-9 中 KM6 交流接触器线圈通电，交流接触器主触点吸合，冷却电动机旋转，带动冷却泵工作。

6.6　XK714A 数控铣床电气控制电路特点分析

XK714A 数控铣床采用变频主轴调速，*X*、*Y*、*Z* 三向进给，均由伺服电动机驱动滚珠丝杠，机床采用 HNC—21M 数控系统，实现三坐标联动；根据用户要求，可提供数控转台，实现四坐标联动；系统具有汉字显示、三维图形动态仿真、双向式螺距补偿、小线段高速插补功能。具有软、硬盘、RS232、网络等多种程序输入功能；并具有独有的大容量程序加工功能，在不需要 DNC 的情况下，可直接加工大型复杂型面零件。该机床适合于工具、模具、电子、汽车和机械制造等行业对复杂形状的表面和型腔零件进行大、中、小批量加工。

6.6.1　XK714A 数控铣床的组成

XK714A 数控铣床机床主要由底座、立柱、工作台、主轴箱、电气控制柜、CNC 系统、冷却、润滑等部分组成。

机床的立柱、工作台部分安装在底座上，主轴箱通过连接座在立柱上移动。其他各部件自成一体与底座组成整机。

机床工作台左、右运动方向为 *X* 坐标，工作台前、后运动方向为 *Y* 坐标，其运动均由 GK6062-6AF31 交流永磁伺服电动机通过同步齿形带及带轮、滚珠丝杠和螺母实现；主轴箱上、下运动方向为 *Z* 坐标，其运动由 GK6063-4AF31 带抱闸的交流永磁伺服电动机通过同步齿形带及带轮、滚珠丝杠和螺母实现。

机床的主轴旋转运动由 YPNC-50-5.5-A 主轴电动机经同步带及带轮传至主轴。主轴电动机为变频调速三相异步电动机，由数控系统控制变频器的输出频率，实现主轴无级调速。

机床有刀具松/紧电磁阀，以实现自动换刀；为了在换刀时将主轴锥孔内的灰尘清除，配备了主轴吹气电磁阀。

6.6.2　XK714A 数控铣床的技术参数

XK714A 数控铣床的主要技术参数见表 6-3。

表 6-3　XK714 A 数控铣床的主要技术参数表

项目		参数
工作台（宽×长）/mm		400×1 270
工作台负载/kg		380
工作台最大行程	*X*/mm	800
	Y/mm	400
	Z/mm	500
工作台 T 形槽（宽×个数）		16 mm×3
工作台高度/mm		900
X/*Y*/*Z* 轴快移速度/（mm · min^{-1}）		5 000（特殊订货 10 000 mm · min^{-1}）
X/*Y*/*Z* 轴进给速度/（mm · min^{-1}）		3 000
定位精度/mm		0.01/300

续表

重复定位精度/mm	±0.005
X 轴电动机/（N·m）	7.5
Y 轴电动机/（N·m）	7.5
Z 轴电动机/（N·m）	11
主轴锥度	BT40
主轴电动机功率/kW	3.7/5.5
主轴转速/（$r \cdot min^{-1}$）	60~6 000
最大刀具质量/kg	7
最大刀具直径/mm	180
主轴鼻端至工作台面/mm	85~585
主轴中心至立柱面/mm	423
工作台内侧至立柱面/mm	85~535
机床净质量/kg	2 500
机床外形尺寸（长×宽×高）/mm	1 780×1 980×2 235

6.6.3 XK714A 数控铣床的电气控制电路

XK714A 数控铣床的电气控制电路的分析方法、步骤与前述数控车床相同，这里不再赘述。

下面是 XK714A 数控铣床的电气控制电路分析：

1. 主回路分析

图 6-11 为 380 V 强电回路，图中 QF1 为电源总开关，QF3、QF2、QF4 分别主轴强电、伺服强电、冷却电动机的空气开关，空气开关的作用是接通电源及电源在短路、过流时起保护作用；其中 QF4 带辅助触头，该触点输入到 PLC 作为冷却电动机报警信号，并且该空气开关为电流可调，可根据电动机的额定电流来调节空气开关的设定值，起到过流保护作用；KM2、KM1、KM3 分别为控制主轴电动机、伺服电动机、冷却电动机交流接触器，由它们的主触点控制相应电动机；TC1 为主变压器，将交流 380 V 电压变为交流 200 V 电压，供给伺服电源模块；RC1、RC2、RC5 为阻容吸收，当相应的电路断开后，吸收伺服电源模块、主轴变频器、冷却电动机的能量，避免上述器件上产生过电压。

2. 电源电路分析

图 6-12 为电源回路，图中 TC2 为控制变压器，初级为 AC380 V，次级为 AC110 V、AC220 V、AC24 V，其中 AC110 V 提供给交流控制回路、电柜热交换器电源；AC24 V 给工作灯提供电源；AC220 V 给主轴风扇电动机、润滑电动机和 24 V 电源供电，并通过低通滤波器滤波给伺服模块、电源模块、24 V 电源提供电源控制；VC1、VC2 为 24 V 电源，将 AC220 V 转换为 DC24 V，其中 VC1 给数控装置、PLC 输入/输出、24 V 继电器线圈、伺服模块、电源模块、吊挂风扇提供电源，VC2 给 *Z* 轴电动机提供直流 24 V，用于 *Z* 轴抱闸；QF7、QF10、QF11 空气开关为电路的短路提供保护。

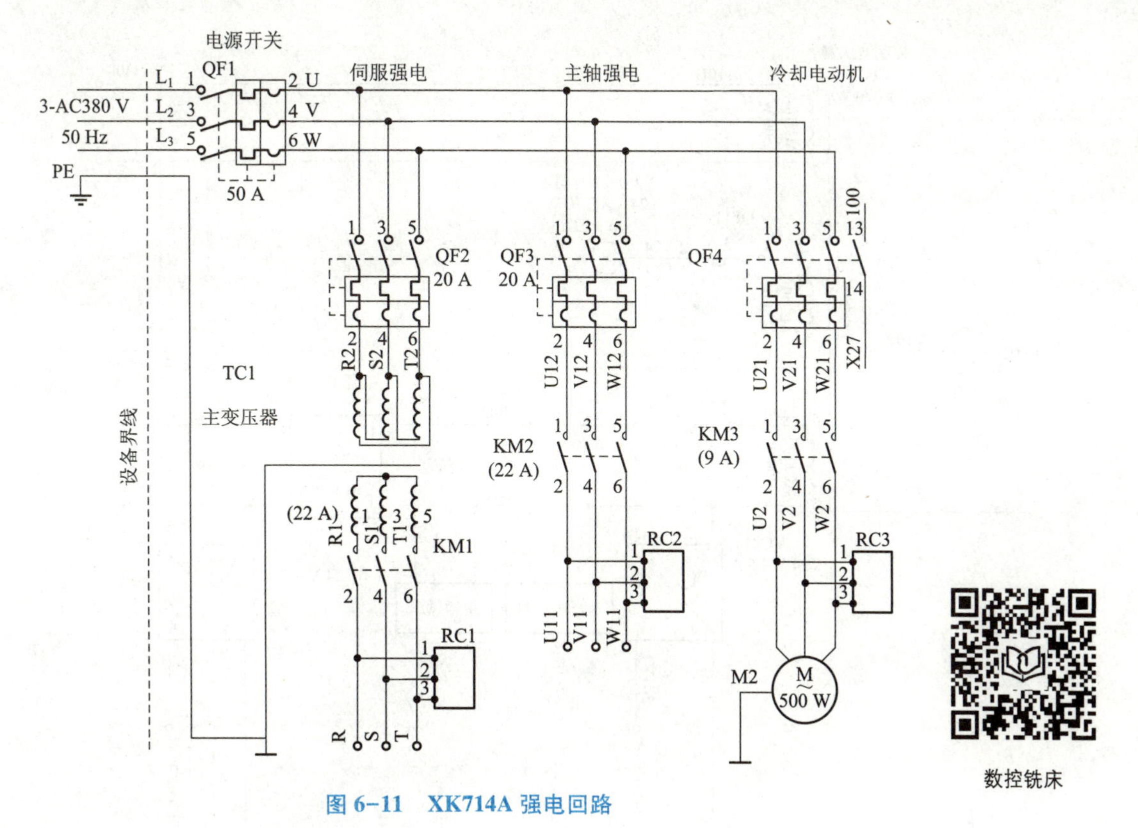

图 6-11　XK714A 强电回路

数控铣床

3. 控制电路分析

1）主轴电动机的控制

图 6-13、图 6-14 分别为交流控制回路图和直流控制回路图。

在图 6-11 中，先将 QF2、QF3 空气开关闭合，在图 6-14 中可以看到，当机床未压下限位开关、伺服未报警、急停按钮未压下、主轴未报警时，外部运行允许 KA2、伺服 OK KA3 的直流 24 V 继电器线圈通电，继电器触点吸合，当 PLC 输出 Y00 发出伺服允许信号时，伺服强电允许 KA1 的 24 V 继电器线圈通电，继电器触点吸合；在图 6-13 中，KM1、KM2 交流接触器线圈通电，KM1、KM2 交流接触器触点吸合，在图 6-13 中，主轴变频器加上 AC380 V 电压；若有主轴正转或主轴反转及主轴转速指令时（手动或自动），在图 6-14 中 PLC 输出主轴正转 Y10 或主轴反转 Y11 有效、主轴转速指令输出对应于主轴转速值，主轴按指令值的转速正转或反转，当主轴速度到达指令值时，主轴变频器输出主轴速度到达信号给 PLC，主轴正转或反转指令完成。

主轴的启动时间、制动时间由主轴变频器内部参数设定。

2）冷却电动机控制

当有手动或自动冷却指令时，图 6-14 中 PLC 输出 Y05 有效，KA6 继电器线圈通电，继电器触点闭合，在图 6-13 中 KM3 交流接触器线圈通电，在图 6-14 中交流接触器主触点吸合，冷却电动机旋转，带动冷却泵工作。

3）换刀控制

当有手动或自动刀具松开指令时，机床 CNC 装置控制 PLC 输出 Y06 有效（图 6-14），

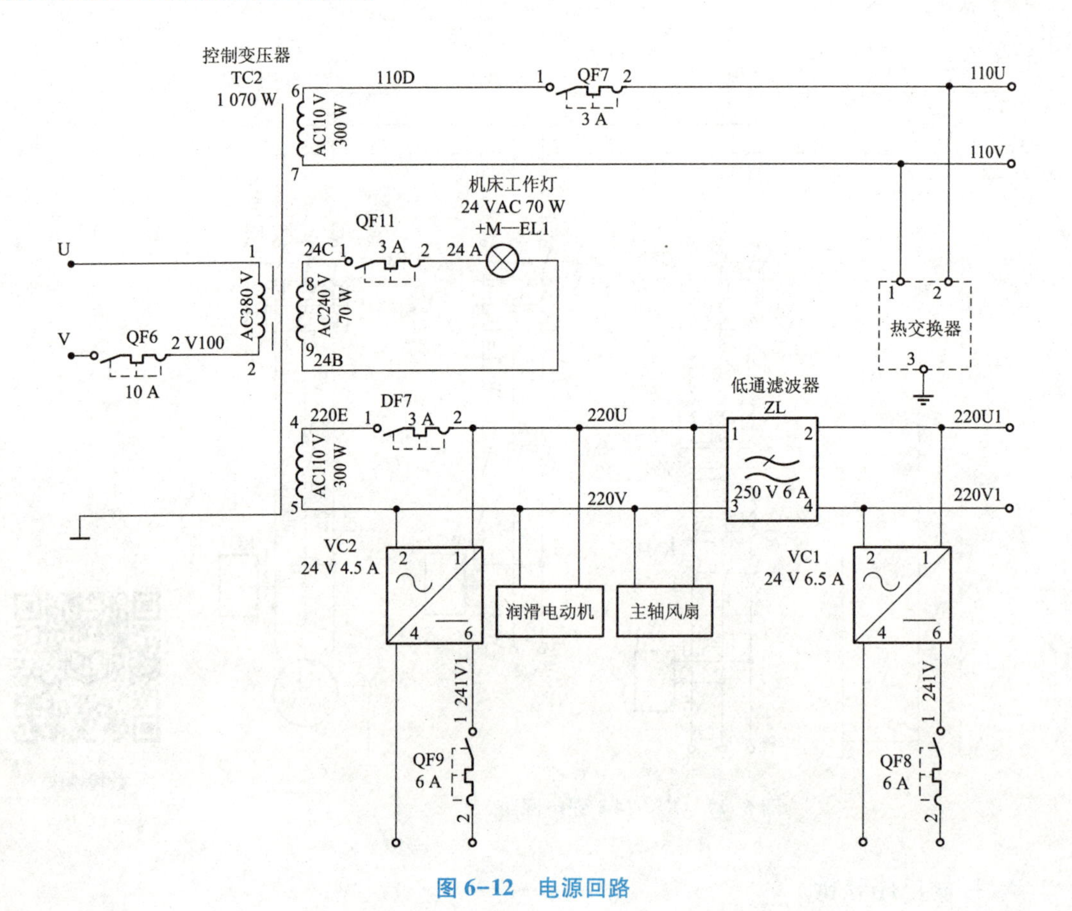

图 6-12　电源回路

110U
伺服强电　主轴强电　冷却电动机
KA1
331
KA6
331
RC4 KM1
RC5 KM2
RC6 KM3
110V

图 6-13　XK714 A 交流控制回路

KA4 继电器线圈通电，继电器触点闭合，刀具松/紧电磁阀通电，刀具松开，手动将刀具拔下，延时一定时间后，PLC 输出 Y12 有效，KA7 继电器线圈通电，继电器触点闭合，主轴吹气电磁阀通电，清理主轴锥孔内表面，延时一定时间后，PLC 输出 Y12 撤销，主轴吹气电磁阀断电；将加工所需刀具放入主轴锥孔后，机床 CNC 装置控制 PLC 输出 Y06 撤销，刀具松/紧电磁阀断电，刀具夹紧，换刀结束。

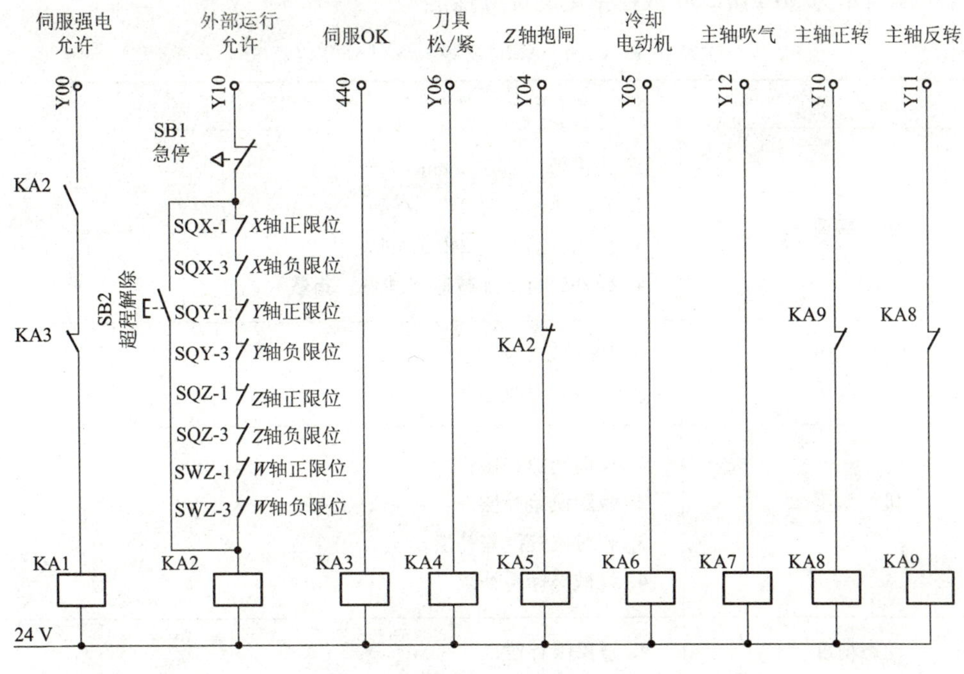

图 6-14　XK714 A 直流控制回路

6.7　XH714 立式加工中心电气控制电路特点分析

6.7.1　机床简介

XH714 立式加工中心是一种小规格、高效通用数控机床。该机床设有可容量 20 把刀具的自动换刀系统，并配有三菱 MELDAS50 系统，通过编程，在一次装夹中可自动完成铣、镗、钻、铰、攻螺纹等多种工序的加工。若选用数控转台，可实现四轴控制，进行多面加工。

XH714 的主传动采用三菱 SJ-P 系列交流主轴电动机及 MDSA-SPJ 系列主轴驱动装置，在 45~4 500 r/min 范围内无级变速，利用主轴电动及内装编码器实现同步攻螺纹，伺服进给采用三菱 HA 系列交流伺服电动机及 MDS-SVJ 交流伺服驱动装置，通过交流伺服电动机内装编码实现半闭环的位置控制。

6.7.2　数控系统

机床采用的 MELDAS50 数控系统具有如下特点：

（1）采用 32 bitRISC（精简指令微处理器）的超小型数控装置。

（2）利用高速串行方式与高性能的伺服系统连接，实现了全数字式的控制方式，对应于最大的 NC 轴数为 4 根伺服轴+2 根主轴+2 根 PLC 轴。

（3）通过高速串行连接，实现与 I/O 装置的配置，并可在数控系统的 MDI（手动数据入）面板上，进行梯形图编程器。

表6-4所示为MELDAS50数控系统的部分性能。

表6-4　MELDAS50数控系统部分性能表

功　能	性　质
进给功能	1. 快进速度240 m/min； 2. 切削进给速度240 m/min； 3. 手动进给速度240 m/min； 4. 插补后自动加减速（线性、指数）
输入/输出接口装置	1. RS-232C接口； 2. 串行磁盘驱动器
机械精度补偿	1. 反向间隙补偿； 2. 螺距误差补偿； 3. 相对位置误差补偿； 4. 机械坐标系补偿
动态精度校正	1. 过象限补偿； 2. 平滑高增益（SHG控制）
自动化支持功能	1. 自动/手动刀具长度测量； 2. 刀具寿命管理； 3. 外部数据输入/输出
诊断	1. 外部报警信息； 2. 操作出错显示； 3. 伺服出错显示； 4. 输入/输出接口显示
PLC	1. 内装PLC； 2. 机上PLC梯形图开发； 3. 外部机械坐标系、工件坐标系及刀具补偿输入； 4. PLC最大2轴控制； 5. 梯形图监控

图6-15所示为电气控制柜元器件布置图，图6-16所示为MELDAS50控制单元示意图，图6-17所示为MELDAS50通信终端系统面板示意图。

功能键的作用：

（1）MONITOR键。通过菜单键切换，显示现在坐标值、指令值及程序找寻等。

（2）TOOL PARAM键。通过菜单键切换，显示工件坐标、加工参数、轴参数、I/O参数、刀具补偿、刀具登录及刀具寿命管理等。

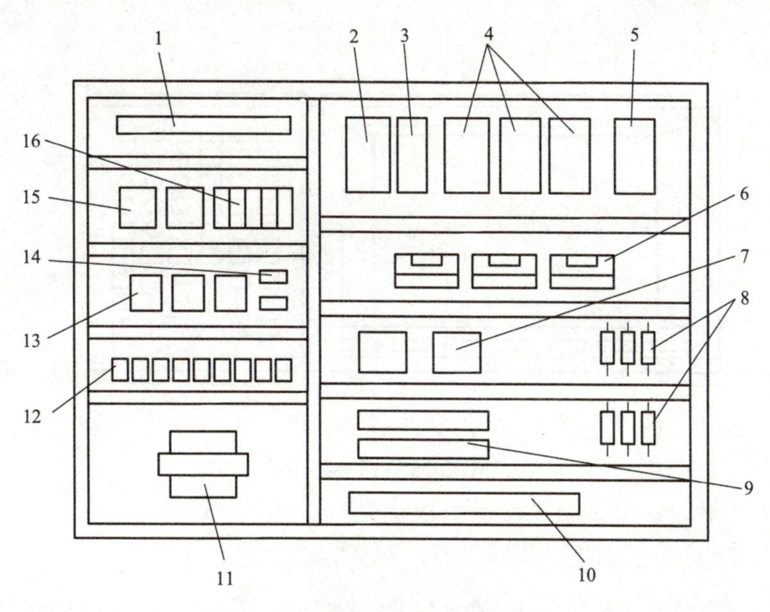

图 6-15　电气控制柜元器件布置

1—输入/输出接线端子（1）；2—CNC 单元；3—I/O 单元；4—X，Y，Z 轴伺服单元；5—主轴驱动装置；6—I/O 接线端子板；7—开关电源；8—外接再生电阻；9—压敏电阻；10—输入/输出接线端子（2）；11—机床控制变压器；12—中间继电器；13—接触器；14—阻容吸收元件；15—断路器；16—熔断器

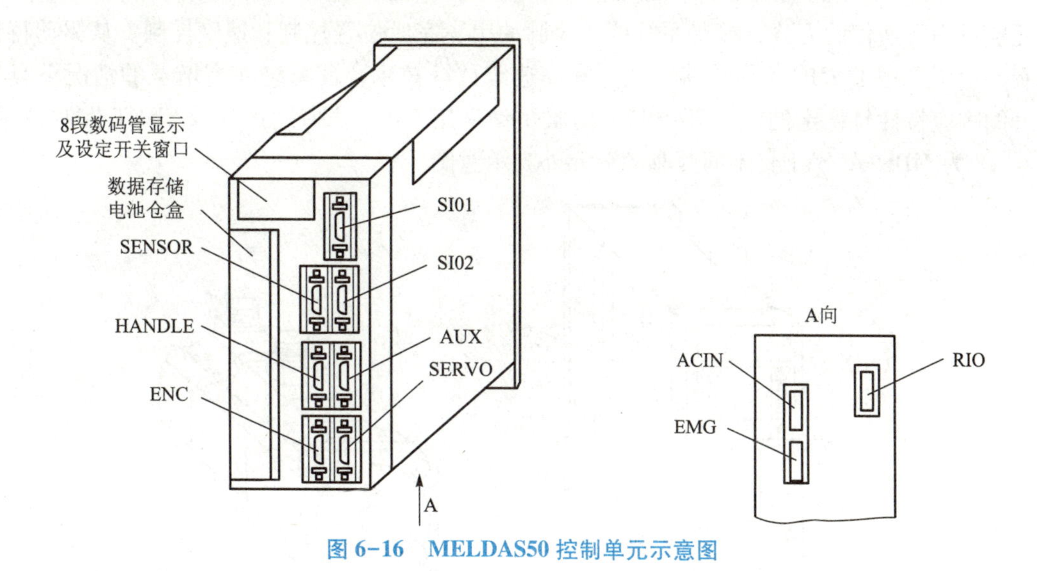

图 6-16　MELDAS50 控制单元示意图

（3）EDIT MDI 键。在编辑画面下，能增加、删除或改变存储器中加工程序的内容，并可编辑新的加工程序。在 MDI 画面下，在缓冲寄存器中输入一段程序或一个程序，执行后消除。

（4）DIAGN IN/OUT 键。通过菜单键切换，显示报警信息，伺服监视、主轴监视及 PLC 输入/输出信号设定、显示。

（5）SFG 键。在 CRT 上模拟所编程序的加工轨迹，并监控加工过程中刀具的运动轨迹。

（6）FO 功能键。显示梯形图。

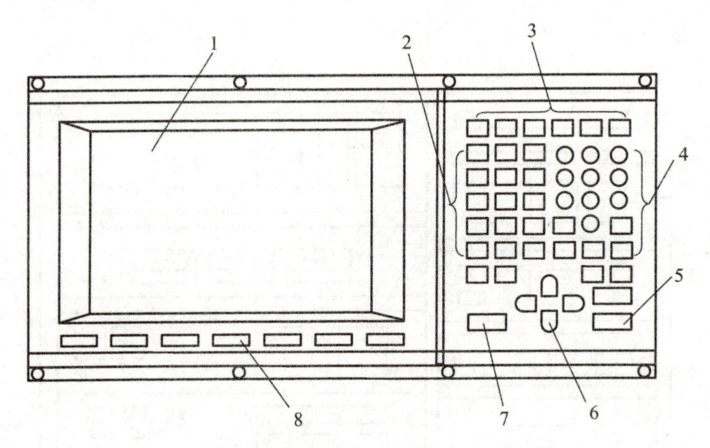

图6-17　MELDS50通信终端系统面板

1—CRT；2—字母键；3—功能键；4—数字、符号键；
5—输入键；6—光标键；7—复位键；8—菜单键（软键）

6.7.3　伺服系统

1. 驱动单元

MDS-A-SVJ交流伺服驱动单元与MELDAS50 CNC组成全数字式的伺服控制。伺服驱动单元通过串行通信的方式，接受系统的指令脉冲串，完成位置控制和速度控制。从驱动特性上看，由于采用了SHG（平滑高增益）和高速定位等技术，使系统在高增益的情况下具有良好的响应特性且稳定的位置环控制。伺服驱动采用IGBT功率晶体管及SPMT控制技术。图6-18为MDS-A-SVJ交流伺服驱动单元外观示意图。

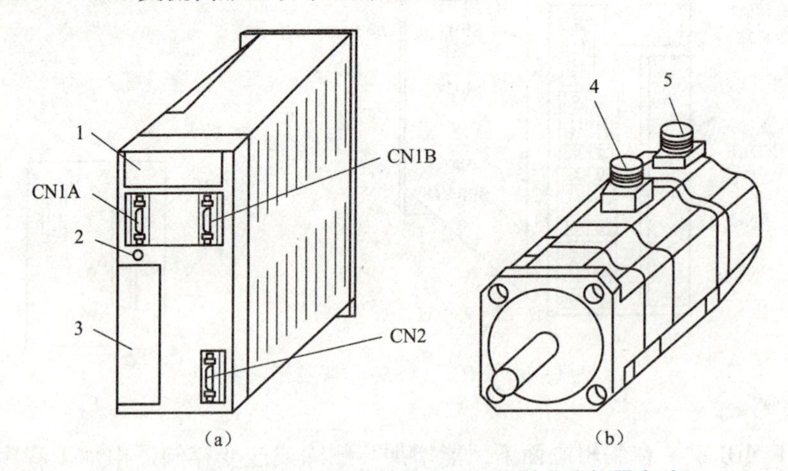

图6-18　MDS-A-SVJ驱动单元及HA系列交流伺服电动机

1—操作状态及报警显示窗口；2—运行状态指示灯；3—电源接线盒（U、V、W、R、S、T）；
4—电动机电源连接座；5—编码器信号连接座

MDS-A-SVJ系列交流主轴驱动单元通过采用高速DSP（数字信号处理）和IPM（智能电源组件）实现了小型化和高性能，利用主轴电动机内装编码器实现同步攻螺纹，并可进行主轴高速定向来缩短定向时间。

本机床 X、Y 轴伺服单元型号为 MDS-A-SVJ-10，Z 轴为 MDS-A-SVJ-20，与之相配的 HA 系列交流伺服电动机，X、Y 轴为 HA80NT-E33，额定转速 2 000 r/min，输出功率 1 kW，锥型轴端，内装增量式 25 000 脉冲编码器；Z 轴为 HA100NBS-E33，额定转速 2 000 r/min，输出功率 2 kW，直轴轴端，内转增量式 2 000 脉冲/r 脉冲编码器，带电磁制动器。主轴驱动单元为 MDS-A-SVJ-75，交流主轴电动机为 SJ-PE7.5，输出功率 7.5 kW。

数控系统与伺服驱动、主轴驱动等装置的连接如图 6-19 所示。

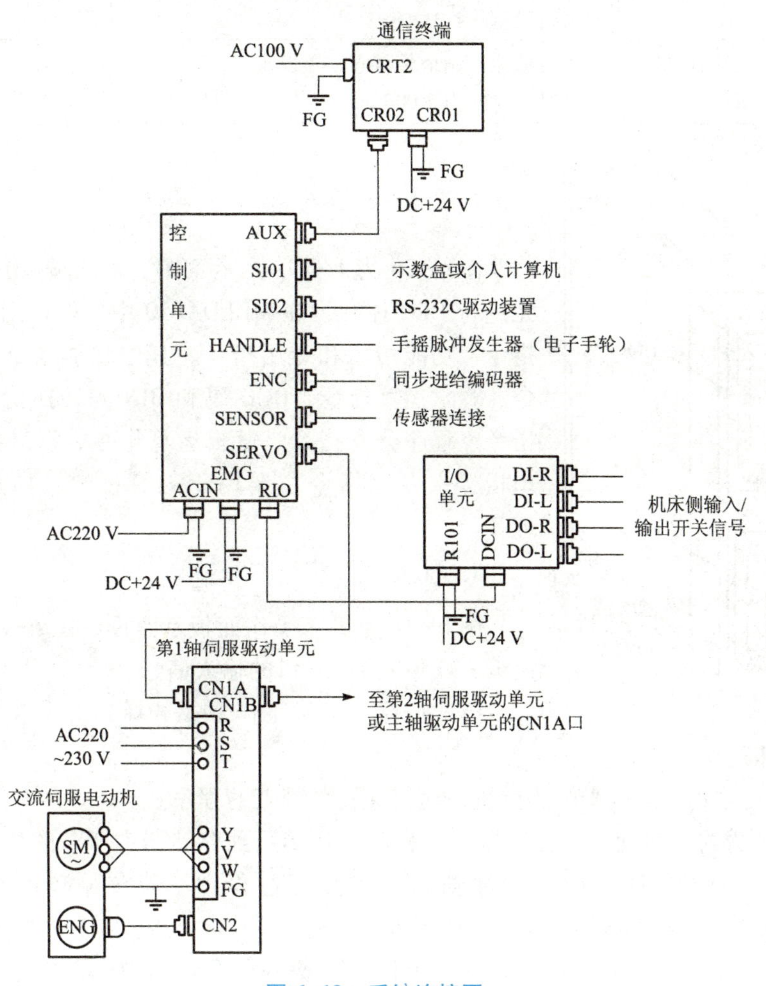

图 6-19　系统连接图

2. 伺服参数

表 6-5 为部分伺服参数。

表 6-5　伺服参数表

参数号	参数名称	设定方法	标准设定值	设定范围
SV003	位置环增益 1	设定以 1 为单位的位置环增益	3	1~200（1/s）
SV004	位置环增益 2	当用 SHG 控制时，用 SV057 参数设定，不用时设为 0。	0	1~200（1/s）

续表

参数号	参数名称	设定方法	标准设定值	设定范围
SV005	速度环增益	当该值增大时，响应变快但振动和噪声也增加	150	1～500（1/s）
SV016	矢动量补偿增益	由于摩擦，扭曲及反向间隙，在过象限时引起不灵敏区（死区）过大时设定	0	0%～200%
SV055	减速控制量最大延迟时间	设定减速控制最长时间，当设定为0时，时间为2 000 ms	0	0～5 000（ms）

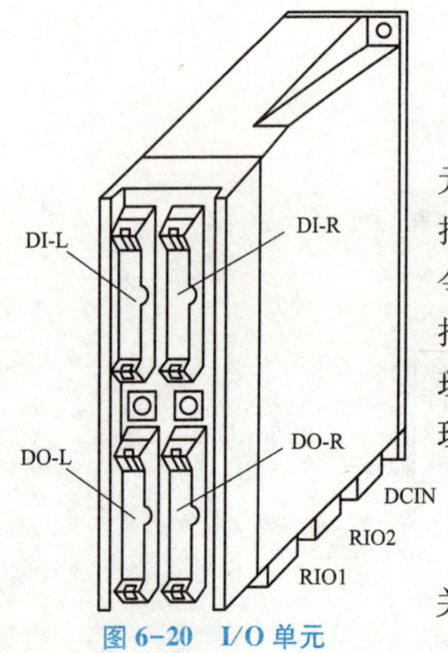

图6-20　I/O单元

6.7.4　I/O控制

图6-20为I/O单元示意图。输入/输出信号经I/O单元进行PLC控制，在MELDAS50中，PLC的指令有：基本指令、功能指令和专用指令。其中功能指令包括：比较指令、算术运算指令、BCD码和BIN码转换指令、数据传送指令、程序分支指令、逻辑运算指令、循环指令和数据处理指令；专用指令主要用于刀具控制，如选刀、寿命管理等。

1. 机床操作面板信号输入

图6-21为机床操作面板示意图，图6-22为面板上开关至I/O单元DI-L口的输入信号。

模式选择（又称工作方式选择）开关在机床操作中有很重要的作用。

（1）TYPE方式。通过光电阅读机，运行穿孔纸带上的程序。

（2）MEM方式。自动运行存储器中的程序。在调用到存储器中所需的加工程序后，按循环启动键（CYCLE START），程序执行，在执行过程中，若按循环停止键（CYCLE STOP），程序停止，再按循环启动键，程序继续执行。

（3）MDI方式。在缓冲寄存器输入一个程序段或一个程序，运行后自行消除。

（4）JOG方式。手动连续运动。选择JOG方式后，再进行坐标轴选择（AXIS SELECT），按JOG+键或JOG-键，则轴正向或负向移动，释放JOG+或JOG-，则轴停止，移动的速度可通过进给倍率开关（FEED RATE OVERRIDE）来调整。

（5）HANDLE方式。选择HANDLE方式后，再进行坐标轴选择和手动倍率（HANDLE MUL TIPLER）调整，顺时针或逆时针转动手摇脉冲发生器（MANUAL PULSE GENERATCR，俗称电子手轮或手脉），则轴正向或负向移动，手轮上每格所表示的进给量由手动倍率来决定，1、10、100和1 000分别代表1 μm、10 μm、100 μm、1 000 μm。

（6）RAPID方式。快速移动。当选择RAPID方式后，选择坐标轴，按JOG+或JOG-，则轴以G00的速度正向或负向移动，移动的速度由进给倍率开关来调整。

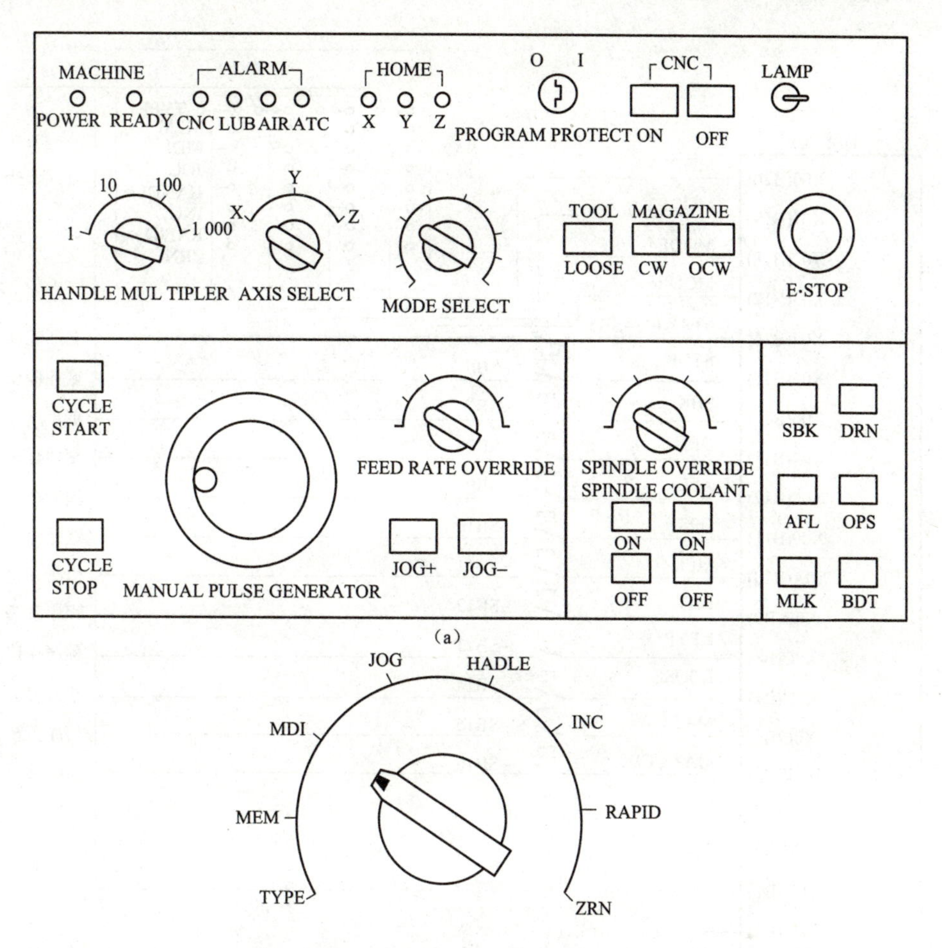

图 6-21　机床操作面板

（a）面板布置；（b）模式选择开关

（7）ZRN 方式。回参考点方式。当选择 ZRN 方式后，选择坐标轴，并按JOG-键，则轴快速向参考点方向运动，当碰到参考点减速开关后，轴减速至参考点。同时，面板上的 X、Y、Z 的 HOME 指示灯点亮，CRT 上显示参考点坐标值。回参考点结束后，按 JOG+键，使轴脱离参考点。机床断电重新启动后，必须先进行回参考点操作，以建立机床坐标系，方能进行其他方面的操作。

2. 换刀控制

换刀控制是数控机床 PLC 控制中较复杂的一个内容，涉及刀库的选刀及机械手的换刀控制。本机床采用主轴箱上下运动的自卸式换刀方式。图 6-23 所示为有关换刀控制的输入/输出信号，图 6-24 所示为换刀控制的直流、交流控制回路。

（1）主轴箱在 Z 向运动至换刀点（SQ10），主轴定向。

（2）低速力矩电动机通过槽轮机构以实现刀盘的分度，将刀盘上接受现主轴中刀具的空刀座转到换刀所需的预定位置。

（3）刀库气缸活塞推出，将刀具上的空刀座送至主轴正下方（SQ7）并卡住刀柄定位槽。

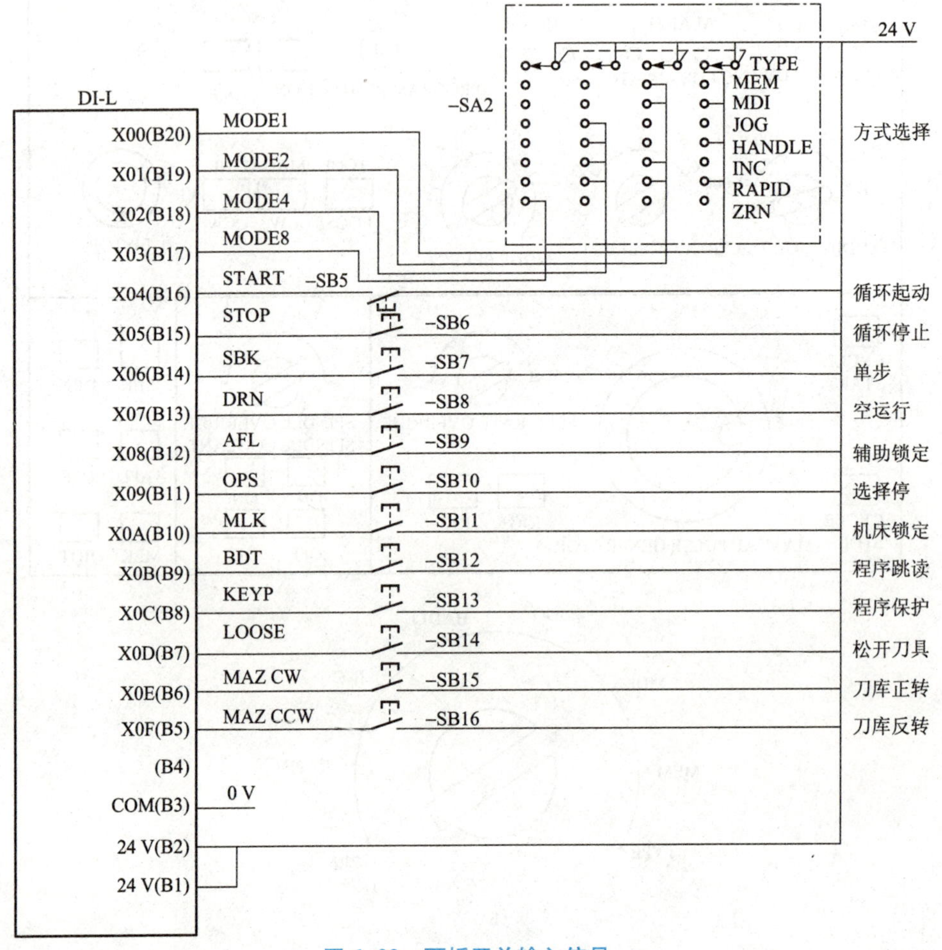

图 6-22 面板开关输入信号

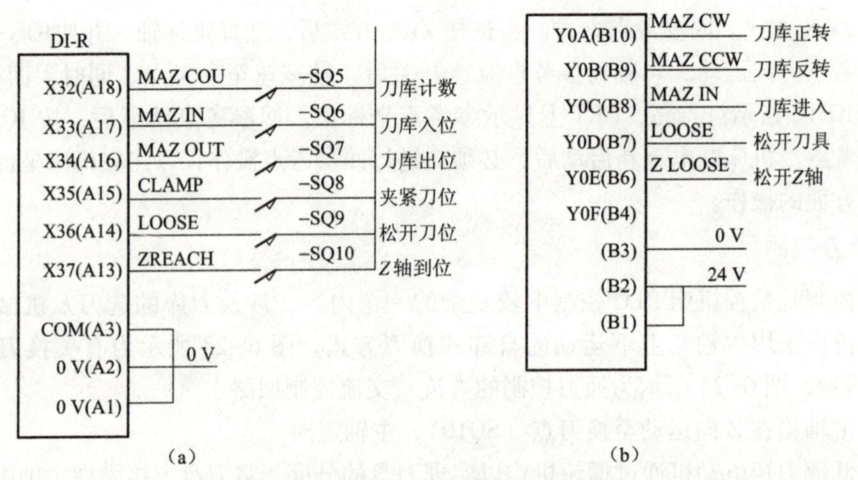

图 6-23 换刀控制的输入/输出信号

（a）输入信号；（b）输出信号

参见图 6-24，换刀过程如下：

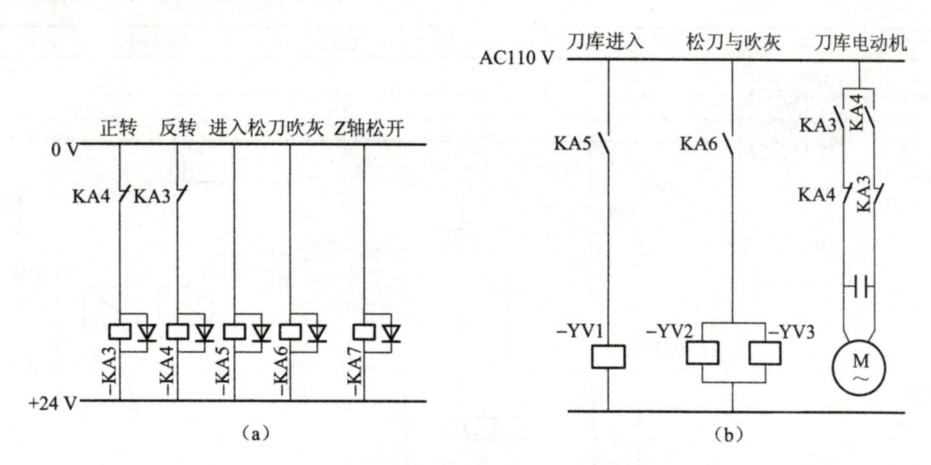

图 6-24　换刀控制的直流、交流控制回路

（a）直流控制；（b）交流控制

（4）主轴拉杆上移（SQ9）主轴松刀，主轴箱上移，原主轴中刀具卸留在空刀座内。

（5）刀盘再次分度，将刀盘上被选定的下一 把刀具转到主轴正下方。

（6）主轴箱下移（SQ10），主轴拉杆下移（SQ8），主轴夹刀。

（7）刀库气缸后塞缩回（SQ6），刀盘复位。

过程中的（2）和（5）步应用了 PLC 特殊指令中的 ATC 和 ROT 指令，其中 ATC 功能，见表 6-6。

表 6-6　ATC 功能表

ATC	K*n*	功　能	ATC	K*n*	功　能
ATC	K1	刀号搜索	ATC	K7	刀具表正向旋转
ATC	K2	刀号编辑“与”搜索	ATC	K8	刀具表反向旋转
ATC	K3	刀具固定位置交换	ATC	K9	读刀具表
ATC	K4	刀具随机位置交换	ATC	K10	写刀具表
ATC	K5	正向旋转指针	ATC	K11	自动写刀具
ATC	K6	反向旋转指针	ATC		

ROT 指令是根据刀号搜索处理得到的结果来决定刀库的旋转方向及旋转步数。

本机床采用刀具随机换刀的方式，刀盘旋转时，通过刀盘上的行程开关（SQ5）对刀盘进行计数。

6.7.5　电源

机床从外部动力线获得三相交流 380 V 后，在电控柜中进行再分配，以获得 AC100V CNC 系统电源；三相 AC200-230 V 驱动装置电源；单相 AC100 V 交流接触器线圈电压及 DC+24 V 稳压电源，同时进行电源保护，如熔断器、短路器等。图 6-25 所示为该机床电源配置。

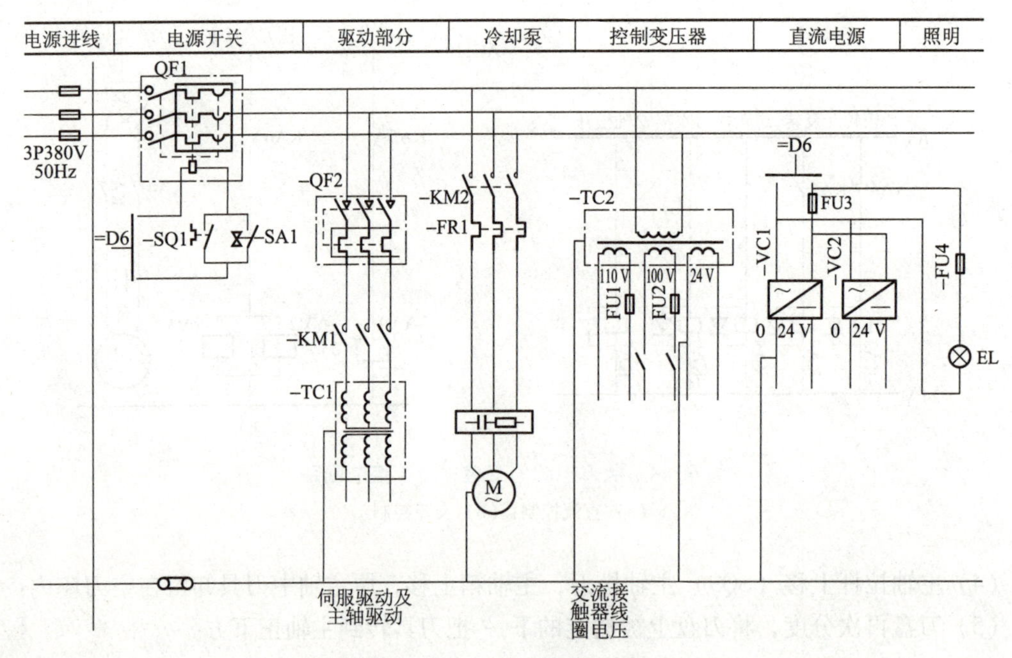

图 6-25　电源配置

本章小结

数控机床是机电一体化的典型产品，基本组成包括加工程序、输出装置、数控系统、伺服系统、辅助控制装置、反馈系统及机床本体。数控机床的自动控制表现在：数控系统根据数控加工程序，输出各种信息和指令，控制机床的主轴运动、进给运动及辅助运动等。数控机床按运动方式有点位控制系统、点位直线控制系统和轮廓控制系统；按控制方式有闭环控制系统、半闭环控制系统及开环控制系统。随着生产要求的提高及计算机和控制技术的发展，对数控系统和伺服系统提出了越来越高的要求。同时，数控技术是柔性制造系统（FMS）、计算机集成制造系统（CIMS）的技术基础之一，是机电一体化的重要组成部分。电气原理图分析的方法和步骤：① 分析主回路；② 分析控制电路；③ 分析辅助电路；④ 分析保护环节；⑤ 总体检查。再介绍几种典型的数控机床电气控制电路特点分析。使读者了解数控机床全貌。本章介绍的主要内容：

——数控机床概述；

——TK1640 数控车床电气控制电路特点分析；

——XK714 A 数控铣床电气控制电路分析；

——XH714 立式加工中心电气控制电路特点分析。

思考与练习

6.1　试通过数控加工过程说明数控机床的工作原理。

6.2 什么是点位控制、直线控制、轮廓控制？三者有何区别？

6.3 简述数控机床电气控制电路设计的原则。

6.4 什么是开环、半闭环、闭环控制系统？各有何特点？

6.5 有一台进给伺服电动机用于控制系统，属于短期工作制（即频繁启动、停止），电动机容量（功率）应如何选择？

6.6 以TK1640数控车床为例，说明车削螺纹的工作原理。

6.7 电动机的正转和反转控制电路是绝对不允许同时接同的，试以TK1640数控车床为例找出其电气连锁保护环节。

6.8 试述在铣削加工中心机床上，刚性加工螺纹和柔性加工螺纹的工作原理及其对机床结构上的要求。

附录　电气图常用文字、图形符号

表 1　电气图常用文字符号（摘自 GB/T 7159—1987）

文字符号	名　称	文字符号	名　称
A	激光器，调节器	HA	音响信号器件
AD	晶体管放大器	HL	光信号器件、指示灯
AJ	集成电路放大器	K	继电器、接触器
AM	磁放大器	KA	瞬时接触器式继电器、瞬时通断继电器
AV	电子管放大器	KL	锁扣接触式继电器、双稳态继电器
AP	印制电路板	KM	接触器
AT	抽屉柜	KP	极化继电器
B	光电池、测功计、晶体换能器、送话器、拾音器，扬声器	KR	舌簧继电器
BP	压力变换器	KT	延时通断继电器
BQ	位置变换器	L	电感器、电抗器
BR	转速变换器（测速发电机）	M	电动机
BT	温度变换器	MG	发电或电动两用电动机
BV	速度变换器	MS	同步电动机
C	电容器	MT	力矩电动机
D	数字集成电路和器件、延迟线、双稳态元件、单稳态元件、寄存器、磁芯存储器、磁带或磁盘记录机	N	模拟器件、运算放大器、模拟数字混合器件
E	未规定的器件	P	测量设备、试验设备信号发生器
EH	发热器件	PA	电流表
EL	照明灯	PC	脉冲计数器
EV	空气调节器	PJ	电度表
F	保护器件、过电压放电器件避雷器	PS	记录仪
FA	瞬时动作限流保护器件	PT	时钟、操作时间表
FR	延时动作限流保护器件	PV	电压表
FS	延时和瞬时动作限流保护器件	Q	动力电路的机械开关器件
FU	熔断器	QF	断路器
FV	限电压保护器件	QM	电动机的保护开关
G	发生器、发电机、电源	QS	隔离开关
GA	异步发电机	R	电阻器、变阻器
GG	蓄电池	RP	电位器
GF	旋转或静止变频器	RS	测量分流表

续表

文字符号	名　　称	文字符号	名　　称
GS	同步发电机	RT	热敏电阻器
H	信号器件	RV	压敏电阻器
S	控制、记忆、信号电路开关器件选择器	VC	控制电路电源的整流桥
SA	控制开关	W	导线、电缆、汇流条、波导管、方向耦合器、偶极天线、抛物型天线
SB	按钮	X	接线端子、插头、插座
SL	液压传感器	XB	连接片
SP	压力传感器	XJ	测试插孔
SQ	极限开关（接近开关）	XP	插头
SR	转数传感器	XS	插座
ST	温度传感器	XT	接线端子板
T	互感器、变压器	Y	电动器件
TA	电流互感器	YA	电磁铁
TC	控制电路电源变压器	YB	电磁制动器
TM	动力变压器	YC	电磁离合器
TS	磁稳压器	YH	电磁卡盘、电磁吸盘
TV	电压互感器	YM	电动阀
U	鉴频器、解调器、变频器、编码器、变换器、逆变器、电报译码器	YV	电磁阀
V	电子管、气体放电管、二极管、晶体管、晶闸管	Z	电缆平衡网络、压伸器、晶体滤波器、补偿器、限幅器、终端装置、混合变压器

表 2　电气图常用图形符号（摘自 GB/T 4728—1996～200）

符号名称及说明	图 形 符 号	符号名称及说明	图 形 符 号
直流电		先断后合转换触头	
交流电		中间位置断开的双向触头	
交直流		线圈通电时延时闭合的动合触头	
导线的连接	或	线圈通电时延时断开的动断触头	

续表

符号名称及说明	图形符号	符号名称及说明	图形符号
导线的多线连接	或	线圈断电时延时断开的动合触头	或
导线的不连接		线圈断电时延时闭合的动断触头	或
接地一般符号		线圈通电和断电都延时的动合触头	
接机壳		线圈通电和断电都延时的动断触头	
电阻一般符号		手动开关一般符号	
可变电阻		按钮（不闭锁）	
带滑动触点的电阻		拉动开关（不闭锁）	
带滑动触点的电位器		旋动开关（闭锁）	
电容器一般符号		脚踏开关	
极性电容器		压力开关	
可变电容器		液面开关	
电感器、线圈、绕组		凸轮动作开关	
有磁芯的电感器		行程开关的动合触头	
有两个抽头的电感器		行程开关的动断触头	

续表

符号名称及说明	图 形 符 号	符号名称及说明	图 形 符 号
具有两个电极的压电晶体		双向操作的行程开关	
半导体二极管一般符号		带动合和动断触头的按钮	
发光二极管		接触器的动合触点	
三极晶闸管		接触器的动断触点	
反向阻断三极晶闸管 P 型门极（阴极端受控）		热敏自动开关的动断触点	
反向导通三极晶闸管 N 型门极（阳极端受控）		热继电器的动断触点	
PNP 晶体管		隔离开关	
NPN 晶体管集电极接管壳		接近开关的动合触点	
P 型基极单结晶体管		继电器线圈一般符号	
N 型基极单结晶体管		欠电压继电器线圈	$U<$
光敏电阻		过电流继电器的线圈	$I>$
PNP 型光敏晶体管		热继电器热元件	
换向或补偿绕组		缓释放继电器的线圈	

续表

符号名称及说明	图形符号	符号名称及说明	图形符号
串励绕组		缓吸合继电器的线圈	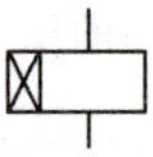
并励或他励绕组		缓吸合和释放的继电器线圈	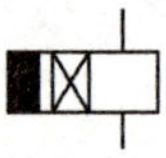
电刷		快速动作继电器的线圈	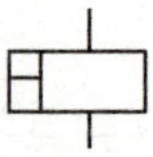
串励直流电动机（M）或发电机（G）	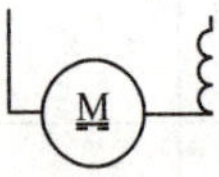 M	熔断器一般符号	
他励直流电动机（M）或发电机（G）	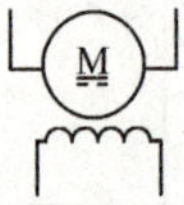 M	接插器件	
并励直流电动机（M）或发电机（G）	 M	信号灯	
复励直流电动机（M）或发电机（G）	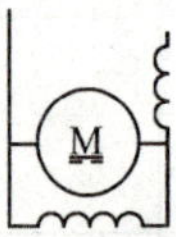 M	闪光型信号灯	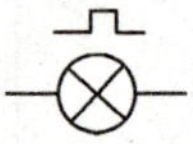
单相同步电动机	 MS 1~	电喇叭	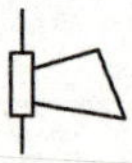
三相笼型异步电动机	 M 3~	电铃	
单相笼型有分相抽头的异步电动机	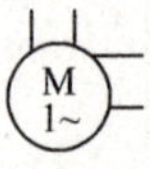 M 1~	报警器	
三相笼型绕组三角形连接的电动机	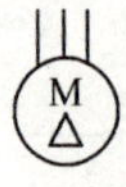 M △	蜂鸣器	
三相线绕转子异步电动机	 M 3~	双向二极管（交流开关二极管）	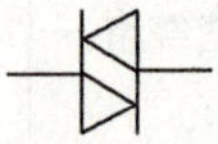

续表

符号名称及说明	图形符号	符号名称及说明	图形符号
步进电动机		双向三极晶闸管（三端双向晶闸管）	
永磁步进电动机		光耦合器（光隔离器）	
双绕组变压器	或	NPN 型、基极连接未引出的达林顿型光电耦合器	
三绕组变压器	或	脉冲发生器	G
自耦变压器	或	频率可调的正弦波发生器	G f
电抗器、扼流圈	或	或门	≥1
铁芯变压器		与门	&
有屏蔽的变压器		非门、反相器	1
一个绕组有中间抽头的变压器		异或门	=1
三相自耦变压器		与非门	&
饱和电抗器框图		RS 触发器、RS 锁存器	S R

续表

符号名称及说明	图形符号	符号名称及说明	图形符号
磁放大器框图		边沿上升沿D触发器	S D >C R
直流变流器		边沿下降沿JK触发器	S L >C K R
整流设备、整流器	~	T型触发器（二进制分频器、补码元件）	S >C T R
桥式全波整流器		高增益运算放大器	▷∞ − + +
动合常开触头开关通用符号	或	放大倍数为1的反向放大器	▷1 + −
动断（常闭）触头		编码器、代码转换器	X/Y

参 考 文 献

[1] 姚永刚．数控机床电气控制［M］．西安：西安电子科技大学出版社，2005.
[2] 杨林建．电气控制与 PLC［M］．北京：电子工业出版社，2010.
[3] 杨林建．电气控制与 PLC［M］．北京：机械工业出版社，2015.
[4] 宋宏．工厂电气控制设备［M］．延边：延边大学出版社，1996.
[5] 方承远．工厂电气控制技术［M］．北京：机械工业出版社，1992.
[6] 罗淑玲．电子电器［M］．北京：兵器工业出版社，1993.
[7] 马镜成．低压电器［M］．北京：兵器工业出版社，1993.
[8] 王炳实．机床电气控制［M］．北京：机械工业出版社，2004.
[9] 齐占山．机床电气控制技术［M］．北京：机械工业出版社，1993.
[10] 丁明道．高低压电器选用与维修［M］．北京：兵器工业出版社，1990.
[11] 隋振有．中低压电控实用技术［M］．北京：机械工业出版社，2003.
[12] 李仁．电器控制［M］．北京：机械工业出版社，1990.
[13] 李桂和．电器及其控制［M］．重庆：重庆大学出版社，1993.
[14] 何唤山．工厂电气控制设备［M］．北京：高等教育出版社，1992.
[15] 赵明．工厂电气控制设备［M］．北京：机械工业出版社，1985.
[16] 王侃夫．机床数控技术基础［M］．北京：机械工业出版社，2001.
[17] 杨克冲．数控机床电气控制［M］．武昌：华中科技大学出版社，2006.
[18] 赵俊生．数控机床电气控制技术基础［M］．北京：电子工业出版社，2005.
[19] 唐光荣．微型计算机应用技术［M］．北京：清华大学出版社，2000.
[20] 张凤池．现代工厂电气控制［M］．北京：机械工业出版社，2000.
[21] 胡学林．可编程序控制器应用技术［M］．北京：高等教育出版社，2000.
[22] 程周．电气控制与原理及应用［M］．北京：电子工业出版社，2003.
[23] 项毅．机床电气控制［M］．南京：东南大学出版社，2001.
[24] 张燕宾．变频器应用教程［M］．北京：机械工业出版社，2007.
[25] 杨林建．机床电气控制技术［M］．北京：北京理工大学出版社，2008.
[26] 许翏．工厂电气控制设备［M］．北京：机械工业出版社，1993.
[27] 冯宁．可编程控制器技术应用［M］．北京：人民邮电出版社，2016.